전기전자공학 개론

National Competency Standard Course

공학박사 변인수 저

동일출판사

머 리 말

국가 10대 차세대 성장 동력 산업으로 전자공학 분야 중심부문(디지털TV/방송 디스플레이 차세대반도체 차세대이동통신 디지털콘텐츠 및 S/W 솔루션)으로 편성되었고 기초와 원천기술 개발의 인력양성이 중요하게 대두되었지만 우수 인력부족이 심각하게 제기되었다. 이에 더욱더 전자공학 학문이 중요시되고 있다.

진출분야는 전기전자공학에 관한 공학기초 지식을 바탕으로 전기전자기기 및 전기전자회로 설계업무 담당, 작업 전반을 관리하며 부분적으로 기계기구의 설치와 보수작업을 수행, 가전제품생산업체, 통신장비생산업체, 컴퓨터·사무 자동화기기 관련장비 제조업체, 전기전자제품 수리전문 업체, 항공우주산업 분야 등 전기전자공학 관련분야의 전문기술자의 수요가 꾸준할 것으로 예상되고 진출분야도 상당히 넓은 편이라 할 수 있다. 따라서 국가 직무 능력 표준(NCS) 교육에서 전기전자공학 분야의 교재로서 창의적이고 전문적인 지식을 갖춘 전기전자 공학인 양성과 산업체 현장에서 적용할 수 있는 내용으로 보다 쉽고 친숙하게 이해할 수 있도록 교재를 출간하였다. 또한 전기전자 분야를 전공하는 고등학교, 전문대학 및 대학교 학생들과 일반인들에게 안성맞춤일 것이다.

끝으로 영원한 후원자인 사랑하는 나의 가족(아내 영옥, 딸 하은, 아들 하건), 함께 집필을 준비해주신 이정헌 교수님, 출판을 준비해주신 동일출판사 정창희 대표이사님과 이영수 부장님께 감사를 드립니다.

저자 변인수 교수

본 교재로 통한 강의는 아래표의 강의계획표(15주)로 진행하면 보다 효율적으로 강의가 이루어질 것이라고 생각합니다.

주	주제	수업내용	학습과제
1	전기전자이론1	1.1 전기(Electric) 1.2 원자(Atom) 1.3 정전계(Electrostatic field) 1.4 자기장(Electrostatic field) 특징 1.5 옴의 법칙(Ohm's law)	
2	전기전자이론2	1.6 전류(Curren) 1.7 전압(Voltage) 1.8 저항(Resistor) 1.9 키르히호프의 법칙(Kirchhoff's law) 1.10 유전체(Dielectric substance)	
3	디지털 회로1	2.1 BUFFER 2.2 NOT 2.3 AND 2.4 OR 2.5 NAND(NOT AND) 2.6 NOR(NOT OR) 2.7 XOR(Exclusive OR) 2.8 NXOR(NOT exclusive OR) 2.9 게이트 특징(Characteristic) 2.10 핀 배치도(Pin arrangement) 2.11 부울 대수(Boolean algebra)	
4	디지털 회로2	2.12 드모르강(Demorgan's) 2.13 가산기(Adder) 2.14 감산기(Subtracter) 2.15 디코더(Decoder) 2.16 비교기(Comparator) 2.17 멀티 플렉서(Multi plexer) 2.18 디멀티 플렉서(Demulti plexer)	1~3주차 요점 정리
5	정류기1	3.1 타입(Type) 3.2 PN접합 다이오드(Diode)	
6	정류기2	3.3 제너 PN접합 다이오드(Zener diode) 3.4 정류기의 종류(Rectifier kinds)	
7	정류기3	3.5 배전압 정류기(Double voltage rectifier) 3.6 평활 회로(Smoothing circuit)	
8	직무평가1		4~7주차 요점 정리
9	트랜지스터	4.1 트랜지스터 회로(Transistor circuit)	
10	연산증폭기	4.2 연산증폭기(Operational amplifier circuit)	
11	마이크로프로세서1	5.1 분류(Classification) 5.2 구조와 기능(Structure and function)	
12	마이크로프로세서2	5.2 구조와 기능(Structure and function) 5.3 연산장치(Operation device)	9~11주차 요점 정리
13	마이크로프로세서3	5.4 제어장치(Control device) 5.5 주변장치(Peripheral device)	
14	마이크로프로세서4 부록	5.6 메모리(Memory) 5.7 인터페이스(Interface) 4. NCS 전기전자 직무-프로파일, 전자부품	
15	직무평가2		12~14주차 요점 정리

차 례

1장 전기전자 이론(ELECTRIC ELECTRON THEORY) ················ 11

1.1 전기(Electric) ·· 12

1.2 원자(Atom) ··· 13

1.3 정전계(Electrostatic field) ·· 17

    1.3.1 정전기(Static electricity) ·· 18

    1.3.2 자계(Magnetic field) ··· 20

    1.3.3 대전현상(Electrification phenomena) ························· 22

1.4 자기장(Magnetic field) 특징 ·· 23

    1.4.1 세기와 에너지(Force and energy) ···························· 26

1.5 옴의 법칙(Ohm's law) ··· 31

1.6 전류(Current) ··· 31

    1.6.1 직류(Direct)와 교류(Alternating) ····························· 33

1.7 전압(Voltage) ··· 35

    1.7.1 전압계(Voltmeter) ·· 36

    1.7.2 고전압(High voltage) ·· 36

    1.7.3 정격전압(Rated voltage) ··· 37

    1.7.4 전압강하(Voltage drop) ·· 38

1.8 저항(Resistance) ·· 41

    1.8.1 고정 저항(Fixed resistor) ·· 45

    1.8.2 가변 저항기(Variable resistor) ································· 49

    1.8.3 저항 연결(Connection) ··· 50

1.9 키르히호프의 법칙(Kirchhoff's law) ····································· 54

    1.9.1 전류법칙(KCL: Current law) ··································· 54

    1.9.2 전압법칙(KVL: Voltage law) ·································· 56

1.10 유전체(Dielectric substance) ·· 58

1.11 전자유도(Electron induction) ·· 64

1.12 인덕턴스(Inductance) ··· 69

Excercise ··· 76

2장 디지털 회로(DIGITAL CIRCUIT) ········· 81

2.1 BUFFER ·· 82

2.2 NOT ·· 83

2.3 AND ·· 85

2.4 OR ··· 88

2.5 NAND(NOT AND) ···································· 90

2.6 NOR(NOT OR) ······································ 92

2.7 XOR(Exclusive OR) ································· 94

2.8 NXOR(NOT exclusive OR) ························ 95

2.9 게이트 특징(Characteristic) ······················ 97

2.10 핀 배치도(Pin arrangement) ···················· 99

2.11 부울 대수(Boolean algebra) ····················· 101

　　2.11.1 법칙(Law) ································· 103

　　2.11.2 규칙(Rule) ································ 106

2.12 드모르강(Demorgan) ···························· 111

　　2.12.1 NAND 게이트(ONLY NAND gate) ········· 114

　　2.12.2 NOR 게이트(ONLY NOR gate) ··········· 116

2.13 가산기(Adder) ·································· 117

　　2.13.1 반가산기(Half adder) ····················· 118

　　2.13.2 전가산기(Full adder) ····················· 121

2.14 감산기(Subtracter) ······························ 126

　　2.14.1 반감산기(HS: Half subtracter) ············ 126

　　2.14.2 전감산기(FS: Full subtracter) ············ 129

2.15 디코더(Decoder) ································ 134

2.16 비교기(Comparator) ···························· 135

2.17 멀티 플렉서(Multi plexer) ······················ 137

2.18 디멀티 플렉서(Demulti plexer) ·················· 139

Excercise ··· 141

3장 정류기(RECTIFIER) ·········· 145

3.1 타입타입 반도체(Type semiconductor) ················· 147
   3.1.1 포지티브 타입(Positive type) ················· 147
   3.1.2 네거티브 타입(Positive type) ················· 148
   3.1.3 PN접합 반도체(PN junction semiconductor) ·········· 149
3.2 PN접합 다이오드(PN junction diode) ················· 151
3.3 PN접합 제너 다이오드(PN junction zener diode) ·········· 159
3.4 정류기 종류(Rectifier kinds) ················· 160
   3.4.1 반파(Half wave) ················· 160
   3.4.2 전파(Full wave) ················· 163
   3.4.3 브릿지파(Bridge wave) ················· 168
3.5 배전압 정류기(Double voltage rectifier) ················· 173
   3.5.1 반파(Half wave) ················· 173
   3.5.2 전파(Full wave) ················· 175
   3.5.3 3배와 4배(Treble and quadruple) ················· 177
3.6 평활 회로(Smoothing circuit) ················· 179

Excercise ················· 185

4장 트랜지스터(TRANSISTOR) ·········· 187

4.1 트랜지스터 회로(Transistor circuit) ················· 188
   4.1.1 양극 접합(BJT: bipolar junction transistor) ·········· 189
   4.1.2 전계 효과(FET: field effect transistor) ·········· 194
   4.1.3 금속 산화물 반도체 전계효과
      (MOSFET: metal oxide semiconductor field effect transistor) ····· 195
   1] N채널 증가(N channel increment) ················· 199
   2] N채널 감소(N channel decrement) ················· 202
4.2 연산 증폭기(OP AMP: operational amplifier) ················· 204
   4.2.1 궤환(Feedback amplifier) ················· 205
   4.2.2 반전(Reversal amplifier) ················· 206
   4.2.3 비반전(Non reversal amplifier) ················· 207

4.2.4 비교(Comparison amplifier) ·················· 208

4.2.5 차동(Differential amplifier) ················· 209

Excercise ·· 212

5장 마이크로프로세서(MICROPROCESSOR) ·················· 215

5.1 분류(Classification) ································ 217

   5.1.1 제조 기술(Manufacturing technical) ·················· 218

5.2 구조와 기능(Structure and function) ·················· 220

5.3 연산 장치(OD: operation device) ··················· 225

   5.3.1 시프트 레지스터(SR: shift register) ··················· 226

   5.3.2 프로그램 상태 워드 레지스터

      (PSWR: program state word resistor) ·················· 226

   5.3.3 MAR와 MBR ······························ 227

5.4 제어 장치(CD: control device) ···················· 228

   5.4.1 요소와 출력(Element and output) ················· 229

   5.4.2 종류(Kinds) ······························ 230

5.5 주변장치(PD: peripheral device) ···················· 232

   5.5.1 SPI(Serial peripheral interface) ···················· 232

   5.5.2 USB(Universal serial bus) ······················· 234

   5.5.3 IEEE 1394(Institute of electrical and electronics engineers)

      ······································ 235

5.6 메모리(Memory) ································· 238

   5.6.1 롬(ROM: Read only memory) ·················· 239

   5.6.2 램(RAM: Random access memory) ··············· 242

5.7 인터페이스(Interface) ····························· 243

   5.7.1 처리(Processing) ···························· 244

   5.7.2 입·출력(Input/output) ······················· 252

Excercise ·· 255

APPENDIX ······· **257**

1. 기호 및 단위 ·········· 258
　1.1 그리스 문자 ········· 258
　1.2 전기전자 기호 ·········· 259
　1.3 SI 기본 단위 ·········· 260
　1.4 SI 유도 단위 ·········· 260
　　1.4.1 기본단위로 표시된 SI 유도단위 ·········· 260
　　1.4.2 특별한 명칭과 기호를 가진 SI 유도단위 ·········· 261
　　1.4.3 SI 접두어 ·········· 263
　　1.4.4 국제단위계와 함께 사용되는 것이 용인된 SI 이외 값 ·· 263
　　1.4.5 SI 단위로 표현된 그 값들은 실험적 값 ·········· 264
　　1.4.6 국제단위계와 함께 사용되는 SI 이외의 값 ·········· 264
2. SI 단위 표현 ·········· 265
　2.1 단위 기호 사용법 ·········· 265
　2.2 단위 곱하기와 나누기 ·········· 266
　2.3 SI 접두어 사용법 ·········· 267
　2.4 SI 단위 영어 명칭 사용법 ·········· 268
3. 전기전자 용어 ·········· 269
4. NCS 전기전자 직무-프로파일, 전자부품 ·········· 273
　4.1 정의 ·········· 276
　4.2 단위별 내용 ·········· 276
5. 연습문제 해답 ·········· 286
6. 전기전자 소자 Data sheet ·········· 292
7. Reference ·········· 324
8. Index ·········· 328

제 **1** 장

전기전자 이론
(ELECTRIC ELECTRON THEORY)

1.1 전기(Electric)

전기는 물질내에 있는 자유전자(free electron)들의 이동 때문에 발생하는 에너지를 말하며 전류(current)의 흐름을 말하기도 한다. 전기의 어원은 그리스어로 일렉트론(electron)에서 시작되었고 결정체를 가진 호박이라는 수정체를 일컫는다. 그 후 영어로 일렉트리시티(electricity)라고 쓰이게 되면서 전기라는 단어가 탄생하였다. 전기 현상의 시작은 기원전 600년경 그리스인들이 호박 결정체인 수정을 모직으로 되어있는 섬유질에 마찰하면 두 물체가 붙는(인력)것을 생활에서 발견하였고 이것이 마찰전기의 발생 현상을 발견한 처음이라고 전해지고 있다. 그리스 최초의 철학자이며 수학자인 탈레스(thales, BC 624 ~ 546)에 의해여 마찰전기를 실험을 통하여 정립하였다. 동양에서 쓰는 전기의 "전" 자는 한문으로 번개를 뜻하는 "뢰"에서 유래되었으며 번개도 구름내에서 일어나는 마찰전기의 불꽃임을 알고 있었다. 그 후 1752년 미국 정치가이자 과학자 벤자민 프랭클린(benjamin franklin, 1706~1790)은 전기적인 유체가 충만하면 (+) 전기가 되고 부족하면 (-) 전기가 되는데 "유리" 쪽을 (+) 전기, "수지" 쪽을 (-) 전기라는 명칭을 처음으로 사용하여 지금까지 사용하고 있다.

마찰전기는 서로 다른 물체를 마찰하면 전기가 일어나는 현상으로 우리가 일상생활에서 흔히 접할 수 있는 현상이다. 머리빗으로 머리카락을 빗거나 헝겊으로 플라스틱 책받침을 문지르거나 건조한 날에 모직이나 털 있는 옷을 벗으면 소리와 함께 불꽃이 튀는 현상들이 모두 마찰전기가 발생하기 때문에 일어나는 현상이다. 마찰전기로 인하여 불꽃이 발생할 경우 전압(voltage)은 약 5,000 V 이상으로 발생하게 된다. 이는 사람을 사망하게 하는 전압이지만 전류의 양이 매우 적어서 인체에 약간의 자극만 가해진다. 마찰전기의 에너지는 크지만 발생된 전하(electric charge)의 양이 적기 때문에 사람에게 감전되지는 않는다. 여기서 전하란 전기적 현상의 근원이 되는 에너지를 말한다. 대자연에서 발생하는 번개현상은 많은 (+) 양전하(positive)로 발생한 구름이 땅의 (-) 음전하 사이에서 방전(discharge)이 일어나면서 번쩍임과 천둥소리가 발생하게 된다. 방전은 두 개의 대전된 물체가 전기를 잃어버려 중성이 되는 현상을 말한다. 번개 에너지는 큰 힘을 지니고 있기 때문에 나무나 건축물을 파괴할 정도이며 사람에게는 사망에 이르게 된다. 번개는 도체를 좋아하기 때문에 고층 아파트나 빌딩의 꼭대기에 뾰족한 도전체인 피뢰침을 설치하여 건축물과 인간을 보호하고 있다. 이는 전기전자 회로에서 이용하는 접지(ground)의 역할과 같다.

1.2 원자(Atom)

원자는 그리스 철학자 데모크리토스(demokritus, BC 460 ～ 370)가 "자연의 모든 물질을 나누면 더 이상 쪼갤 수 없는 알갱이가 나온다."라는 정의를 내리면서 원자 이론의 시작점이 되었다. 이 후 과학자들은 20세기 초까지 약 2,400년 동안 진리로 믿고 있었다. 더욱이 19세기 초 영국의 물리학자이자 화학자인 존 돌턴(john dalton, 1766~1844)이 "물질을 아주 작게 분해하면 더 이상 분해할 수 없는 미립자인 원자가 나오고 같은 물질 원소의 원자는 질량이나 성질이 같고 다시 분해하지 못한다."라는 물질들의 원소들을 정의하면서 더욱더 확고한 이론이 되었다.

그러나 19세기말부터 x선, α선, β선, γ선 등과 같은 방사선(radioactive rays)을 방출하는 방사성 물질들이 발견되면서 부정적인 현상들이 나타나기 시작하였다. 원자 내부에 존재하는 이온들의 움직임에 대한 대표적인 학자로서 1931년 덴마크 물리학자 닐스 보어(niels bohr, 1885~1962), 독일 물자학자인 막스 플랑크(max planck, 1858~1947)와 미국 물리학자인 앨버트 아인슈타인(albert einstein, 1879~1955)등이 연구하기 시작하였다. "원자 속에 무엇이 있을까?"에 대한 궁금증을 처음으로 해결한 학자가 영국의 물리학자 조셉 존 톰슨(joseph john thomson, 1856~1940)이었다. 그는 1897년 전자를 발견하였고 1904년 건포도 푸딩 모형(plum pudding model)의 원자모델 이론을 정립하였다.

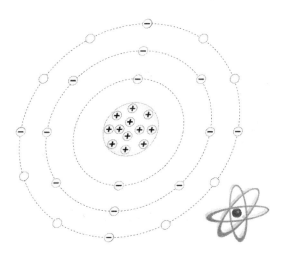

그림1.1 톰슨 원자 모델.

그림 1.1과 같이 톰슨의 건포도 푸딩 모양의 원자 모델 구조는 원자 내부에 (+) 양전하의 성질을 갖는 (+) 양입자(positive particle)들로 구성된 원형 푸딩 모양으로 원자 외부에 (−) 음입자(negative particle)의 성질을 갖는 전자들이 일정한 간격을 유지하면서 원운동을 한다는 이론을 주장하였다. 톰슨의 이론을 바탕으로 제자인 핵물리학의 아버지로 불리는 덴마크의 물리학자 어니스트 러더퍼드(ernest rutherford, 1871 ~ 1937)는 원자 내부에 원자핵(atom core)이 존재한다는 것을 발견하였고 새로운 이론 모델을 실험으로 증명하였다.

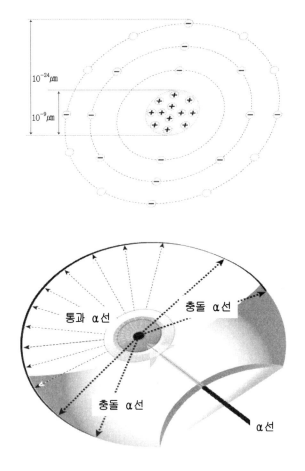

그림1.2 러더퍼드 실험기구.

이 이론은 태양계에서 태양 주위에 행성들이 일정한 거리로 회전하는 것과 같이 (+) 양입자인 양성자를 가진 원자의 원자핵 주위에 (−) 음입자인 전자가 일정 거리에서 회전하고 있다는 이론이다. 또한 (+) 양전하와 (−) 음전하 사이에는 쿨롱의 법칙

(coulomb's law)으로 서로 당기는 인력이 작용하여 원심력이 발생하고 일정한 간격과 각도로 원운동을 한다고 하였다. 1910년 러더퍼드의 실험은 방사성원소인 라듐(Ra: radium)으로부터 나오는 α입자를 얇은 금박에 부딪히게 하여 어떤 현상이 일어나는지 관찰하였다. 그림 1.2와 같이 라듐에서 방사되는 α입자의 (+) 양전하 입자에서 대부분의 α입자들은 금박을 그대로 통과했지만 일부 입자들은 원자핵과 충돌하여 큰 각도로 산란되었다. 이 현상은 원자 내부에 원자 크기에 비해 매우 작은 원자핵이 존재한다는 것을 실험적으로 발견하였다. 러더퍼드는 양성자(proton)로 된 작은 핵을 원자핵이라고 정의하고 원자핵이 양성자로만 구성되었다고 이론을 정립하였다. 이는 전자와 양성자의 수를 동일하게 맞춰 원자 자체를 중성으로 만들 수 있었기 때문이다. 이러한 이론을 바탕으로 그는 전자가 양성자로 이루어진 원자핵 주위를 회전하는 새로운 원자모델을 만들어 1911년 영국 맨체스터 철학협회에서 발표하였다. 그러나 그림 1.3과 같이 러더퍼드의 원자 모델은 두 가지 문제점을 증명하지 못했다. 첫 번째는 영국 물리학자 제임스 클락 맥스웰(james clerk maxwell, 1831 ~ 1879)의 전자기 이론에서 원 운동하는 전자는 가속되기 때문에 반드시 전자기파의 광을 방출하여 전자는 에너지를 잃고 점차적으로 원자핵으로 당겨져 들어간다는 이론과 두 번째는 원자의 무게가 양성자의 무게를 합한 것보다 훨씬 무겁다는 이론이었다.

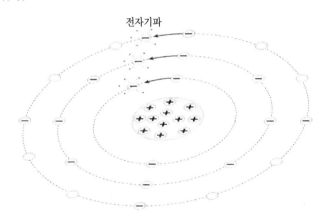

그림1.3 러더퍼드 원자 모델.

이 두 개의 문제점 해결은 이후 학자들의 연구로 증명되었다. 첫 번째 미증명은 1913년 러더퍼드의 제자인 덴마크 물리학자 닐스 보어가 증명하였다. 보어는 원자의 전자궤도에는 안정된 궤도가 존재해 전자가 안정된 궤도를 회전하고 있는 동안 에너지를 잃지 않고 운동할 수 있으며 다른 궤도로 옮길 때만 전자기파를 방출하고 에너지를 잃는다는 양자론(quantum theory) 이론을 정립하여 첫 번째 이론을 증명하였다. 이는 전자가 플랑크 상수(planck constant)의 정수배가 되는 안정된 궤도에서만 존재하기 때문에 원자핵으로 빨려 들어가는 일이 없는 것이다. 플랑크 상수는 독일의 물자학자인 막스 플랑크가 1918년 도입한 상수로 양자역학의 기본적인 상수 중 하나이며 "h"로 표현하고 플랑크 상수(h) 값은 6.626×10^{-34} Jule/sec이다. 두 번째 미증명은 러더퍼드의 제자인 영국 물리학자 제임스 채드윅(james chadwick, 1891~1974)가 1930년 전기를 띠지 않는 중성자(neutron)를 발견함으로써 두 번째 이론을 증명하였다. 또한 원자의 질량은 양성자와 중성자의 무게를 합한 것을 증명하였다. 1932년에는 하전을 가지지 않은 소립자(elementary particle)와 중성자를 발견하였으며 이것은 초기 핵물리학의 여러 가지 모순을 제거함으로써 원자핵론 및 소립자론에 전기를 만든 것이었다.

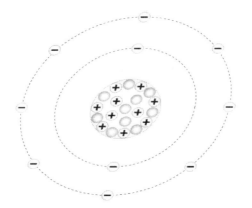

그림1.4 중성자를 포함한 원자 모델.

그림 1.4와 같이 원자는 양성자와 중성자로 이루어진 원자핵과 핵의 주위를 둘러싸고 궤도를 회전하는 전자들로 구성되어 있다. 이들 원자핵과 전자의 전하량은 1.6×10^{-19} C을 가지고 있다. 전기적으로 양성자는 (+) 양입자인 양전하를 띠고 전자는 (−) 음입자인 음전하를 띠고 있다. 중성자는 양성자와 함께 원자핵에 존재하며 양성자와 같은 질량을 가지고 전하를 띠지 않는 중성(neutral)의 성질이다. 물질에 대한 투과력이 커서 원자핵의 파괴에 이용된다. 전하는 모든 전기현상의 근원이 되는 실체로서 그 성질이 전기량에 의해 규정되는데 전기와 비슷한 의미로 사용되며 대부분 각각의 물체나 입자 등이 지닌 전기적인 양을 일컫는다. 극성에 따라 음전하와 양전하로 나누어지며 양성자와 중성자 질량은 1.67×10^{-27} kg이고 전자 질량은 9.11×10^{-31} kg으로 원자핵보다 매우 적은 질량이다.

1.3 정전계(Electrostatic field)

정전계는 정지하고 있는 전하에 의해서 발생하는 전기력의 영역이며 전하에 의하여 정전력이 작용하는 정전기 에너지를 말한다. 전계에서 방향성과 크기가 있는 것을 전기장(electric field)이라고도 한다. 또한 대전체가 존재하는 공간내의 각 점의 전기적 상태를 나타내는 용량을 말하기도 한다. 따라서 공간의 각 점에 정지하는 단위 전하에 작용하는 힘이 정전계이다. 정전계 특징을 살펴보면

① 전압에 의해 발생
② 단위는 V/m
③ 절연체와 같은 부도체에 의해 차폐가 쉬움
④ 전하사이의 간격과 세기는 반비례(거리가 멀어지면 세기는 감소)

표 1.1과 같이 정전계와 정자계, 전계와 자계의 차이를 요약한 표가 나타나있다.

표1.1 전계와 자계, 정전계와 정자계 차이

전계	자계
대전체(전하) 사이에 전력기의 공간 단위 : V/m	자극 사이에 자기력의 공간 단위 : AT/m
정전계	정자계
대전체(전하), 전압으로 작용하는 정지된 전기력의 공간(전계 에너지 최소)	자석, 전류로 작용하는 정지된 자기력의 공간(자계 에너지 최소)

1.3.1 정전기(Static electricity)

정전기는 전하의 분포가 시간적으로 이동하거나 움직임이 없는 상태를 말하며 단위 전하에 작용하는 전기적인 힘을 정전기 또는 전기장이라 한다. 전기장의 방향은 (+) 양전하에서 (−) 음전하로 들어오는 방향이며 이것이 힘의 방향이기도 하다. 전기장의 크기는 전하의 크기에 대한 전기력으로 정의한다. 따라서 전기장은 힘(F)과 전하량(q) 사이의 비례상수가 된다. 전기장을 식으로 표현하면

$$E = \frac{F}{q} \ N/C$$

(F: 전기력, q: 전하)

이것이 쿨롱(coulomb)의 법칙과 같다.

쿨롱의 법칙은 전하의 움직임이 없을 경우만 설명할 수 있으며 전하의 움직임이 있을 경우는 로렌츠(lorenz)의 법칙으로 전기장을 설명할 수 있다. 여러 개의 전하가 분포되어 있을 경우에 전기장은 전하들의 상대적인 위치와 크기에 결정되며 각각의 전하에 의한 전기장의 벡터합과 같음을 알 수 있다. 또한 전기장 내의 한 위치에서의 전기장의 크기는 전하로부터 거리의 제곱에 반비례한다. 움직이는 전하는 전기장과 함께 자기장도 만들어 내는데 자기장이 시간에 따라 변할 경우 전기장을 만들어낸다. 이것을 2차 전기장(secondary electric field)이라고 하며 영국 물리학자 마이클 패러데이(michael faraday, 1791 ~ 1867)가 정립한 패러데이 법칙(faraday's law)으로 렌츠의 법칙을 설명할 수 있다. 전기장과 자기장은 완전히 분리되지 않기 때문에 전자기장이라고 한다.

전기장 내에 탐색전하(test charge)가 있을 경우 탐색전하는 공간의 각 점에서 전기장 방향으로 이동한다. 이 방향을 이어가면 하나의 곡선을 얻을 수 있으며 곡선상 각 점에서의 접선은 그 점에서의 전기장의 방향을 나타낼 수 있으며 전기장의 방향을 그린 전기력선과 전위가 같은 점을 이은 등전위면을 통해 전기장의 분포상황을 나타낼 수 있다. 전기장 내에는 그 전기장을 발생시키기 위해 공급된 에너지가 존재하며 전기장의 제곱에 비례한다. 즉 단위 면적당 정전기 에너지(μ)는 공간의 유전율이 ε일 때 $\frac{1}{2}\varepsilon E^2$으로 구할 수 있다.

표1.2 정전기 방전 종류 및 특징

코로나 방전	브러쉬 방전	불꽃 방전
전계가 균일성을 잃어 전위의 경도가 큰 주변에 전도가 강하게 일어나며 전류가 집중하여 공간 전하효과를 증가해서 그 부분만이 발광하는 것을 말한다. 전극사이나 공기에서 전계로 인한 절연이 파괴되어 발생하는 국부파계의 상태이다.	코로나 방전보다 발전된 방전으로 곡률반경(10 mm이상)이 큰 도체와 절연물질(고체, 액체, 기체) 사이에서 대전량이 많을 때 발생하며 스트리머 방전이라고도 한다.	기체 내부에 넣은 전극에 전류를 흘리면 갑자기 기체의 절연파괴, 소음과 불꽃을 내며 방전하는 현상이다. 도체 사이에서 발생하는 강한 발광과 파괴음을 수반하는 방전이다

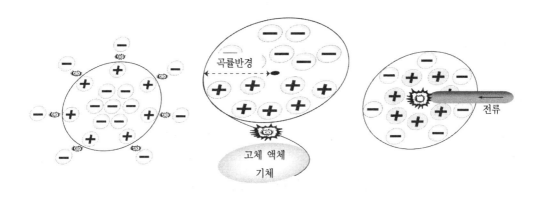

표 1.2와 같이 정전기 방전의 종류와 특징이 나타나 있다. 여러 가지 방전 방지 조치의 기본적인 단계는 정전기 발생을 억제하고 발생된 정전기가 축적되지 않도록 하며 위험한 방전이 생기게 하는 물리적 조건을 억제해야 한다.

정전기는 마찰전기에 대한 자연현상으로 전류가 흐르는 송전선 등의 전력설비뿐만 아니라 생활주변에도 확인할 수 있으며 자연계의 한 예로서 번개가 발생하기 직전 구름과 지면사이에서 큰 방전이 발생되는 현상이다.

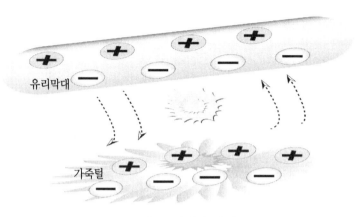

유리막대

가죽털

그림1.5 정전기 세기.

그림 1.5와 같은 유리 막대와 가죽털의 마찰 실험에서 정전기의 세기 환경은 습도와 온도에 따라서 민감하게 작용하게 된다. 정전기의 세기는 습도가 낮고 온도가 높으며 대상 물질이 길고 두껍고 거리가 가까울수록 커진다. 또한 한계적으로 마찰 강도가 높고 마찰 시간이 길어질수록 더욱더 정전기의 세기는 커지게 되지만 마찰이 종료 후 시간이 지날수록 정전기의 세기는 줄어들게 된다.

1.3.2 자계(Magnetic field)

자계는 자석이나 전류 또는 시간에 따라 변화하는 자기장에 의해 그 주위에 자기력이 작용하는 공간을 만든다. 그 공간을 자계 또는 자기장이라고 하며 자기장은 운동하는 전하에 영향을 미치며 운동하는 전하는 자기장을 발생시킬 수 있다.

자기장은 크기와 방향을 갖는 벡터량으로 크기는 자계강도(H) 또는 자속밀도(B)로 나타낸다. 자계강도는 자기장이 있는 공간의 자기적 특성을 생각하지 않는 양을 말하며 자속밀도는 자기적 특성을 고려한 양으로 자기력을 계산할 때 직접적으로 사용되는 양이다. 자계강도와 자속밀도의 상관관계는 $B = \mu H$의 공식이 성립하며 μ는 자기장이 놓인 공간의 투자율이다. 자속밀도(B)는 단위 면적을 지나는 자속선의 수(자속, 자기선속)를 말하며 자속밀도의 단위는 테슬라(tesla)의 T로 표현한다. 또한 자계의 방향은 자기장 내에 있는 나침반 자침의 N극이 받는 힘의 방향이며 자속선으로 표현할 수 있는데 자계내의 나침반 자침의 N극이 가리키는 방향을 따라 이동하면 하나의 곡선이 그려지고 이 선을 자속선(magnetic flux line)이라고 한다.

자속선의 방향은 N극에서 나와 S극을 향하고 닫힌곡선이라고 표현한다. 자속선은 도중에 끊어지거나 서로 엇갈리지 않으며 자기력선 위의 한 점에서의 접선의 방향이 그 점에서의 자계의 방향이다. 자속선의 밀도는 자계의 세기를 나타내며 자속선의 간격이 좁을수록 자계의 세기가 세다. 자석의 양쪽 자극에서 자속선의 밀도가 높고 자극으로부터 점차 멀어지면 자속선의 밀도가 낮아진다. 그림 1.6과 같이 N극과 S극 사이의 자계의 방향을 나타낸 것으로서 자석내에서는 S극에서 N극으로 이동하며 자석외에서는 N극에서 S극으로 이동한다. 자속선의 쉽게 확인할 수 있는 방법은 종이 위에 쇳가루를 뿌리고 종이 아래에 자석을 놓으면 자속선을 간접적으로 확인 할 수 있다.

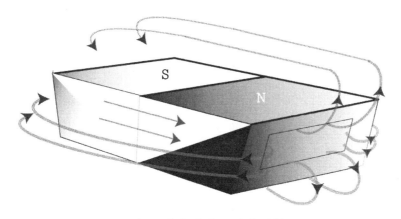

그림1.6 자석 내외부 자계 방향.

자속선은 파이(Φ)로 표시하며 그 단위는 웨버(weber)의 Wb로 표현한다. 주위에 다른 영향을 주는 자기력이 없는 경우 공중에 막대자석의 중심에 실로 매달아두면 N극은 북쪽, S극은 남쪽을 향하게 된다. 이를 통해 지구 전체를 하나의 커다란 자석임을 간접적으로 증명하였다. 이러한 지구 자기에 의해 형성된 자계를 지구 자계 또는 지구 자기장이라고 한다. 1,600년경 영국 엘리자베스 1세 여왕의 주치의였던 윌리엄스 길버트(william gilbert)에 의해 정립되었고 이를 이용하여 도선에 전류를 흘리면 도선 주위에는 항상 자계가 형성되는 것을 확인하였. 이는 전류가 흐르는 도선 위에 나침반을 가져다 놓았을 때 자침이 움직이는 것을 보고 알 수 있듯이 자계와 전계는 상호작용하며 이 원리는 발전기와 전동기 및 변압기 등에 널리 이용된다. 또한 강한 자계는 분해능과 안전성에 있어 X선보다 우수한 자기공명영상(MRI: magnetic resonance imaging) 장치에 이용되어 인체내부를 영상으로 얻는데 획기적인 의료기기로 지금까지 사용되어 진다.

자계는 전계와 마찬가지로 가정용 전기전자 제품 등에서 발생하며 전등에 전기를 연결하면 자계는 전류가 흐르고 있는 도선의 주위에서 발생하게 된다.

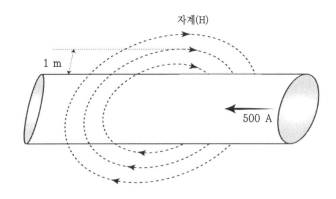

자계(H)

1 m

500 A

그림1.7 도선 자계의 세기.

자계의 세기는 테슬라(T) 또는 가우스(G)로 표현되며 그림 1.7과 같이 1가우스(G)는 전류 500 A가 흐르는 도선으로부터 1 m 떨어진 지점의 자계의 세기를 말한다.

1.3.3 대전현상(Electrification phenomena)

대전현상은 물질이 (+) 양전하 또는 (−) 음전하로 서로 대립되어 있는 현상을 말하며 원자내의 (+) 양전하 수와 전자의 (−) 음전하 수가 같으면 그 물질은 전기적으로 중성 상태가 된다. 대전 원리는 원자내에 외부에서 압력과 빛 등의 영향을 주면 (+) 양전하와 (−) 음전하의 수가 같지 않게 되어 전하량의 평형이 깨질 때 발생하고 (−) 음전하를 띤 전자가 국소적으로 다른 곳으로 이동하면 원래 부위는 (+) 양전하로 대전되고 전자가 국소적으로 모이면 (−) 음전하로 대전된다. 이때 (+) 양전하를 띤 원자핵은 움직이지 않게 된다. 대전현상의 종류는 대전접촉, 대전마찰, 대전박리, 대전유동, 대전분출, 대전파괴로 나눈다.

대전접촉은 정전하 2개가 서로 다른 물체에 접촉하였을 때 각각 정전하의 이동이 일어나게 된다. 움직임이 없는 정전하의 (+) 양전하와 (−) 음전하가 서로 반대편으로 이동하게 되어 전기적으로 층이 형성되고 그 후 물체를 분리하게 되면 전기적인 층의 전하분리가 일어나 2개의 물체에는 각각 극성이 다른 전하가 발생한다. 더욱이 같은 성질을 띠는 물체라 하더라도 표면상태의 차이에 따라 접촉 분리가 일어난다. 일반적으로는 접촉 분리 과정을 거치게 되면 모든 물체에 대전이 발생한다. 대전마찰은 물체가 마찰이 발생했을 때에 (+) 양전하와 (−) 음전하의 위치가 이동하여 전하 분리가 일어나 정전기가 발생하는 현상을 말하며 물체의 접촉과 분리라는 과정을 거쳐 정전기가 발생한다.

대전박리는 서로 접촉되어 있는 물체가 분리될 때 전하의 분리가 일어나 정전기가 발생하는 현상을 말한다. 이것은 접촉면적, 접촉면의 밀착력과 박리속도 등에 의해 정전기의 발생량이 변화하고 일반적으로는 대전된 박리쪽이 대전 마찰보다도 큰 정전기가 발생한다.

대전유동은 액체를 이동관 등으로 수송할 때 정전기가 발생되는 현상을 말한다. 액체가 이동관의 고체와 접촉하면 전기적인 이중층이 형성되어 전하의 일부가 액체의 유동에 의하여 흐르기 때문에 정전기가 발생되는 현상으로서 액체의 이동속도가 정전기의 발생에 영향을 준다.

대전분출은 기체와 같은 입자 사이에서 입자와 고체와의 충돌에 의해 빠른 접촉과 분리가 행해지기 때문에 정전기가 발생하는 현상이다.

대전파괴는 고체나 기체의 물체가 파괴됐을 때 (+)양전하와 (-)음전하의 전하 분리로 인한 전하 균형이 깨지면서 정전기가 발생하는 현상을 말한다.

1.4 자기장(Magnetic field) 특징

자기장은 자석이나 전류의 세기에 의해 자석주위와 도선 주위에 자기력이 작용하는 공간을 말하며 자계와 같은 의미이다. 전류가 흐르는 도선 주위에는 항상 자기장이 형성되고 전류가 흐르는 도선 위에 나침반을 가져다 놓았을 때 자침이 움직이는 것과 같이 전류가 흐르는 방향이 변하면 자기력선의 모양은 유지되지만 자기장의 방향은 변화한다.

직선으로 된 전자 도선에 전류가 흐르면 전류 주위에는 전기전자 도선을 중심으로 원심 모양의 자기장이 생긴다. 이때 자기장의 방향은 오른나사의 법칙(right handed screw rule)에 의해 정해진다.

그림 1.8과 같이 전류의 방향은 엄지손가락을 향하고 나머지 네 손가락으로 도선을 감아쥐었을 때 네 손가락이 감기는 방향이 자기장의 방향이 된다. 자기장의 크기(B)는 도선에 흐르는 전류의 양(I)에 비례하고 중심 도선으로부터의 거리(R)에 반비례한다.

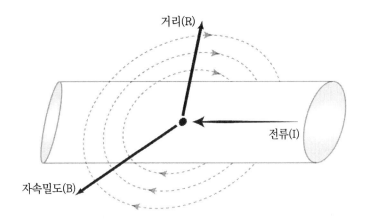

그림1.8 도선 주위 자기장(오른나사의 법칙).

$$B = k\frac{I}{R} = (2 \times 10^{-7}) \times \frac{I}{R}$$

위 공식에서 비례상수 k는 전류 주위의 물질의 투자율(μ)에 따라 달라지며 강자성체가 아닌 자성체의 경우 자기장 크기의 값은 진공에서의 값과 같은 2×10^{-7} Wb/Am이 된다. 직선의 긴 원통으로 된 솔레노이드 외부에 둥근 모양으로 도선을 여러 번 감고 전류를 흐르게 한 경우에 자기장은 매우 짧은 직선 도선에서의 자기장의 세기와 같게 된다. 이는 자기장의 방향은 도선의 직선 전류에 의한 자기장의 방향을 찾는 것과 마찬가지로 오른나사 법칙을 사용할 수 있다.

솔레노이드 모양의 도선에 흐르는 전류의 방향과 자기장의 방향은 같고 오른손의 네 손가락이 감기도록 했을 때 엄지손가락의 방향으로 확인할 수 있다. 솔레노이드 도선의 자기장의 크기는 솔레노이드에 도선을 n번 감고 전류를 흘리면 n×I의 전류가 흐르는 솔레노이드 전류가 형성되고 도선을 한번 감았을 때보다 n배 감았을 때 n배 만큼 자기장의 크기가 커진다.

긴 원통으로 된 외부에 코일을 여러 번 감은 것을 솔레노이드라고 하며 코일에 전류를 흐르게 하고 솔레노이드 내부에 철심을 넣으면 전자석이 된다. 이 전자석은 영구자석과 달리 전류가 흐를 경우에만 자기장이 형성되므로 경보기, 전화기, 모터, 발전기, 변압기, 전자석 기중기와 같이 전류의 자기장을 이용한 기구들에 응용된다.

자기장의 특징은

① 자속선의 내부 방향은 S극에서 N극으로 이동한다.

② 자속선의 외부 방향은 N극에서 S극으로 이동한다.

③ 자속선은 저항이 작으므로 도체성질에서 이동이 쉽다.

④ 자속선의 밀도가 높으면 높을수록 강한 자석이 된다.

⑤ 자석에서 같은 극은 반발력이 존재하며 다른 극은 흡착력이 발생한다.

⑥ 자석을 반으로 분리해도 새로운 N극과 S극이 형성된다.

　

자기장의 이동선을 자속선 또는 자기력선이라고 부르며 외부의 자속선은 N극에서 나와 S극으로 들어가고 서로 끌어당기는 타원형 모양으로 수축된다. 또한 같은 극성의 자속선은 서로 밀어내어 반발하는 성질이 있다.

철광석의 일종인 자철광은 철판의 중심을 매달면 남쪽과 북쪽을 가리킨다. 이 성질은 철, 니켈 등의 금속을 이용하여 인공적으로 만들 수 있다. 이러한 성질이 있을 때 금속은 자기를 가지고 있다고 하며 그 물체를 자석이라 한다. 자석은 그 모양에 따라 막대자석, 말굽자석 및 자침 등으로 분류하며 이들은 모두 영구 자석에 속한다. 자석을 매달았을 때 북쪽을 가리키는 곳을 북극(N) 또는 정극, 남쪽을 가리키는 곳을 남극(S) 또는 부극이라 하며 자석의 중심에서 남극을 연결하는 직선을 자축이라 한다.

자석에는 N극과 S극의 두 자극뿐이며 같은 극 사이에는 반발력, 서로 다른 극 사이에는 흡인력이 작용한다. 전기와 유사한 성질을 가지고 있지만 자기는 전기와 같은 유동성이 존재하지 않는다. 즉 자기에는 전기의 도전체에 해당하는 물질이 없고 유도체에 해당되는 물질 뿐이다.

　

자석의 특징은

① 철광석 성분을 끌어당기는 힘이 자석의 양단에 있다.

② 같은 크기의 힘을 갖는 2개의 자극(N극, S극)이 자석의 양단에 있다.

③ 자침을 매달면 지구의 남극(S)과 북극(N)을 가리킨다.

④ 반발력(S-S, N-N)과 흡입력(S-N, N-S)의 힘이 존재한다.

1.4.1 세기와 에너지(Force and energy)

자기장의 세기는 자석이나 전류에 의해 자석 주위나 도선 주위에서 발생하는 자기량을 말하며 단위 면적을 통과하는 자기력선의 수로써 나타낸다. 즉 자기력선의 수가 많을수록 간격이 좁아지므로 자기장의 세기는 증가하게 된다. 자기력선의 수를 나타낸 값을 자속밀도(B: magnetic flux density)라 한다. 따라서 자속밀도(B)는 자기장(H)의 관계에서 자기장이 놓인 공간의 자기투자율(μ: magnetic permeability)을 적용하게 되면 공기중의 자기투자율(μ)와 자기장(H)의 곱으로 알 수 있다. 자속밀도의 표준 국제단위(SI: system international unit)로 테슬라(T)이며 1 T는 wb/m²로 정의된다.

$$1\ \text{T} = \frac{\text{wb}}{\text{m}^2} = \frac{\text{N}}{\text{C}_{(\text{m/s})}} = \frac{\text{N}}{\text{I} \cdot \text{L}}\ \text{wb/m}^2$$

(C: coulomb, N: newton, I: current, L=length)

$$1\ \text{T} = 10^4\ \text{G}$$

(G: gauss)

자기투자율(μ)중에 물질이 없는 진공공간에서 자기투자율(μ_0)로 정의하면

$$\mu_0 = 4\pi \times 10^{-7}\ \text{H/m}$$

(H : 자기장)

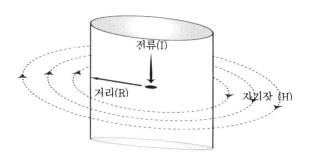

그림1.9 도선 주위 자기장(암페어 주회법칙).

그림 1.9와 같이 암페어 주회법칙(ampere's circular law)은 자기장과 전류의 세기와의 상호관계를 나타내는 법칙으로서 암페어 주회법칙을 적용하여 도선 주위의 거리(R)에서

자속밀도(B)와 자기장(H)의 관계는

$$B = \frac{\mu_0 I}{2\pi R} \ \ wb/m^2$$

자속밀도 $B = \mu_0 H$ 이므로 자기장 H는

$$H = \frac{I_0}{2\pi R} \ \ wb/m^2$$

위 식으로 자속밀도는 도선 주위의 거리가 멀어질수록 반비례하며 작아지고 물질이 없는 자유공간에서 투자율은 비례하며 커지게 된다. 하지만 자기장은 도선에 흐르는 전류에만 비례하며 커지게 된다. 따라서 자기장은 공간의 자기적 특성을 무시해도 되지만 자속밀도는 물질이 없는 자유공간에서 투자율을 고려하여 자기장의 세기를 계산해야만 한다.

도선에 전류가 흐르면 자기장이 형성되며 전류 사용이 많아질수록 강한 자기장이 형성되고 이 자기장으로 인해 주변에 전기를 사용하는 기기에 오동작이 발생하고 사람의 인체에 영향을 미치게 된다. 이로인하여 도선 주위로 자기장을 차단하는 장치를 사용하게 되는데 이를 자기장 차폐 장치라 한다. 도선이나 전자기기 주위로 강한 자기장이 형성되고 이 자기장이 시간에 따라 크기가 변할 때 전기나 전자기기 내부에서는 유도전류가 발생되며 이 유도전류가 클수록 에러율이 많아지게 된다. 이를 막기 위해 주로 차폐가 잘 되는 금속판을 전선주위로 설치하게 된다. 금속판으로 된 자기장 차폐막 내에서 전기유도 현상이 일어나서 자기장의 크기가 현저히 줄어들게 되어 에너지를 잃게 되어 안전한 상태로 유지되어 에러율이 현저히 줄어들게 된다. 원자번호가 큰 재료일수록 투자율이 크므로 차폐효과는 좋아지며 주로 납, 규소강판, 아몰퍼스 스트립 등의 재료를 사용한다. 자기력은 자기장 내부에 정지되어 있는 자석 자극 사이에 작용하는 힘을 말한다. 즉 자석과 같은 자성을 가진 물체가 서로 밀거나 당기는 힘을 말한다. 자기력의 세기를 $M(wb/m^2)$, 자석의 극에 작용하는 힘을 F(N: newton)라 할 때 자기장의 세기(H)는

$$H = \frac{F}{M} \ \ A/m \ \ 이므로$$

자기력(F)는

$$F = MH \ \ A/m$$

A: 암페어, m: 자극 사이 거리

자기장 에너지는 전기전자 회로에 인덕터(L: inductor)를 추가하여 전류를 흘리면 발생하는 유도 기전력에 의해 전류의 흐름을 방해하는 성질을 가지고 있다. 이 때 발생하는 에너지는 인덕턴스 자계 내부에 저장되며 이를 자기장 에너지라 하고 인덕터를 자기인덕터라 부른다. 자기인덕터에 전류를 흘리면 전류 변화에 의하여 유도되는 기전력(e)는

$$e = -L\frac{d_I}{d_t}$$

유도되는 기전력으로 미소한 전하(d_q)를 운반하는데 필요한 에너지(d_W)는

$$d_W = -e\,d_q = -(-L\frac{d_I}{d_t})d_q$$
$$= L\frac{d_q}{d_t}d_I$$

필요한 에너지 d_W에서 전류(I)는 $\dfrac{d_q}{d_t}$ 이므로

$$d_W = L\,I\,d_I$$

따라서 미소한 시간(d_t) 동안에 자기인덕터에 축적되는 총에너지(W)는 필요한 에너지(d_W)를 적분하면 알 수 있다. 축적되는 총에너지(W)는

$$W = \int d_W = L \int I d_I$$
$$= \frac{1}{2}LI^2$$

자속(Φ)는 LI이므로

$$W = \frac{1}{2}\Phi I = \frac{\Phi I \times (LI)}{2 \times (LI)} = \frac{\Phi^2}{2L} \quad J_{ule}$$

표1.3 정전계와 정자계 비교

정전계		정자계	
전하 (Q)	coulomb	자하 (M)	weber
진공 유전율 (ε_0)	$\dfrac{1}{4\pi\times9\times10^9}$ $=8.854\times10^{-12}$	진공 투자율 (μ_0)	$4\pi\times10^{-7}$ $=1.26\times10^{-6}$
전기력 (F)	$\dfrac{1}{4\pi\varepsilon_0}\times\dfrac{Q_1Q_2}{r^2}$ $=9\times10^9\times\dfrac{Q_1Q_2}{r^2}$	자기력 (F)	$\dfrac{1}{4\pi\mu_0}\times\dfrac{M_1M_2}{r^2}$ $=6.33\times10^4\times\dfrac{M_1M_2}{r^2}$
전계 (E)	$\dfrac{1}{4\pi\varepsilon_0r^2}\times\dfrac{Q}{r^2}$	자계 (H)	$\dfrac{1}{4\pi\mu_0r^2}\times\dfrac{M}{r^2}$
전위 (V)	$\dfrac{1}{4\pi\varepsilon_0}\times\dfrac{Q}{r}$	자위 (U)	$\dfrac{1}{4\pi\mu_0}\times\dfrac{M}{r}$
전기력선 (N)	$\dfrac{Q}{\varepsilon_0}$	자속선 (n)	$\dfrac{M}{\mu_0}$
전속 (Ψ)	Q	자속 (Φ)	·M
전속 밀도 (D)	ε_0E	자속 밀도 (B)	μ_0H

표 1.3과 같이 정전계와 정자계의 비교 관계에서 전속밀도(D)는 자속밀도(B)로 전계의 세기(E)는 자계의 세기(H)로 대응된다. 단위 체적당 축적되는 에너지를 정자계의 자속밀도와 자계의 대응 관계를 살펴보면

$$W = \frac{1}{2}B \times H \quad J/m^3$$

$B = \mu H$, $H = \dfrac{B}{\mu}$ 이므로

$$W = \frac{1}{2}B \times \frac{B}{\mu} = \frac{B^2}{2\mu} \quad J/m^3$$

두 개의 도선에 전류 I_1, I_2, 자기인덕터 L_1, L_2, 자기인턱터에 영향을 받는 상호인덕터가 M이 있을 경우에 자기인덕터에 축적되는 총에너지(W)는

$$W = \frac{1}{2}L_1 I_1^2 + \frac{1}{2}L_2 I_2^2 \pm M I_1 I_2 \quad J_{ule}$$

표 1.4는 커패시터(C: capacitor)에 의한 정전계 에너지와 인덕터에 의한 정자계 에너지를 비교한 표이다.

표1.4 정전계와 정자계 에너지 비교

구 분	에너지 밀도 (J/m^3)	에너지 (J)	축적 소자	에너지 공급원
정 전 계	$\frac{1}{2}DE$	$\frac{1}{2}CV^2$	커패시터	전압
정 자 계	$\frac{1}{2}BH$	$\frac{1}{2}LI^2$	인덕터	전류

또한 자계의 위치에너지는 자기장내에 자기적으로 얼마만큼 높은 위치에 있는가를 나타내는 양이며 자계가 전혀 없는 무한히 긴 장소에서 도중의 자계에 의한 힘에 저항하여 1 wb의 정자극을 운반하는데 필요한 일로 나타낸다. 따라서 자계 세기의 단위가 A/m이기 때문에 자위의 단위는 암페어(A)가 된다.

1.5 옴의 법칙(Ohm's law)

옴의 법칙은 독일 물리학자 조지 시몬 옴(george simon ohm, 1787 ~ 1854) 교수가 1827년 정립하였고 대부분의 금속을 포함한 물질은 그 물질 속의 전류밀도를 전기장으로 나누면 상수값 σ(시그마)을 가진다고 하였다. 옴의 법칙은 자연의 기본 법칙이 아니라 특정 물질에서만 성립하는 관계식이다. 옴의 법칙의 기본 관계식은

$$I = \frac{V}{R} \qquad V = I\,R \qquad R = \frac{V}{I}$$

이 식은 도체 양단의 전위차가 1 V일 때 1 A의 전류가 흐른다면 도체의 저항은 1 Ω임을 나타낸다. 대부분의 물질은 옴의 법칙이 성립하지만 어떤 경우는 전류와 저항에 의한 열 효과 등으로 물성이 바뀌고 그 결과로 저항의 값 자체가 바뀔 수도 있으며 PN접합 다이오드와 같은 반도체계에서도 옴의 법칙이 성립하지 않는다. 최근 구조의 폭이 나노미터(10^{-9} m) 정도로 아주 작은 나노선을 통한 전자를 이동할 수 있는 물질들이 상용화되고 있다. 이런 나노선은 온도가 아주 낮고 순수한 전자 도선이라도 전자의 파동 성질로 인하여 근원적인 전기 저항이 생겨 옴의 법칙이 성립하지 않는다.

1.6 전류(Current)

전류는 전위가 높은 곳에서 낮은 곳으로 연속적으로 전자가 이동하는 현상을 말한다. 에너지를 가지고 있는 입자인 전하는 전기적인 위치에너지가 높은 곳에서 낮은 곳으로 이동하며 이는 중력으로 인하여 물이 높은 곳에서 낮은 곳으로 흐르는 원리와 같다. 전류는 기전력(전압)이라는 힘에 의해 흐르며 전류가 흐르는 길을 전기회로 또는 전자회로라 하고 물이 흐르는 수로와 같으며 전류에 의하여 에너지를 공급받는 장치를 부하(저항)라한다.

$$I = \frac{V}{R}$$

전류의 단위는 암페어(A: ampere)이고 단위 시간당 1 C의 전하가 흐르는 비율이다. 1 A는 임의의 전자 도선 단면적을 1초 동안 1 C의 전하가 통과할 때의 양을 의미하며 또한 1 A의 양은 도선에 1초 동안 약 6.25×10^{18} 개의 전하가 단면적을 통과한다. 전류의 방향은 (+) 극의 양전하에서 (−) 극의 음전하로 이동하며 전자는 전류의 반대방향으로 이동하게 된다.

전기전자회로에서 건전지는 회로의 에너지원이고 건전지의 한쪽에서는 (+) 양전하와 다른 한쪽에서는 (−) 음전하가 존재하며 전도성 도체와 연결되면 이 전하들은 경로를 따라 흘러 부하에서 결합하려는 성질을 가지고 있다. 이 전하들은 외부의 전도성 도체 경로로만 흐를 수 있는데 건전지 내의 화학반응에 관련된 상반되는 힘 때문이다. 만약에 금속선을 두 단자에 연결한다면 전하는 금속선을 통하여 반대 단자로 흐를 것이다. 이와 같은 전하들의 흐름을 전류라고 한다.

전류는 단위시간당 흐르는 전하의 양으로 정의되고 전류(I)는

$$I = \frac{Q}{t}$$

Q: 전하, t: 시간

도체 내부의 전하 흐름의 관점에서 보면 전하 운반자가 (+) 양전하라면 전위차에 의해서 전하의 운동방향은 시계방향으로 전류의 방향이 될 것이다. 하지만 실제로 금속 내부에서 전하 운반자의 (−) 음전하를 가진 전자로 (−) 음전하가 반시계방향으로 흐르는 것은 (+) 양전하가 오른쪽으로 흐르는 것과 같은 효과를 가진다.

전류가 전자 도선에 흐르면 전자 도선 주위에 자기장이 발생하게 되는데 이 원리를 이용해 전자석, 전류계, 전동기, 자기부상 고속철도처럼 전기에너지를 물리적 에너지로 바꿀 수 있다.

전류가 유전체(전해질) 용액에서 흐르면 화학적인 분해가 일어나고 물에 전류를 흐르게 하면 전기분해가 일어나 (+) 극에 산소가 (−) 극 주위에 수소가 분포하게 되고 이를 응용하여 수소 에너지를 만들어 하이브리드 수소 자동차의 연료를 만들게 된다. 건전지, 축전지 등에서는 화학분해 작용을 응용하여 전하를 모아두는 전기에너지 저장장치로 활용하고 있다.

수도관에 물이 흐르고 있다고 가정할 때 수도관 속에서 흐르는 물의 세기를 측정하려면 단위 시간당 수도관 끝에서 나오는 물의 양을 측정하면 되고 이 양이 전하의 총량과

같게 된다. 이와같이 전류의 세기는 회로의 어떤 지점을 1초 동안에 지나는 전하의 수로 나타낼 수 있고 1초 동안 지나가는 전하의 수가 많으면 많을수록 전류는 증가하고 전하의 수가 적으면 적을수록 전류는 감속하게 된다.

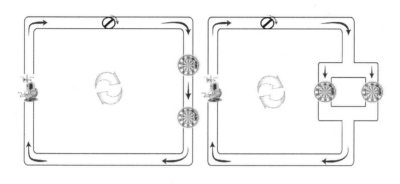

그림1.10 전류 흐름(물).

그림 1.10과 같이 양수기(전압)를 파이프로 연결하고 밸브를 열어주면 수압(전압의 차)차에 의해서 높은쪽의 물(전류)은 수압이 낮은쪽으로 물이 흐르고 양 쪽의 수위가 같아지면 물이 흐르지 않게 된다. 이는 전류가 흐를 수 있는 조건은 전압의 차가 발생해야만 흐를 수 있다.

수압이 높은 곳에서 낮은 곳으로 흐르는 물은 물레(저항)를 회전시키는 에너지원이 된다. 일정한 수압차를 유지시켜 주면 흐르는 물의 양도 일정하고 물은 한 방향으로 계속 흐르게 되어 일정하게 물을 공급해 줄 수 있게 된다. 또한 물레를 직렬로 연결하면 물레에 받는 물의 양은 같으므로 물레를 회전시키는 에너지는 동일하지만 물레를 병렬로 연결하면 물의 양이 분산되므로 물레를 회전시키는 에너지는 분산되어 공급되게 된다.

금속 도선에 저항이 있다면 전류가 저항에서 열에너지나 운동에너지로 변환되기 때문에 전류나 전압이 일정하고 저항의 손실이 없을 경우 전기에너지의 힘은 전류의 제곱에 비례하여 상승하게 된다.

1.6.1 직류(Direct)와 교류(Alternating)

전류의 종류에는 시간에 따라 크기와 방향이 변하지 않는 직류(DC: direct current)와 주기적으로 변화하고 주파수가 포함되어 있는 교류(AC: alternating current)로 구분한다. 즉 직류엔 주파수가 없으며 교류에는 주파수가 포함되어 있다.

초기의 전기는 이탈리아 물리학자 카운트 알렉산드로 볼타(count alessandro volta, 1745 ~ 1827)가 1791년 이탈리아 해부학자 루이지 알로이시오 갈바니(luigi aloisio galvani, 1737 ~ 1798)가 보여준 '개구리 다리의 실험'을 보고 연구에 착수하여 1794년 금속 물질의 화학작용에 의하여 전류를 발생시켰다. 이는 전지의 발명이며 그 후로 축전기, 검전기 등을 발명하였다.

오늘날 전기전자 학문의 가장 중요한 전압의 단위로 '볼트'를 쓰는 것은 볼타의 이름에서 나왔으며 전지에서의 전기는 직류라고 부르는데 전계의 반대방향으로 전자가 움직이며 그 방향은 일정하다. 또한 기계적 동력을 전기로 만드는 '발전기'의 발명이 있었다. 전선을 여러 겹 감은 뒤 전류를 통해주면 자석이 된다는 사실은 알고 있었지만 변하는 자력선이 생기는 것은 모르고 있었다. 전기의 발전은 기본적으로 교류로부터 시작하게 된다. 그 이유는 변화하는 자기장으로 인하여 전류가 변하게 되어 교류가 만들어지기 때문이다. 러나 초기의 모든 전기의 연구는 직류로만 진행되어졌고 교류의 실용화된 기술로는 진행이 되지 않았다. 초기 발전기의 발전은 '정류자'라고 하는 장치를 통해서 직류로 만드는 직류발전기가 사용되어져 전기의 상용화 되었지만 실재 활용도는 미미했다.

이후에 에디슨이 백열전구를 발명하면서부터 직류발전기를 사용하여 전구의 불을 밝혔지만 백열전구의 짧은 수명과 직류의 단거리 전송으로 인하여 효율성이 떨어져 실용화에 제약을 받았다. 따라서 발전기를 동작시켜 발생한 전류는 기본적으로 교류 전류이며 이것을 '정류자'를 통해서 직류로 변환하여 사용되어 진다.

직류의 특징을 살펴보면
① 직류는 약칭으로 DC의 기호로 쓰인다.
② 교류보다 주파수 간섭현상이 없기 때문에 안정적으로 전력송전이 가능하다.
③ 장거리에 있는 부하측에 공급하려면 아주 큰 전압으로 전송해야 한다.

교류의 특징을 살펴보면
① 교류는 약칭으로 AC의 기호로 쓰인다.
② 직류보다 발전기에서 전자기유도 원리로 쉽게 발전이 가능하다.
③ 직류보다 장거리 전력송전이 가능하지만 주파수로 인한 간섭 현상이 발생하므로 전력 송전 효율은 떨어진다.

1.7 전압(Voltage)

전압이란 전류가 흐를 때 발생하는 전위의 차를 전압이라 한다. 전위란 전기적 위치에 너지가 전기장 내에서 전하가 위치하는 위치에너지를 말한다. 전위차가 높을수록 전압이 높은 것이다 이는 전류가 많던 저항이 커든 둘 중 하나만 상승하게 되면 전압은 증가하게 된다. 옴의 법칙에 의하여 전압 V는

$$V = I\,R$$

공기가 들어있는 풍선의 크기로 살펴보면

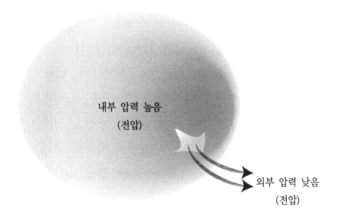

내부 압력 높음
(전압)

외부 압력 낮음
(전압)

그림1.11 전압 위치에너지(공기).

그림 1.11과 같이 풍선에 공기가 가득 들어있으면 풍선 내의 공기 압력은 외부보다 높게 되고 풍선 입구를 열면 압력은 높은 곳에서 낮은 곳으로 흐르기 때문에 공기가 외부로 빠르게 나가게 된다. 풍선 내의 공기가 많으면 많을수록 내외부의 압력차는 커지게 되어 공기가 더 빠르게 외부로 나가게 된다. 이와같이 전압도 풍선에서 공기가 빠지는 것과 같고 전압이 높은 곳에서 낮은 곳으로, 전하가 많은 곳에서 적은 곳으로 이동하게 된다. 따라서 전압의 차가 클수록 전하는 짧은 시간에 많은 양이 이동하게 된다.

1.7.1 전압계(Voltmeter)

전압계는 플레밍의 법칙을 응용하여 자력과 도선에 흐르는 전류에 따라 받는 힘의 크기가 변화하는 정도로 만들어진다. 플레밍의 법칙은 자력과 힘에 의해 도선에서 발생하는 전류의 크기가 변화하는 원리를 이용하는 법칙이다. 전기전자 회로에서 전압은 병렬로 연결되었을 때에는 양단간이 항상 일정하기 때문에 전압을 측정하려면 지시전압계를 회로에 병렬로 접속하여야 한다.

전압계는 두 가지 종류로 종류이며 측정 결과가 눈금으로 표시되는 지시전압계와 숫자로 표시되는 디지털 전압계로 나눌 수 있다.

첫째로 눈금 지시 전압계의 원리는 가동코일형, 가동철편형, 전류력계형 등의 원리로 지침이 눈금에서 움직이면서 크기를 측정한다.

가동코일형 방식은 가장 기본적인 전압계로 직류전압을 측정하는데 사용되며 정밀도가 우수하고 주위 영향을 많이 받지 않아 안정적인 지시전압계이다.

가동철편형 방식은 교류 전압을 측정하는데 사용되며 일반적으로 상용주파수가 60 ~ 400 Hz까지의 교류 전압을 측정할 수 있는 지시전압계이다.

전류력계형 방식은 직류와 교류전압을 모두 측정하는데 매우 정밀하게 측정할 수 있는 지시전압계이다.

둘째로 디지털 전압계는 측정되는 전압을 디지털신호로 변환하여 숫자로 표시하는데 지시전압계보다 정밀도가 높고 전압의 측정 결과를 디지털 형태로 검출하여 컴퓨터로 처리 할 수도 있다. 전류와 전압의 차이점은 전류는 전자 도선에 흐르는 흐름이며 전압은 전자 도선에 흐르는 전류를 밀어내는 힘에 대한 압력이다.

1.7.2 고전압(High voltage)

고전압이란 높은 전압으로 전류를 밀어내는 압력을 말하며 전기설비기준에 관한 규칙에 의거해 직류는 750 V 이상이고 교류는 600 ~ 7,000 V이하를 말하며 7,000 V이상을 초고전압이라 한다. 전기전자 장치 및 도선에 고전압을 사용하는 감전재해 방지대책을 살펴보면

① 내전압 시험 장소는 방책으로 구획하고 출입문에는 안전플러그를 적용해서 전원의 개폐를 도모하도록 해야 한다.

② 방책 외부에서 저전압 회로의 조작스위치와 비상차단 스위치를 설치하고 이 스위치를 조작하여 고전압회로를 개폐하도록 해야 한다.

③ 전원에 타이머를 조합하여 설정한 인가시간이 경과하면 자동적으로 고전압을 차단하
　　도록 해야 한다.

④ 작업순서를 작성하여 현장에 비치하도록 해야 한다.

내전압은 절연으로 규정된 교류 전압을 60초 동안 인가하여 기기가 파괴되지 않고 견
딜 수 있는 전압의 한도를 말한다. 즉 기계나 부품의 절연 부분이 파괴되지 않고 사용할
수 있는 전압의 한도를 말한다. 평가 방법은 전기설비 기준의 품질 규격에 규정되어 있는
전위 경도(K: KV/mm)에 시험편 두께(D: mm)를 곱한 값으로 측정한다.

1.7.3 정격전압(Rated voltage)

정격전압은 전기전자 장비의 정격에 의해 전압으로 장비들을 안전하게 사용할 수 있는
전압의 한도를 말한다. 선로의 공칭전압(nominal voltage)의 ± 15 %을 넘지 않는 범위
이며 발전기에서는 발전기의 출력 전압을 뜻하며 우리나라의 표준 정격전압은 110 V,
220 V, 3.3 KV, 6.6 KV, 11 KV 등으로 정해져 있다.

변압기에서는 부하의 단자전압을 2차 측 정격전압이라 하며 2차 측 정격전압에서 권수
비를 곱한 것이 1차 측 정격전압이 된다.

전동기에서는 정격출력(P=I×V)을 내기 위해 필요한 전압을 말하며 표준 정격전압은
110 V, 220 V의 2종이 있으며. 여자기는 3.3 KV, 6.6 KV, 11 KV의 3종으로 정해져 있
다. 여기서 여자기란 주 발전기 또는 주전동기의 계자 권선에 여자 전류를 공급하기 위한
별개의 발전기를 여자기라고 한다.

전압 변동률은 어떤 정해진 정격전압에서 실제로 전압의 변화 정도를 %로 나타낸 것이
다. 가정이나 학교에 들어오는 전압은 정격 전압이 220 V이지만 전선이나 변압기의 상태
가 불량이라면 주변에서 큰 전력을 사용하는 전기기기가 있어 같은 선의 전압을 사용하
는 학교까지 영향을 미쳐 전압 정격보다 낮아지거나 혹은 정격보다 높아 질수가 있다.

직류발전기의 정격 전압 V_2가 발생하고 회전 속도를 바꾸지 않고 무부하 상태로 했을
때의 정격 전압을 V_0로 하면

전압 변동률(δ)는

$$\delta = \frac{V_0 - V_2}{V_2} \times 100 \text{ %이다.}$$

1.7.4 전압강하(Voltage drop)

저항을 여러 개 직렬로 연결하고 전류가 각 저항을 통과할 때마다 옴의 법칙(V=I×R)으로 전압이 작아지거나 한 개의 저항값이 커져 전압이 작아지면서 나타나는 현상을 전압강하라 한다. 이때 전체 전압은 각 저항의 전압강하 값을 더한 합과 같게 된다. 변압기를 예로들면 1차 코일 전압(V_1)에 비해 2차 코일 전압(V_2)이 작을 때 코일에 감은수(n)의 비율만큼 작아진다. 전압강하를 이용한 변압기를 강압기라 하고 전위는 전기적 위치에너지를 일컫는다. 물이 같은 높이에서 흐르지 못하듯 전류도 같은 전위에서 흐르지 않는다. 전기적인 위치에너지 차이가 있을 때 전류가 흐르게 된다. 인가전압에 여러 저항을 사용하게 되면 전체 전압은 각각 저항에서의 전압강하의 총합과 같게 된다.

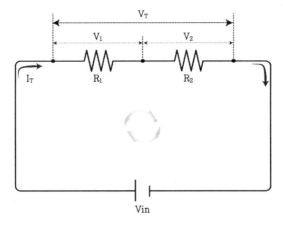

그림1.12 전압강하 회로.

그림 1.12와 같이 저항을 직렬로 연결하고 처음 저항 R_1에만 전원전압 V_{in}을 연결했을 때 저항 R_1에 전압 V_1이 전원전압과 같이 V_{in}이지만 저항 R_2을 연결 했을 경우 V_2만큼 전압이 나누어 강하된다. 따라서 전체전압 V_T는 전압 V_1과 V_2의 합이 된다. 직렬로 연결한 저항 R_1과 R_2의 경우 전류는 같으므로 전체 전류 I_T는

$$V_T = V_1 + V_2$$
$$= (I_T \times R_1) + (I_T \times R_2)$$
$$= I_T \times (R_1 + R_2)$$

$$I_T = \frac{V_T}{(R_1 + R_2)}$$

저항 R_1에 의한 전압강하는

$$V_1 = I_T \times R_1$$

저항 R_2에 의해 강하된 전압은

$$V_2 = I_T \times R_2$$

저항 R_1과 저항 R_2의 전체 전압강하는

$$V_T = V_1 + V_2$$

큰 저항일수록 전압 강하가 커지는 것을 위 공식으로 확인할 수 있다. 회로에 직렬로 연결한 회로에서 R_2에 의한 전압강하 비율은

$$\frac{V_2}{V_T} = \frac{I_T \times R_2}{I_T(R_1 + R_2)}$$
$$= \frac{R_2}{R_1 + R_2}$$

따라서 전압강하는 저항 R_2가 R_1에 비해 아주 작을 경우 전압강하는 무시할 수 있으나 R_1에 근접하게 R_2을 연결하거나 R_1에 비해 아주 클 경우 전압강하가 한쪽으로 쏠림 현상이 발생해 회로에 많은 부담을 줄 수 있다.

도선의 길이가 길어질 경우 도선에 의한 저항이 커져 길이가 길어질수록 전압강하가 많이 발생하게 된다. 전원에서 멀리 떨어진 곳에 모터를 구동하는 경우에 모터구동의 정격전압 220 V에 동작하며 전압강하의 허용범위가 ± 5 %내외라면 전선에 의한 최대 전

압강하 V_{MAX}는

$$V_{MAX} = 220 \times \frac{5}{100}$$
$$= 11 \text{ V}$$

모터의 전력이 3,000 W라면 모터에 흐르는 전류(I)는

$$P = V \times I$$

$$I = \frac{P}{V}$$

$$I = \frac{3000}{220}$$

$$= 13.6 \text{ A}$$

따라서 회로선의 전압은 11 V가 걸리고 전류는 13.6 A가 흐르게 된다. 옴의 법칙에 의해 저항은 0.8 Ω로 구할 수 있다. 도선의 비저항률(ρ: resistivity)이 0.02 Ω/m이고 모터까지의 거리가 2m라고 하면 도선의 저항(R)은

$$R = \frac{\text{비저항} \times \text{거리}}{\text{단면적}}$$

$$0.8 = \frac{0.02 \times 2}{\text{단면적}}$$

$$\text{단면적} = 0.8 \times 0.02 \times 2$$

$$= 0.032 \text{ m}^2$$

1.8 저항(Resistance)

도선에 흐르는 전류를 방해하는 정도를 나타내는 물리적인 크기로서 단위면적당 물체에 흐르는 전류의 반대방향으로 작용하는 힘이기 때문에 전류 제어가 가능하다. 저항의 단위는 옴(Ω)이며 전자회로의 도선에 전압을 가할 때 전원의 전위차와 도선에 흐르는 전류와의 비를 의미한다. 이로 인하여 저항(R)의 크기는

$$R = \frac{V}{I}$$

그림 1.13과 같이 도선의 길이와 단면적의 크기에 따라 저항의 크기는

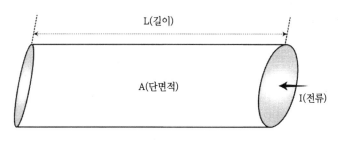

L(길이)

A(단면적)

I(전류)

그림1.13 도선 저항 크기(단면적).

$$R = \rho \frac{L}{A}$$

ρ: 비저항률$[\Omega/m]$, L: 도선의 길이$[m]$, A: 도선의 단면적$[m^2]$

비저항률(ρ: resistivity)은 물질의 단위 길이와 면적당의 고유한 저항을 말하며 물질마다 고유한 값을 가지고 있다. 일반적인 도체는 온도가 높아질수록 저항이 커지므로 저항의 값은 온도에 비례해서 증가 및 감소한다. 그러나 반도체와 부도체는 온도가 높아질수록 저항이 낮아지며 전해질은 전해질의 농도가 높아지고 이온의 이동성이 커질수록 저항값은 낮아지는 성질이 있다. 따라서 도체인 경우 온도에 비례하고 반도체인 경우에는 반

비례하는 성질이 있다. 이와 반대로 전도도(σ: conductivity)는 전류가 얼마나 잘 통하는 가의 정도를 말하며 전류가 잘 흐르는 정도를 나타내는 크기이다.

전도율 또는 도전율로 표현하기도 한다. 일반적으로 고유한 전기 저항 크기의 역수로 나타내며 도체의 전도도는 표준이 되는 금속 구리가 가지는 전도도와의 비율을 백분율로 나타내며 전도도(σ)의 크기는 아래 공식으로 구할 수 있다.

$$\sigma = \frac{1}{\rho} \quad 1/\Omega \cdot m$$

저항의 발생 원인은 금속 도선 내부에서 전자들이 자유롭게 움직일 수 있어서 이동 중에 전자간의 충돌이나 전자와 도선 내부표면과의 충돌로 열이 발생하게 되고 이로인하여 전자의 이동이 느려지면서 저항이 발생하게 된다.

예를들어 건전지의 (+) 양극과 (−) 음극을 전자 도선으로 연결하면 낮은 전위의 (−) 음전하를 가진 전자들은 높은 전위의 (+) 양전하와 동일한 전위가 되기 위하여 (−) 음극의 전자가 (+) 양극으로 이동하게 된다. 그런데 대부분의 금속 재료들은 소량의 불순물을 포함하고 있고 격자에 구조적 결함을 가지고 있어서 원활한 전자의 흐름을 방해하게 된다. 더욱이 금속 내부 구조에 존재하는 원자들은 빠르게 진동하므로 전자의 흐름을 방해하며 전자들은 이동중에 서로 부딪히게 때문에 전자의 이동에 제약을 받게된다.

이러한 금속 도선에 흐르는 전자들은 다양한 방해물로 인하여 운동방향이 불규칙하게 이동하게 되는 것이다. 하지만 이러한 운동방향의 진로를 방해해도 긴 시간을 두고 보면 전자들은 전자 도선 내부에 변함없이 걸려 있는 전기장의 방향으로 서서히 이동하여 종착지인 (+) 양극에 도착하게 된다. 또한 전자 도선에 전자들의 불규칙한 이동으로 인하여 발열이 발생하게 되며 이를 응용한 백열전구, 전기매트, 전기난방, 전기밥솥, 전기다리미와 같은 전열기구로 제작되어 진다. 그러나 일반 전자기기에서 발열이 발생하면 전력손실이 생기고 전자기기내의 절연성과 내구성이 저하되는 원인이 된다.

저항은 전류의 흐름을 방해하는 기능을 가지고 있는 소자이다. 저항은 크게 고정저항과 가변저항으로 나누어지며 사용하는 재료에 따라 탄소계와 금속계로 분류된다. 저항의 값은 멀티미터기를 사용하여 알 수 있지만 측정기가 없을 때에는 저항의 표면에 있는 컬러코드로 계산하여 알 수 있다. 그림 1.14와 같이 저항의 컬러코드로 저항 값을 구하는 방법을 나타낸 것이다.

저항의 크기 계산은 저항의 컬러코드 자리수는 4개 또는 5개로 이루어진다. 자리수가

4개인 저항의 경우는 컬러1(n_1), 컬러1(n_1), 컬러2(n_2), 컬러3(n_3), 컬러4(n_4)로 구성되며 컬러1(n_1)은 10의 자리수, 컬러2(n_2)는 1의 자리수, 컬러3(10^n)은 승수곱, 컬러4는 저항의 오차범위를 나타낸다. 자리수가 5개인 저항의 경우는 컬러1(n_1), 컬러1(n_1), 컬러2(n_2), 컬러3(n_3), 컬러4(n_4), 컬러5(n_5)로 구성되며 컬러1(n_1)은 100의 자리수, 컬러2(n_2)는 10의 자리수, 컬러3(n_3)은 1의 자리수, 컬러4(10^n)는 승수곱, 컬러5는 저항의 오차범위를 나타낸다.

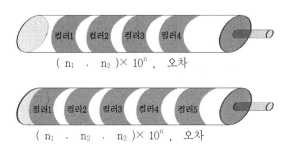

자리수 \ 색깔	Black 흑	Brown 갈	Red 적	Orange 등	Yellow 황	Green 녹	Blue 청	Violet 자	Gray 회	White 백	Gold 금	Silver 은
컬러1(n_1)	0	1	2	3	4	5	6	7	8	9	•	•
컬러2(n_2)	0	1	2	3	4	5	6	7	8	9	•	•
컬러3(n_3)	0	1	2	3	4	5	6	7	8	9	•	•
컬러4($\times 10^n$)	1	10^1	10^2	10^3	10^4	10^5	10^6	10^7	10^8	10^9	10^{-1}	10^{-2}
컬러5(오차)	•	•	± 2	•	•	•	•	•	•	•	$\pm 5\%$	$\pm 10\%$

그림1.14 저항 컬러 코드.

예를들어 컬러코드 저항의 크기를 구해 보기로 하자.

아래 그림과 같이 4개의 저항 컬러코드가 있다면 저항의 크기는

$$= 32 \times 10^3 \quad \pm 10\%$$

$$= 32,000 \ \Omega \quad \pm 10\%$$

➡ $32 \ K\Omega \quad \pm 10\%$

아래 그림과 같이 4개의 저항 컬러코드가 있다면 저항의 크기는

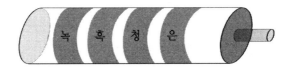

$$= 50 \times 10^6 \quad \pm 10\%$$

$$= 50,000,000 \ \Omega \quad \pm 10\%$$

➡ $50 \ M\Omega \quad \pm 10\%$

아래 그림과 같이 5개의 저항 컬러코드가 있다면 저항의 크기는

$$= 321 \times 10^6 \quad \pm 5\%$$

$$= 321,000,000 \ \Omega \quad \pm 5\%$$

➡ $321 \ M\Omega \quad \pm 5\%$

1.8.1 고정 저항(Fixed resistor)

(1) 탄소피막(Carbon film)

탄소피막 저항은 그림 1.15와 같이 가장 많이 사용되는 형태의 저항으로 세라믹 봉에 탄소 분말을 피막 형태로 입힌 후 나선형으로 홈을 파서 저항 값을 조절하는 방법으로 만든다. 이후에 저항의 표면에 절연 도장한 형태이다. 가격이 싸며 가장 많이 사용되며 고정밀도나 대전력이 아닌 경우에 사용되는 형태의 저항이다. 단 전류의 잡음이 크기 때문에 고정밀도를 요구하는 경우에는 금속피막이 사용되어 진다. 표 1.5와 같이 탄소피막 형 저항의 장점과 단점이 나타나있다.

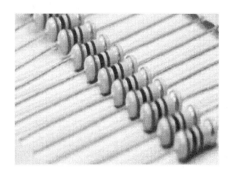 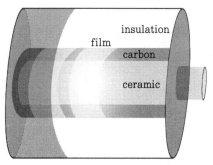

그림1.15 탄소피막 저항 구조.

표1.5 탄소피막 저항 장점과 단점

장 점	단 점
▶ 대량 양산화로 저가격	▶ 저항에 따른 온도계수가 큼
▶ 저항의 자유로운 모양	▶ 전류 잡음이 큼
▶ $M\Omega$의 크기로 제조	▶ $G\Omega$ 이상 제조 불가능

(2) 솔리드(Solid)

솔리드 저항은 그림 1.16과 같이 탄소 분말에 저항값 조절을 위한 저항 소자인 혼합체를 섞고 결합제인 폴리머와 함께 성형한 형태의 저항이다. 저항 전체가 저항 값을 갖는 막대형 덩어리로 되어 있어 솔리드 저항이라고 한다. 표 1.6과 같이 솔리드 저항의 장점과 단점이 나타나있다.

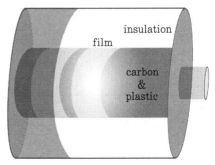

그림1.16 솔리드 저항 구조.

표1.6 솔리드 저항 장점과 단점

장 점	단 점
▶ 기계적으로 견고하며 가볍고 소형	▶ 온도와 습도에 영향이 큼
▶ 제조 생산율 우수	▶ 전류 잡음이 큼
▶ 연체에 의해 보호(펄스, 서지전압)	▶ 고정밀도가 떨어짐
▶ 고주파 특성이 양호	

(3) 금속피막(Metal film)

　금속피막 저항은 그림 1.17과 같이 세라믹에 니켈(Ni), 크롬(Cr) 등의 합금을 진공증착 하여 얇은 필름 형태로 부착시킨 후 홈을 파서 저항 값을 조절한다. 또한 오차범위가 적은 저항이 필요한 경우에 가장 많이 사용되는 저항으로 고주파 특성이 좋으므로 디지털기기의 회로에 널리 사용된다. 표 1.7과 같이 금속피막 저항의 장점과 단점이 나타나있다.

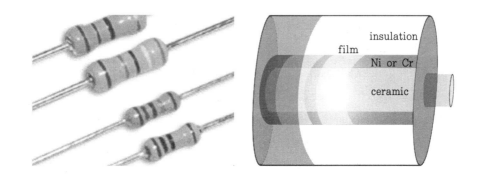

그림1.17 금속피막 저항 구조.

표1.7 금속피막 저항 장점과 단점

장 점	단 점
▶ 온도계수가 낮음	▶ 저항값이 큼
▶ 내열성이 우수	▶ 가격이 비쌈
▶ 잡음이 적고 고주파 특성이 양호	
▶ 고정밀도와 안정성 우수	

(4) 금속산화피막(Metal oxidation film)

금속산화피막 저항은 그림 1.18과 같이 세라믹에 금속산화물인 산화실리콘(SiO_2), 산화주석(SnO_2) 등의 도전성 박막을 코팅하여 저항체를 형성하고 절단한 후 절연과 보호도장을 하여 제조한다. 특징으로 소형이면서 큰 전력용량으로 제조가 가능하며 고온 안정성, 잡음, 주파수 특성도 우수하다. 고온 안정성이 좋아 전원 회로 등에 널리 사용되어 진다. 표 1.8과 같이 금속산화피막 저항의 장점과 단점이 나타나있다.

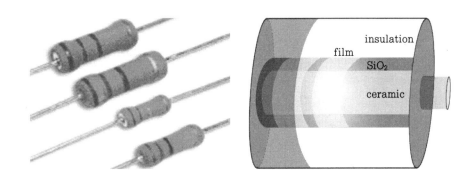

그림1.18 금속산화피막 저항 구조.

표1.8 금속산화피막 저항 장점과 단점

장 점	단 점
▶ 온도계수가 낮음	▶ 높은 표면 온도로 근접한 부품에 영향
▶ 소형, 대전력에 강함	▶ 전력 밀도가 높아 작은 결함으로 고장 발생
▶ 실리콘을 사용하여 내열성 우수	
▶ 잡음, 주파수 특성 우수	

1.8.2 가변저항(Variable resistor)

가변저항은 저항값을 임의로 바꿀 수 있는 형태이며 손잡이를 돌리기나 스위치로 저항값을 조절하는 저항기이며 일반적으로 권선형 고정 저항기와 권선형 가변 저항기로 분류한다.

리드선
도전물질
볼륨

그림1.19 가변저항 구조.

권선형 가변저항은 절연체 권선심에 저항선을 감은 권선형이므로 대전력용으로 제조가 용이하기 때문에 주로 전류, 전력 조절용 가변저항 분야에 많이 사용한다. 그러나 사이즈가 크고 높은 저항값을 조절하기가 쉽지 않으며 유도성분이 발생하기 쉬워 고주파를 사용하는 회로에는 부적합하다. 표 1.9와 같이 가변저항의 장점과 단점이 나타나있다.

표1.9 가변저항 장점과 단점

장 점	단 점
▶ 온도특성이 우수	▶ 높은 저항값 제조 어려움(kΩ~)
▶ 밀도, 안정성 우수	▶ 발열 발생(대전력용)
▶ 내전압이 양호	▶ 고주파수용 불가능

1.8.3 저항 연결(Connection)

(1) 직렬연결(Series)

저항의 직렬연결은 각각의 저항을 일렬로 접속하는 것이며 그림 1.20과 같이 직렬 회로의 전체 저항 R_T는

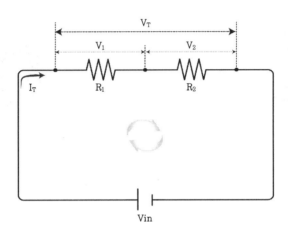

그림1.20 저항 직렬연결.

$$R_T = \frac{V_T}{I_T} = \frac{(R_1 + R_2)I_T}{I_T} = R_1 + R_2$$

저항이 n개로 직렬 회로에 연결되었을 때 전체 저항 R_T는

$$R_T = R_1 + R_2 + \cdot \cdot \cdot + R_n$$

직렬로 연결된 각 저항의 전압 V_1, V_2는

$$V_1 = R_1 I_T, \quad V_2 = R_2 I_T$$

(2) 병렬연결(Parallel)

저항의 병렬연결은 회로에서 2개 이상의 저항 양 끝을 각 한 곳에서 연결하여 접속하는 것이며 저항이 n개로 병렬 회로에 연결되었을 때 전체 저항 R_T는

$$R_T = \cfrac{1}{\cfrac{1}{R_1} + \cfrac{1}{R_2} + \cdots + \cfrac{1}{R_n}}$$

그림 1.21과 같이 병렬 회로의 전체 저항 R_T의 계산은

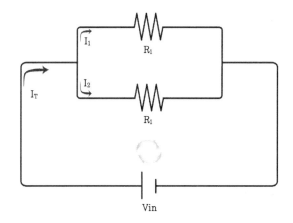

그림1.21 저항 병렬연결.

$$R_T = \cfrac{1}{\cfrac{1}{R_1} + \cfrac{1}{R_2}} = \cfrac{1}{\cfrac{R_1 + R_2}{R_1 \times R_2}}$$

$$= \frac{R_1 \times R_2}{R_1 + R_2}$$

그림 1.21 회로에 병렬로 연결된 각 저항의 전류 I_1, I_2와 전체 전류 I_T는

$$I_T = I_1 + I_2$$

$$I_1 = \frac{V_{in}}{R_1} = \frac{R_2}{R_1 + R_2} I_T \,, \quad I_2 = \frac{V_{in}}{R_2} = \frac{R_1}{R_1 + R_2} I_T$$

$$I_T = \frac{V_{in}}{R_T} = \frac{V_{in}}{\dfrac{R_1 \times R_2}{R_1 + R_2}}$$

$$= \frac{R_1 + R_2}{R_1 \times R_2} V_{in}$$

컨덕턴스(G: conductance)는 저항의 역수이며 전류를 얼마나 잘 흘릴 수 있는지를 표현한 정도를 나타낸다. 기호는 G이며 단위는 모(mho) Ω^{-1}로 표현한다.

$$I = G \times V$$

$$\Rightarrow V = \frac{I}{G}$$

$$\Rightarrow G = \frac{I}{V} = \frac{1}{R} \ \Omega^{-1}$$

(3) 휘스톤브릿지(Wheatstone bridge)

휘스톤브릿지 회로는 그림 2.22와 같이 4개의 저항 W, X, Y, Z을 브릿지 형태로 연결한다. 그리고 중앙에 전류 측정기(DDM, digital multi meter)를 연결하여 전류가 "0 A"가 되도록 미지의 저항의 값을 변화하게하면 회로의 좌우는 전기적으로 평형상태가 된다. 휘스톤브릿지 회로에서 저항 W, X, Y, Z에서 한 개의 미지 저항이 있다고 가정하고 아래 공식으로 미지 저항을 알아내면 평형상태가 된다. 평형 조건은 대각선으로 마주보는 저항의 곱으로 서로 같아야 한다. 휘스톤브릿지 회로의 응용은 빛, 온도, 압력, 무게와 같은 물리적인 양의 변화로 미지의 저항값이 변화하게 되고 변화된 저항값을 전압으로 변환 출력하여 사용하게 된다.

$$W\,Y = X\,Z$$

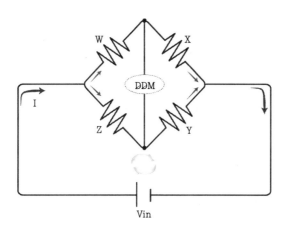

그림1.22 휘트톤브릿지 회로.

다음과 같이 저항 W= 2 Ω, X= 1 Ω, Y= 4 Ω으로 연결하고 미지의 저항 Z의 저항 값을 구하면 전류측정기는 "0 A"가 된다. 미지의 저항인 Z의 저항 값은

$$WY = XZ$$

$$Z = \frac{WY}{X}$$

$$= \frac{2 \times 4}{1} = 8 \; \Omega$$

따라서 저항의 값을 정확하게 측정할 수 있는 회로이며 저항을 추가하여 미지의 저항 을 비례적으로 구할 수 있다.

1.9 키르히호프 법칙(Kirchhoff's law)

키르히호프의 법칙이란 독일의 물리학자 구스타프 로베르트 키르히호프(gustav robert kirchhoff, 1824 ~ 1887)가 정립한 전기전자 회로에 대한 법칙이며 처음으로 1840년대 전하량과 에너지 보존을 다루는 2개의 이론식을 편찬한 전기회로 교재로부터 출발하였다. 전기전자공학 분야에서 가장 많이 사용되고 있으며 키르히호프의 법칙에는 전류 법칙(KCL: kirchhoff's current law)과 전압 법칙(KVL: kirchhoff's voltage law)이 있다. 전기전자회로 해석으로 가장 기본적이고 중요한 법칙으로 응용되어 진다.

1.9.1 전류법칙(KCL: current law)

키르히호프의 전류법칙은 그림 1.23과 같이 회로의 분기점을 기준으로 흘러들어오는 전류 I_1과 I_2의 합과 흘러나가는 전류 I_3는 항상 "0 A"가 된다. 즉 흘러 들어오는 만큼 흘러나간다는 의미가 된다. 분기점을 기준으로 전하가 자동으로 생기거나 없어지지 않는다는 전하보존의 법칙을 기초로 정립되었다. 전하가 들어오는 부분에 (+) 극, 흘러나가는 부분에 (-) 부호를 붙여 구분한다. 따라서 전류가 흐르는 도선에서 들어오는 전류와 나가는 전류의 전체 합이 같음을 의미한다.

일반적인 형태로 키르히호프의 전류법칙을 정리하면

"어떤 분기점에 대하여 그 분기점에 접속된 모든 방향에서 흘러들어오는 전류의 양과 흘러나가는 전류의 양은 항상 같다."

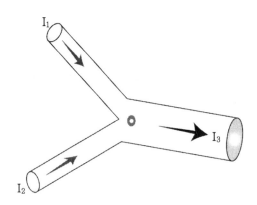

그림1.23 키르히호프 전류법칙.

키르히호프 전류법칙의 응용은 전기전자 회로설계 프로그램인 SPICE, PADS, ORCAD 등의 설계시 기본 법칙으로 적용된다. 전기전자 회로가 구성되기 위해서는 먼저 전압이 있어야 하고 전압을 기준으로 해서 저항이 연결되어야 한다. 회로 구성이 완성되면 전압과 부하로 구성된 폐회로에는 전류가 흐르게 되어 동작하게 된다. 그림 1.24와 같은 회로에서 저항을 통하여 나가는 모든 전류의 합은 전체 전류(I_T)가 된다.

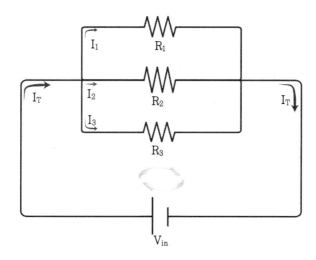

그림1.24 키르히호프 전류법칙.

즉

$$i_1 + i_2 + i_3 + \dots + i_n - i_T = 0 \text{ A}$$

$$\sum_{k=1}^{n} \widetilde{I_K} = 0 \text{ A}$$

폐회로 영역의 내외부에 있는 저항에 흐르는 전류는 그 영역에 대한 키르히호프 전류법칙 논리식을 작성하는데 아무런 영향을 주지 않는다.

따라서 키르히호프의 전류법칙을 정리하면

> 분기점에 들어오는 전류의 합과 나가는 전류의 합은 같다
> 분기점에서의 전류의 총합은 "0 A"

1.9.2 전압법칙(KVL: voltage law)

그림 1.25와 같이 키르히호프 전압법칙은 임의의 폐회로에서 회로 내의 전압강하의 모든 전위차의 합은 "0 V"이다. 임의의 폐회로를 따라 360° 회전하여 원점으로 돌아왔을 때 그 회로의 전압의 총 합은 각 저항에 의한 전압 강하의 총합과 같아진다.

즉 회로에서 전류의 방향을 시계방향 또는 반시계방향으로 정하고 시계방향으로 돌아가는 전원 전압과 전압강하는 (+) 부호로 정하고 반시계방향으로 돌아가는 전원 전압과 전압강하는 (−) 부호로 정한다. 키르히호프의 전압법칙은 직류와 교류 모두 적용이 가능하며 회로에서 저항(R), 인덕턴스(L), 커패시터(C)와 임피던스(Z)에 적용이 가능하다.

그림 1.25와 같은 회로에서 어느 지점에서 다른 지점 사이의 전위차는 두 지점 사이를 연결하는 회로 요소들의 양단에 나타나는 전압의 합과 같다. 만일 회로를 따라 어떤 경로를 거쳐 원래의 출발지점으로 돌아왔을 때 그 경로 상에 존재하는 회로 요소들의 전압을 모두 합하면 "0 V"가 된다. 전압법칙은 폐루프에서 에너지는 소멸되지 않는다는 전제하에 에너지의 입력과 출력 또는 공급과 위치에너지의 기초로 정립되었다. 이를 키르히호프의 전압법칙이라 한다.

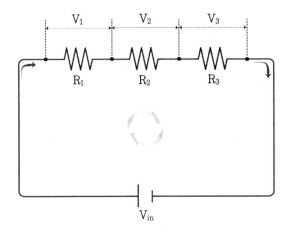

그림1.25 키르히호프 전압법칙.

즉

$$V_1 + V_2 + V_3 + \ldots + V_n - V_{in} = 0 \text{ V}$$

$$\sum_{k=1}^{n} \widetilde{V_K} = 0 \text{ V}$$

폐회로 영역의 내외부에 있는 저항의 전압은 그 영역에 대한 키르히호프 전압법칙 논리식을 작성하는데 아무런 영향을 주지 않는다.

폐회로에 인가된 전원전압의 합과 저항으로 분배된 전위의 차(전압강하)의 합은 그 루프 안에서는 같다. 공급된 전원전압은 완전히 폐쇄된 루프에서의 전하량이 증가하거나 감소하지 않으며 처음 공급된 전하량을 유지한다는 의미이며 키르히호프의 전압법칙의 한계점은 패러데이의 전자기 유도 법칙에서 자기장이 변하는 곳에 있는 도체에는 전위차(전압차)가 발생의 정의와 상반된 내용으로 전자기장에서는 전하량 보존의 법칙이 성립되지 않으므로 키르히호프의 전압법칙과는 맞지 않는다.

논리식으로 해석하면 임의의 폐회로에서 "저항에서의 전압강하의 합은 공급전압과 같다"는 의미이며 또는 "폐회로에서 전압과 전압강하의 총 합은 "0 V"이다" 라고도 표현될 수 있다. 이 때 전원전압의 방향과 전압강하의 방향은 서로 반대로 해석되기 때문이다.

어느 순간에 어느 폐회로를 따라 일주할 때 전압강하의 합은 "0 V"이 된다.

따라서 키르히호프의 전압법칙을 정리하면

폐회로에서 전압의 합과 저항에서 전압강하의 합은 같다

전압과 전압강하의 총 합은 "0 V"

1.10 유전체(Dielectric substance)

부도체 물질과 전기전도도가 매우 작은 중성상태의 물질을 유전체라 한다. 이는 유전체가 전기장 내부에 놓이면 도체와는 다르게 물질의 내부를 이동할 수 있는 자유전자가 없기 때문에 전류는 거의 흐르지 않지만 전기분극이 발생한다. 유전체에 전압을 인가하면 유전체 내의 (−) 양전하는 (+)극쪽으로 대전되고 (+) 음전하는 (−)극쪽으로 대전된다. 그림 1.26과 같이 유전체에 전압을 유전체 내부에는 (+) 양전하와 (−) 음전하가 충전되면서 분극상태의 유전체가 형성된다.

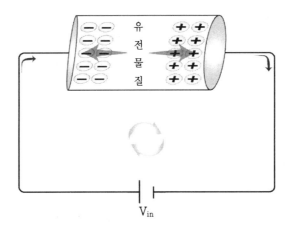

그림 1.26 유전체 분극상태.

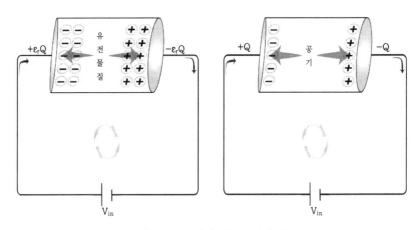

그림 1.27 유전체 종류 전하량.

그림 1.27과 같이 유전체 물질에 따른 비유전율은 같은 전극에 같은 전압을 인가해도 유전체의 종류에 따라 분극 전하의 양이 다르게 된다. 분극 전하량은 공기중의 유전율(ε)보다 유전체인 경우 더 많이 증가한다. 또한 비유전율(ε_r)의 크기만큼 비례적으로 증가하게 된다. 진공중의 유전율을 ε_0로 정의 할 때 비유전율(ε_r)은

$$\varepsilon = \varepsilon_0 \varepsilon_r$$

$$\varepsilon_r = \frac{\varepsilon}{\varepsilon_0}$$

그림 1.28과 같이 모든 물질은 원자나 분자 구조로 되어 있으며 자기장 속에 넣으면 자기장의 영향을 받아 (+) 양전하는 자기장 방향으로 이동하며 (−) 음전하는 반대 방향으로 이동하게 된다. 이로인하여 원자핵들은 서로 반대쪽으로 끌려서 일그러짐으로써 전기쌍극자가 형성된다. 이 때문에 물질 속에서의 자기장은 실제 외부에서 인가한 자기장보다 낮게 되어 물질속에서 전하가 받는 힘이 적어지게 된다.

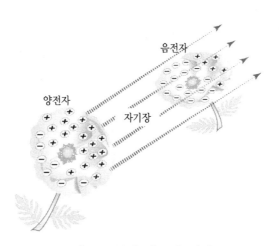

그림1.28 물질 쌍극자 현상.

쌍극자 형태의 (+) 양전하와 (−) 음전하로 분극(polarization)되는 물질을 유전체라고 하며 일반적으로 진공 및 도체를 제외한 모든 물질을 유전체라고 부른다. 또한 분극이 큰 물질을 강유전체라 하고 대전된 물질은 주위에 있는 물질을 끌어당기게 된다.

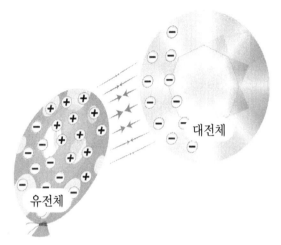

그림 1.29 유전체와 대전체 상호현상.

그림 1.29와 같이 대전체인 금속과 유전체인 풍선 실험에서 종이에 가까이 가져가면 종이가 금속에 달라붙게 된다. 종이와 같은 부도체에는 대전체인 금속을 가까이 가져가면 극성을 지닌 분자들의 배열로 변하게 된다. 종이 내부는 (+) 양전하와 (−) 음전하의 양이 같으므로 아무런 변화가 없지만 대전체를 가까이 근접하면 대전체와 유전체가 만나는 양끝에서는 전하들이 배열되어 전하들이 유도되며 종이 내부의 전하들은 쌍극자 형태로 형성되어 끌어당기게 된다. 이는 합성섬유 물질에 먼지가 붙는 것과 같은 이유이다. 또한 대전체와 유전체 사이가 더욱더 가까워지면 전하들이 분리가 더 많이 일어나며 같은 종류의 (−) 음전하들 간의 전기적 반발력으로 내부의 공간에서 멀어지게 된다. 비유전율이 높은 것은 자기장에 비례하여 직선상으로 쌍극자 현상이 잘 발생하게 된다.

유전체의 특징은
① 정전용량 증가
② 전압 증가
③ 도체의 극판 사이를 역학적으로 지탱해주는 역할

반강유전체는 강자성체에서 반강자성체에 대응하는 것으로 결정중에는 전하의 변위가 일렬로 방향을 바꾸어 자발분극이 반평행으로 정렬된 물질이다. 강유전체가 자발 분극의 배열 방향이 결정체 내부에 평행으로 정렬(동일방향으로)된 것과는 반대로 서로 다르게 정렬되어 쌍극자의 상호작용 에너지가 작아지는 물질을 말한다. 대표적인 물질로 지르콘

산연(PbZrO3)이 있다. 반강유전체의 특징으로 큐리 온도부근에 강한 전계를 인가하면 강유전상이 유도되며 전계 인가형 상전이 강제상전이라 하기도 한다. 금속판 금속 사이의 유전체 분극량 $P(C/m^2)$는 공기중의 유전율 ε, 진공중의 유전율 ε_0, 비유전율 ε_r, 전하 Q, 전기장 E로 정의할 때

$$\varepsilon = \varepsilon_0 \varepsilon_r$$

$$Q = CE \Rightarrow E = \frac{Q}{C}$$

$$P = \varepsilon_0(\varepsilon_r - 1)E = (\varepsilon_0 \varepsilon_r - \varepsilon_0)\frac{Q}{C}$$

따라서 금속판 금속 사이의 유전체 분극량은 비유전율과 인가되는 전기장에 비례하여 커지게 된다. 정전용량(C)는 금속판 금속의 면적 A, 금속판 금속의 간격 D, 유전체의 유전율 ε로 정의할 때

$$C = \varepsilon \frac{A}{D}$$

따라서 금속판 금속의 정전용량은 금속판 면적과 유전체 유전율에 비례하고 금속판 금속 사이의 간격에 반비례함을 알 수 있다. 금속판 금속 커패시터(C: Capacitor)사이에 유전체와 금속을 넣었을 때 정전용량이 증가를 살펴보면

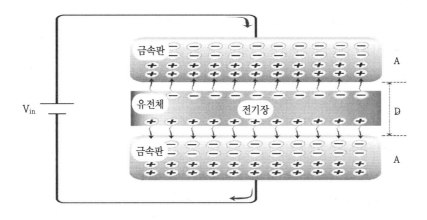

그림1.30 금속판 커패시터의 정전용량

그림 1.30과 같이 금속판 커패시터 사이에 유전체를 넣고 전압을 인가하면 (+) 양전하 금속판과 (−) 음전하 금속판만 있을 때 보다 (+) 양전하와 (−) 음전하간의 간격이 가까워지는 효과가 나타난다. 따라서 전기장의 영향으로 (+) 양전하와 (−) 음전하가 서로 끌어당기는 힘이 강해져 더 많은 전하를 금속판에 넣어도 전기적 반발력이 금속판만 있을 때 보다 작아지므로 커패시터의 정전용량이 커지게 된다. 또한 유전체 대신에 금속을 넣어도 극판 간격을 줄이는 역할을 하여 정전용량이 더 증가하게 된다.

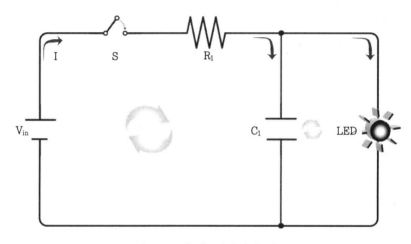

그림1.31 금속판 커패시터 회로.

그림 1.31과 같이 금속판 커패시터 회로에서 스위치(S)을 닫으면(close) 커패시터(C_1)를 충전시킬 때 전하에 전기력을 주어 전하를 이동시킴으로써 금속판 커패시터에 전하를 축적시킬수 있다. 전하로 인하여 커패시터 금속판 사이에는 전기장이 발생하며 이 공간에 전기장 형태로 전기 에너지가 저장된다. 스위치를 열면(open) 커패시터(C_1)에 저장된 에너지가 LED(램프)로 전하를 이동시켜 불이 켜지게 함으로써 금속판 커패시터의 전기장은 점차 감소하게 되어 전기 에너지가 감소된다.

유전체의 전기적 성질에 따른 물질의 분류를 살펴보면
　① 도체(conductor) : 금속이온 + 자유전자
　① 반도체(semiconductor) : 중성 반도체 원자 + 불순물 이온 + 자유전자
　② 유전체(dielectric) : 심지이온(core ion) + 속박전자(bound electron)

유전체 재료는 비전도성 물질인 고무, 유리, 왁스칠한 종이 등이 있고 유전체를 커패시터의 금속판 사이에 채우면 정전용량이 증가한다. 유전체에 의한 자속밀도(B)의 크기는 그림 1.32와 같이 금속판 커패시터에 유전체를 넣으면 금속판과 금속판 사이의 전위차(E_0)가 작아지게 되므로 전기장(E)과 자속밀도의 크기도 감소하게 된다. 하지만 금속판 사이에 높은 전압을 인가하면 금속판 사이의 전위차가 커지므로 전기장과 자속밀도는 점차 증가하게 된다.

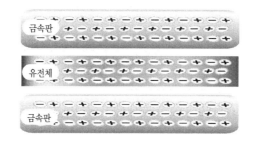

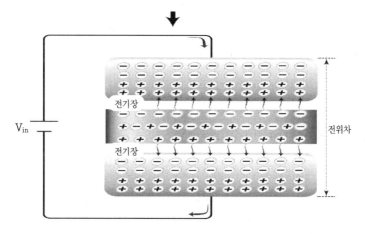

그림 1.32 유전체와 자속밀도.

$$E = E_0 - B = \frac{E_0}{K}, \; E_0 = \frac{\sigma}{E_0} \; 이므로$$

$$E = \frac{\dfrac{\sigma}{E_0}}{K} = \frac{\sigma}{KE_0}$$

σ(시그마): 금속판 전하, K: 유전상수

전하들로 충전되어 있는 금속판 커패시터 사이에 유전체를 넣으면 전하량은 변하지 않지만 전위차는 유전상수(K)에 의하여 감소하게 된다.

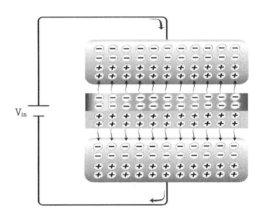

그림1.33 금속판 커패시터 유전체 분극현상.

그림 1.33과 같이 금속판 사이에 절연체인 유전체를 넣고 금속판 사이에 전압을 인가하면 전기장이 발생하여 원자들이 (+) 양전하와 (−) 음전하로 분리작용이 확산되어 유전체 분극현상이 더욱더 빠르게 발생한다.

1.11 전자유도(Electron induction)

전자유도란 코일에 쇄교하는 자속의 시간적 변화율과 코일의 권수에 비례하여 코일 내에 기전력이 발생하는 현상을 말한다. 여기서 코일이란 도체인 도선을 둥근 원통 형태로 감은 것을 말하며 코일에는 구리선, 알루미늄선 등이 많이 사용된다. 암페어 주회법칙에 의해서 코일에 전류를 흘리면 코일 주위에 자기력이 발생하게 된다.

아래 그림 1.34와 같이 코일 내에 자석을 상하운동을 하면 코일 주위에 기전력이 발생하게 된다. 원통 모양으로 코일을 감은 것을 솔레노이드라 하는데 원통 내부에 연철 쇠막대를 넣으면 전자석으로 바뀌게 된다. 또한 전자석을 원통 내부에서 왕복운동을 하면 원통에 감긴 코일에서 기전력이 발생된다. 이 때 전자석의 극의 방향을 바꾸어 왕복운동을 하게 되면 기전력의 흐름의 방향도 바뀌게 된다. 전자석의 운동속도를 높이거나 코일을 많이 감으면 코일에서 발생되는 기전력은 더욱더 강하게 발생한다.

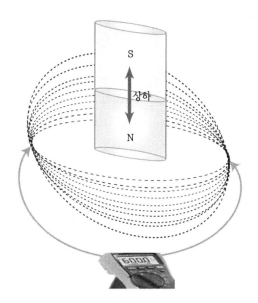

그림1.34 전자유도 현상(기전력 발생).

 즉 전자석의 운동속도를 빨라지면 주파수도 높아지게 되고 코일을 원통 모양으로 많이 감거나 코일에 많은 전류가 흐르게 되면 기전력도 더욱 강해지게 된다. 이를 전자유도 현상의 패러데이 법칙(faraday's law)이라 한다. 마이클 패러데이(michael faraday)는 19세기 유명한 실험물리 학자로 "전자기학의 아버지"라고 불리는 영국의 물리학자이면서 화학자이다. 코일에서 발생되는 기전력을 유도 기전력이라도 하며 이때 흐르는 전류를 유도전류라 한다. 그러므로 전자유도는 코일을 통과하는 자속이 변화하면 코일에 기전력이 발생하게 되고 자석을 상하로 왕복운동을 하면 코일을 통하는 자속이 변화하여 전자 유도에 의한 기전력이 발생한다. 기전력은 단위 전하당 일(work)로 나타내며 낮은 위치에너지에서 높은 위치에너지로 단위전하를 이동시키는데 필요한 일을 말한다. 기전력의 국제표준단위(SI)는 J/C (joule/coulomb)이며 전압과 같은 의미를 가지고 있다.
 따라서 기전력의 크기(V)는 자속(ϕ)의 시간적 변화 $\Delta\phi/\Delta t$에 비례하게 된다.

$$V = k(\frac{\Delta\phi}{\Delta t})$$

 또한 전자유도 현상으로 인한 렌츠의 법칙(lenz's law)을 살펴보면 정지하고 있는 물체를 움직이려고 하면 정지시키려고 하는 반대의 힘이 물체에 작용한다. 일반적으로 어떤 물질에 작용이 가해지면 반드시 반대의 반작용이 발생하게 된다. 또한 물을 가열하여 온도를 높이려고 하면 물은 기화하여 기화열을 빼앗음으로써 온도의 상승을 방해하는 원리와 같다. 전자유도 현상과 같이 코일에 발생하는 기전력은 자속변화를 방해하는 방향으로 전류가 흐르게 된다. 이것을 "렌즈의 법칙"이라고 한다. 1833년 러시아 물리학자 하인리히 프리히리치 에밀렌츠(heinrich friedrich emillenz, 1804 ~ 1865)가 발견하였다.

즉 유도기전력과 유도전류는 자기장의 변화를 상쇄하려는 방향으로 발생한다는 전자기 법칙과 일맥상통하다. 이는 패러데이 법칙과 렌즈의 법칙에서 자기장의 방향은 같은 방향으로 흐르게 된다는 의미한다. 또한 전자유도 현상으로 인한 플레밍의 손 법칙(fleming's hand rule)이 있다. 이 법칙은 오른손 법칙(right hand rule)과 왼손 법칙(left hand rule)이 있다. 1985년 영국 런던 대학 전기공학 교수인 존 앰브로즈 플레임(john ambrose fleming, 1849 ~ 1945)가 발견하였다. 그림 1.35와 같이 플레밍의 왼손 법칙(fleming's right hand rule)을 살펴보면 유도 기전력(e)의 크기는 자석의 세기, 이동속도, 자속밀도 등에 비례하고 그 방향은 힘이 이동하는 방향(F)와 자속(B)을 포함하는 면에 수직으로 오른 나사 방향으로 돌렸을 때 그 나사가 진행하는 방향과 일치한다. 자석이 대신 전류가 흐르는 도선일 경우의 기전력 방향과 전류(I)의 방향은 같다.

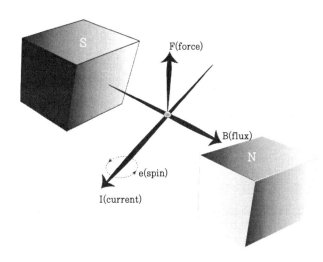

그림1.35 플레밍 왼손 법칙.

또한 유도기전력은 자속과 전류의 이동방향이 직각일 때 즉 $\theta = \pi/2$ 일 때 최대이고 유도기전력의 크기 $e = L \cdot v \cdot B$로 된다. L은 자석간의 거리, v는 이동속도, B는 자속이다. 기전력의 방향은 그림과 같이 오른손의 엄지손가락 인지, 중지를 펴서 수직으로 세우고 엄지손가락을 도체의 이동방향에 인지를 자속의 방향에 일치시키면 유도기전력의 방향은 중지 방향으로 향한다.

위 글에서 언급한 패러데이 법칙은 그림 1.36과 같이 유도기전력의 방향에 대한 법칙이다. 즉 "전류가 흐르는 도선 주위의 전자유도로 인하여 발생하는 유도기전력의 크기는 그 도선에 쇄교하는 자속의 증감률에 비례한다." 는 것이다. 이것을 패러데이의 법칙이라고 한다.

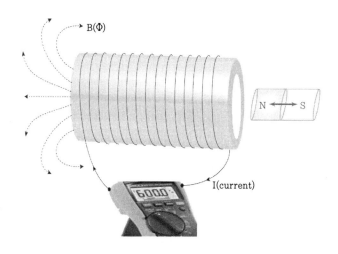

그림1.36 패러데이 법칙.

자속의 단위는 웨버(Wb: weber), 기전력의 단위는 볼트(V: voltage), 면적의 단위는 스퀘어(S: square), 시간의 단위는 타임(t: time), 비례상수는(k: proportional factor)로 정의하고 도선에 쇄교하고 있는 자속(Φ)이 시간(d_t)내에 d_Φ로 변화한다고 할 경우 도선 주위에 발생하는 유도기전력(e)은

$$e = K \frac{d_\Phi}{d_t}$$

이때 유도기전력은 렌츠의 법칙에 의해 자속의 증가를 억제하는 자속이 생긴다. 화살표 방향으로 유도기전력이 발생하기 때문에 도선에 "발생하는 유도기전력은 쇄교 자속의 감소율과 같다"라고 할 수 있고 $-d_\Phi/d_t$에 비례하는 것이 된다. 또한 비례정수(k)가 "1"이고 자속이 1 Wb/sec의 비율로 감소할 때 1 V의 전압이 유도된다.

즉 유도기전력(e)는

$$e = \frac{d_\Phi}{d_t}$$

자속밀도 $B(Wb/m^2)$에 직각으로 움직이는 속도 $v(m/s)$, 도선의 길이 $L(m)$, 면적 S (m^2), 시간 d_t로 하면

시간 d_t에 변화하는 면적 d_s는 $L \cdot V \cdot d_t$ 이므로

$$d_\Phi = B \cdot d_S = B \cdot L \cdot V \cdot d_t$$

즉 유도기전력은

$$e = \frac{B \cdot L \cdot V \cdot d_t}{d_t}$$
$$= B \cdot L \cdot V \ \ Wb/sec$$

유도기전력의 방향은 플레밍의 오른손 법칙에 의하여 크기는 도선의 길이(L)와 도선의 자속 밀도(B), 운동속도(V)에 비례한다.

그러므로 도체에 발생하는 유도 기전력의 크기는 단위 길이당 $V \cdot B$ V/m가 되고 철심에 코일을 감은 횟수에 역방향으로 비례한다.

$$e = -n\frac{d_\Phi}{d_t}$$

(n: 철심에 코일을 감은횟수, Φ: 회로에 쇄교하고 있는 자속)

전자유도의 응용으로 일정한 자계 내에서 코일을 회전시키면 기전력이 발생하여 발전기의 기초 원리로 이용되며 철심에 감은 1, 2차 코일의 1차 측에 교류전압을 인가하면 두 코일의 권수비에 비례하는 전압비로 2차 측 코일의 전압을 높이기도 하고 낮추기도

하는 변압기를 만들 수 있다. 또한 와전류(eddy current)를 이용하여 한쪽에서는 자기적 손실의 원인이 되지만 다른 한쪽에서는 이러한 전자유도 현상이 적산전력계, 데이타 전송, 디지털기기, TV, 보안카드, 교통카드, 전기기기, 전기전자회로 등 그 응용범위가 넓고 앞으로 많은 분야에 적용될 것이다.

1.12 인덕턴스(Inductance)

인덕턴스는 코일에 흐르는 전류로 인하여 전자기 유도로 생기는 역기전력의 비율을 나타내는 양이다. 철심에 감은 코일에 교류 전류를 흘리면 코일은 떨리며 코일 저항의 값은 흐르는 전류의 주파수에 따라서 변화한다. 교류 전류의 주파수가 높아질수록 저항의 값은 커지고 주파수가 낮으면 저항의 값은 작아진다. 이 저항은 임피던스의 "유도성 리액턴스" 라고 하며 코일의 유도 계수인 코일에 감은 수를 나타내는 용어로 단위는 헨리(H: henry)이며 심벌은 L로 표현한다. 유도성 리액턴스(X_L)는

$$X_L = 2\pi f L \ \Omega$$

(π: 원주율(%), f : 주파수(Hz), L: 인덕턴스(H))

유도성 리액턴스의 크기는 주파수의 인덕턴스의 크기에 비례함을 알 수 있다.

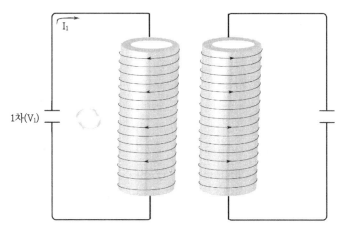

그림1.37 자기 인덕턴스.

그림 1.37과 같이 자기 인덕턴스(magnetic inductance)는 권수가 1차 코일(n_1)과 2차 코일(n_2)이 있을 때 1차 코일에 I_1의 전류가 흘려 자속(Φ_1)이 발생하였을 때 1차 코일의 쇄교하는 자속의 수 n_1과 자속은 코일에 흐르는 전류에 비례하므로

$$n_1 \Phi_1 = L_1 I_1$$

여기서 L_1은 1차 코일의 자기 인덕턴스라 한다. 따라서 L_1은

$$L_1 = \frac{n_1 \Phi_1}{I_1} \ H$$

그림 1.38과 같이 누설 자속이 없고 1차 코일에 의해 생긴 자속이 모두 2차 코일에 전달되고 I_2의 전류가 흘려 자속(Φ_2)이 발생하였을 때 2차 코일의 쇄교하는 자속의 수 (n_2)와 자속은 코일에 흐르는 전류에 비례하므로

그림1.38 상호 인덕턴스.

$n_2 \Phi_1$은 I_1에 비례하므로

$$n_2\Phi_1 = MI_1$$

$$M = \frac{n_2\Phi_1}{I_1}$$

비례상수 M은 1차 코일에 전류를 흘린 경우의 상호 인덕턴스(mutual inductance)이다.

그림 1.38과 같이 2차 코일에 I_2의 전류가 흐를 때 생기는 자속 Φ_2는 2차 코일의 자기 인덕턴스 L_2와 상호 인덕턴스 M은

$$L_2 = \frac{n_2\Phi_2}{I_2}$$

$$M = \frac{n_1\Phi_2}{I_2}$$

1차 코일 I_1에 전류를 흘렸을 때의 상호 인덕턴스와 2차 코일 I_2에 전류를 흘렸을 때의 상호 인덕턴스는 같으므로 M으로 놓으면

$$M \times M = \frac{n_2\Phi_1}{I_1} \times \frac{n_1\Phi_2}{I_2}$$

$$= \frac{n_1\Phi_1}{I_1} \times \frac{n_2\Phi_2}{I_2}$$

$$= L_1 \times L_2$$

$$M^2 = L_1 \times L_2$$

누설 자속이 없는 경우에 자기 인덕턴스와 상호 인덕턴스의 관계는

$$M = \sqrt{L_1 L_2} \quad H$$

누설 자속이 있는 경우에는 2차 코일과 쇄교하는 자속 Φ_{12}는 1차 코일에서 만들어지는 Φ_1보다 작게 된다. 2차 코일에 전류를 흘렸을 때 생기는 자속 Φ_2, 1차 코일과 쇄교하는 자속을 Φ_{21}이라 하면

$$\frac{n_2\Phi_{12}}{I_1} \times \frac{n_1\Phi_{21}}{I_1} \ < \ \frac{n_2\Phi_1}{I_1} \times \frac{n_1\Phi_2}{I_1}$$

상호 인덕턴스 M은

$$M < \sqrt{L_1L_2}$$

누설 자속이 있는 경우에 M과 L_1, L_2의 관계에서 결합계수 K는

$$k = \frac{M}{\sqrt{L_1L_2}}$$

코일 사이에 전자적 결합이 얼마나 잘 되는가를 표시하는 척도로 사용되는 결합계수는 k가 1에 가까우면 밀결합되고 1보다 아주 작으면 소결합된다.

결합계수의 크기에 따라
① k = 0 : 전자적 결합이 전혀 안 됨 (M=0)
② 0 < k < 1 : 일반적인 전자적 결합 상태($M = K\sqrt{L_1L_2}$)
③ k = 1 : 완전한 전자적 결합 상태($M = \sqrt{L_1L_2}$)

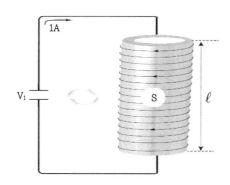

그림1.39 솔레노이드 자기 인덕턴스.

그림 1.39와 같이 자속밀도(B), 단면적 $S(m^2)$, 평균 길이 $\ell(m)$, 철심의 투자율 μ일 때 솔레노이드의 자기 인덕턴스(L)는

권수 n회인 솔레노이드에 1 A의 전류를 흘렸을 때의 자속은

$$\Phi = BS, \ (B = \mu H)$$

$$\Phi = \mu H \times S$$

솔레노이드 자계의 세기(H)는 $\dfrac{nI}{\ell}$ 이므로

$$\Phi = \frac{\mu n IS}{\ell}$$

코일과 쇄교하는 자속 수가 $n\Phi$이므로

$$\Phi^{'} = n\phi = \frac{\mu n^2 IS}{\ell}$$

자기 인덕턴스(L)은

투자율 $\mu = \mu_0 \mu_r$, $(\mu_0 = 4\pi \times 10^{-7})$

$$L = \frac{\Phi^{'}}{I} = \frac{\frac{\mu n^2 IS}{\ell}}{I}$$

$$= \frac{\mu n^2 S}{\ell} = \frac{\mu_0 \mu_r n^2 S}{\ell}$$

공기중의 자기 인덕턴스(L)은

$$L = \frac{4\pi \mu_r n^2 S}{\ell} \times 10^{-7} \ \ H$$

그림 1.40과 같이 자속밀도(B), 단면적 $S(m^2)$, 평균 길이 $\ell(m)$, 철심의 투자율 μ일 때 솔레노이드의 상호 인덕턴스(M)를 알아보자. 먼저 철심에 권수 n_1, n_2인 코일을 감고 1차 코일에 전류(I_1)를 흘렸을 때 1차 코일에 쇄교하는 자속(Φ_1)은

$$\Phi = \frac{\mu n IS}{\ell} \ \ 이므로$$

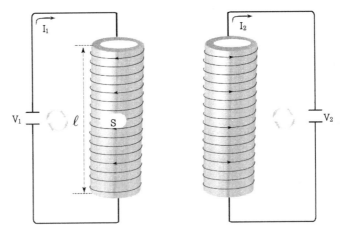

그림1.40 솔레노이드 상호 인덕턴스.

$$\Phi_1 = \frac{\mu n_1 I_1 S}{\ell}$$

2차 코일에 쇄교하는 자속(Φ_2)는 Φ_1에 n_2를 곱하면

$$\Phi_2 = \frac{\mu\, n_1 n_2 I_1 S}{\ell}$$

1차 코일에 의한 상호 인덕턴스(M)은

$$M = \frac{\Phi_2}{I_1} = \frac{\dfrac{\mu n_1\, n_2 I_1 S}{\ell}}{I_1}$$

$$= \frac{\mu n_1\, n_2 S}{\ell}\ \ H$$

공기중의 상호 인덕턴스(M)은

투자율 $\mu = \mu_0 \mu_r$, $(\mu_0 = 4\pi \times 10^{-7})$

즉 상호 인덕턴스(M)은

$$M = \frac{4\pi \mu_r\, n_1 n_2 S}{\ell} \times 10^{-7}\ \ H$$

Excercise

1 100회 감은 코일 속으로 0.1 sec에 0.2 Wb의 자속을 변화시킬 때 전자유도에 의해 코일에 발생하는 기전력은 몇 V가 되는가?

2 길이가 80cm, 평균 반경이 4cm, 권수 50회인 공심의 환상 솔레노이드의 자기 인덕턴스는 얼마인가?

3 자석의 성질에 해당되지 않는 것은?

① N극은 지구의 북극, S극은 지구의 남극을 지시한다.
② 아무 물건이나 끌어당긴다.
③ 서로 다른 극끼리 반발력, 같은 극끼리 인력을 갖는다.
④ 같은 크기의 힘을 갖는 N극과 S극이 있다.

4 자기장의 세기의 단위는?

① A/m ② Wb/m^2 ③ W/m ④ A/m^2

5 서로 밀착되고 있는 물체가 떨어질 때 전하분리가 일어나 정전기가 발생하는 현상을 말하는 것은?

① 유동대전 ② 분출대전 ③ 마찰대전 ④ 박리대전

6 전기장의 특성이 아닌 것은?

① 전류에 의해 발생한다.

② 거리가 증가할수록 세기가 급속하게 줄어든다.

③ 나무와 건물 같은 도전물체에 의해 차폐된다.

④ V/m 나 kV/m로 측정된다.

7 부도체 또는 전기 전도도가 매우 작은 물질을 무엇이라고 하는가?

① 반도체   ② 유도체   ③ 전도체   ④ 도체

8 분극 작용에 대하여 서술하시오.

9 전류의 크기를 나타내는 단위는?

① V(볼트)   ② A(암페어)   ③ W(와트)   ④ Ω(옴)

10 자석이나 전류, 변화하는 전기장 등의 주위에 자기력이 작용하는 공간을 만드는 것을 무엇
   이라 하는가?

① 자기장   ② 기전력   ③ 인턱턴스   ④ 전계

11 전류의 뜻이 무엇인가?

① 도체 내에 있는 두 점 사이의 전기적인 위치에너지
② 전위가 높은 곳에서 낮은 곳으로 전하가 연속적으로 이동하는 현상
③ 전류가 흐르는 것을 막는 작용
④ 자극 사이에 작용하는 힘

12 RLC 교류(AC) 특성에 대해 틀린 것은?

① 저항 인덕터 교류(AC)가 인가되면 전압 전류 사이는 서로 다르다.
② 인덕터의 경우 인덕터 양단의 전압이 인덕터를 통해 흐르는 전류의 변화율 미분값에 반비례한다.
③ 비례상수 L을 인덕턴스라고 부른다.
④ 저항의 경우 전압과 전류가 항상 비례한다.

13 직렬회로와 병렬회로에 대한 전류의 합이 다른 점을 서술하시오.

14 키르히호프 전류법칙에 대하여 서술하시오.

15 아래 회로에서 구하시오. (R_1=100 Ω, R_2=200 Ω, R_3=300 Ω)

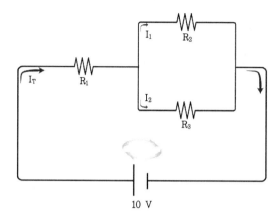

1) 전체 합성저항 R_T

2) 전체전류 I_T

3) R_2에 흐르는 I_2

4) R_3에 흐르는 I_3

16 다음 중 변위 전류에 대한 설명이 아닌 것은?

① 전도전류가 자기장을 발생시키는 것처럼 자기장이 발생한다.
② 자유공간 내의 전기력선속밀도가 시간적으로 변화할 때 가능하다.
③ 세기가 변화하는 전자기장이 공간속으로 전파해 나가는 현상이다.
④ 맥스웰이 전자기현상을 통일시키기 위해 제안한 것이다.

---

17 다음 중 교류(AC)의 장점이 아닌 것은?

① 전압의 변압이 용이하다.

② 회전자계를 쉽게 얻을 수 있다.

③ 교류(AC) 방식으로 일관된 운용을 가할 수 있다.

④ 안정도가 좋다.

---

18 다음 중 직류(DC)의 단점이 아닌 것은?

① 교류(AC)에서처럼 전류의 영점이 없으므로 전류 차단이 어렵다.

② 직류(DC) 변화 후 변승이 곤란하다.

③ 인버터 및 컨버터 무효전력 공급장치 설비 및 유지보수 비용이 든다.

④ 실용저항 증가 절연비용 증가한다.

---

19 쿨롱의 법칙에 대하여 설명하시오.

---

20 전자유도 현상에 대하여 설명하시오.

제 2 장

디지털 회로
(DIGITAL CIRCUIT)

디지털 회로는 입력 신호에 대한 출력값의 논리적 판단을 할 수 있는 회로로 구성되어 있다. 또한 논리 계산이나 신호 제어를 위한 예측된 정보는 다양한 디지털의 조합을 통하여 2진수 신호를 통과시킴에 의해 만들어진다. 2진수 신호는 true or false, on or off, yes or no 등으로 부를 수 있으나 비트의 관점이나 2진 정보로서 본 경우에는 "1"과 "0"으로 한다. true(1), false(0)와 같은 논리동작을 기본적인 요소로 분리하여 NOT, AND, OR 동작 등을 기본 게이트 소자라고 한다. 이들 게이트들은 입력된 데이터가 논리 요구 조건에 만족될 경우 출력단에 논리적으로 "1" 또는 "0"을 발생시킨다.

2.1 BUFFER

buffer(버퍼) 게이트는 입력 A와 출력 Y의 전기적 성질이 다른 2개의 회로가 있을 때 2개의 회로 사이를 전기적인 문제가 생기지 않도록 결합하거나 출력신호를 시간적으로 지연시키거나 입력값을 변화없이 출력하는 역할을 한다. 또한 전압 이득(voltage gain)없이 전류이득(current gain)만 가지고 있는 경우에 사용하는 게이트이다.

그림 2.1과 같이 buffer 게이트에 대한 기호, 논리식과 입력에 대해서 출력으로 나타내는 결과를 진리표로 나타내었다.

A = Y

입력(A)	출력(Y)
0	0
1	1

그림2.1 buffer 게이트 기호, 논리식, 진리표.

표2.1 buffer 게이트 3상태 진리표

입력(A)	입력(B)	출력(Y)
0	0	0
0	1	HIGH-Z
1	0	1
1	1	HIGH-Z

표 2.1과 같이 입력 B가 HIGH(1)면 출력은 HIGH-Z 상태가 되어 HIGH(1)도 LOW(0)도 아님 상태의 출력이 나온다. HIGH-Z 상태는 입력과 출력이 연결되어 있지 않다고 생각하면 된다. Z는 임피던스를 의미한다.

2.2 NOT

NOT 게이트는 1개의 입력과 1개의 출력만을 가지며 입력 논리를 부정하여 반대 상태로 출력하는 소자로서 인버터라고도 한다. 동작 상태를 살펴보면 입력이 HIGH(1)일 때는 LOW(0)로 출력하며 입력이 LOW(0)일 때는 HIGH(1)로 출력한다. 따라서 항상 입력에 대해서 부정이므로 부정회로라고도 하며 그림 2.2와 같이 NOT 게이트에 대한 기호, 논리식과 입력에 대해서 출력으로 나타나는 결과를 진리표로 나타내었다. 부정 또는 보수 연산의 표시기호는 " ⁻ "(bar)로 표기하며 72시리즈 TTL IC 부품번호는 74LS04이다.

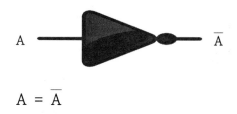

$$A = \overline{A}$$

입력(A)	출력($\overline{A}$)
0	1
1	0

그림2.2 NOT 게이트 기호, 논리식, 진리표.

NOT 게이트에 입력되는 2개의 논리적인 값의 논리전압 레벨은 논리적인 "1"의 값을 +5 V, 논리적인 "0"의 값을 0 V로 대응시킨 것이며 실제로 게이트에 입력되는 신호는 이 전압 레벨값이 된다.

이러한 전압 레벨이 HIGH(1) 상태에서 LOW(0) 상태로 일정한 시간적 변화를 가지고 반복하여 만들어진 신호를 펄스 파형이라고 한다.

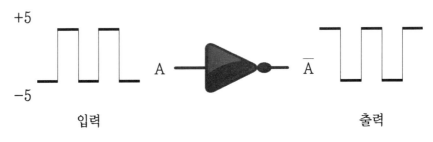

그림2.3 NOT 게이트 입출력 파형.

그림 2.3과 같이 펄스 파형이 일정한 시간 간격과 주기를 가지고 변동을 하면 주기적 펄스 파형이라 하고 불규칙하게 변동하면 비주기적 펄스 파형이라고 한다. 여기서 NOT 게이트를 그림 2.4와 같이 연속으로 2개를 직렬로 연결하는 경우 처음의 입력 파형으로 재생됨을 알 수 있다.

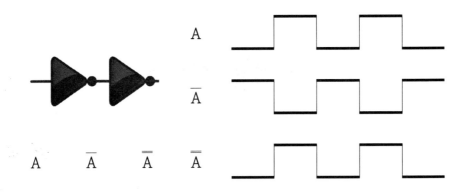

그림2.4 NOT 게이트 2개 입출력 파형.

2.3 AND

AND 게이트는 2개 이상의 입력과 1개의 출력만을 가지며 논리적 승산에 의한 결과를 출력으로 한다. 즉 동작 상태를 살펴보면 모든 입력이 HIGH(1)일 때만 HIGH(1)로 출력하며 어느 한 입력이라도 LOW(0)일 때는 LOW(0)로 출력한다.

그림 2.5와 같이 2개의 입력을 가진 AND 게이트에 대한 기호, 논리식과 입력에 대해서 출력으로 나타나는 결과를 진리표로 나타내었다. 72시리즈 TTL IC 부품번호는 74LS08이다.

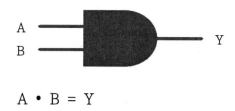

$$A \cdot B = Y$$

입력(A)	입력(B)	출력(Y)
0	0	0
0	1	0
1	0	0
1	1	1

그림2.5 AND 게이트 기호, 논리식, 진리표.

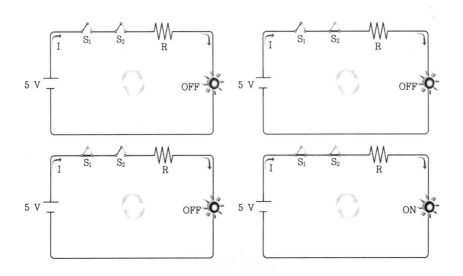

그림2.6 AND 게이트 스위치 모드.

그림 2.6과 같이 AND 게이트 동작 회로에 +5 V를 인가하고 스위치1, 2가 "열림", 스위치1 "열림"과 스위치2 "닫힘", 스위치1 "닫힘"과 스위치2 "열림"으로 하면 LED에 LOW(0) 상태로 되어 불이 꺼지게 된다. 그러나 스위치1, 2가 모두 "닫힘"으로 하면 LED에 HIGH(1) 상태로 되어 불이 들어오게 된다. 반대로 둘중에 하나라도 스위치를 닫힘으로 하면 LED에 LOW(0) 상태로 되어 불이 꺼지게 된다.

따라서 AND 게이트 동작 회로는 일반적인 직렬회로의 전류 흐름과 같다. AND 게이트에 입력되는 2개의 논리적인 값의 논리전압 레벨은 논리적인 "1"의 값을 +5 V, 논리적인 "0"의 값을 0 V로 대응시킨 것이며 실제로 게이트에 입력되는 신호는 이 전압 레벨값이 된다.

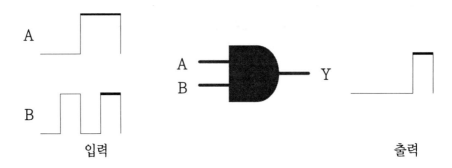

그림2.7 AND 게이트 입출력 파형.

그림 2.7과 같이 시간적으로 변화하고 있는 2개의 펄스 파형을 AND 게이트 입력으로 인가하였을 경우의 출력 파형을 보면 2개의 입력이 모두 HIGH(1)일 때만 출력이 HIGH(1)로 나타나고 그 이외에는 모두 LOW(0) 출력이 됨을 알 수 있다.

[연습2.1] AND 게이트에 입력 A, B, C에 대한 출력 Y의 진리표를 작성하세요.

2.4 OR

OR 게이트는 2개 이상의 입력과 1개의 출력만을 가지며 논리적 가산에 의해 결과를 출력으로 한다. 동작 상태를 살펴보면 1개의 입력이라도 HIGH(1)일 때는 HIGH(1)로 출력하며 모든 입력이 LOW(0)일 때만 LOW(0)로 출력한다.

그림 2.8과 같이 2개의 입력을 가진 OR 게이트에 대한 기호, 논리식과 입력에 대해서 출력으로 나타나는 결과를 요약한 진리표를 나타내었다. 72시리즈 TTL IC 부품번호는 74LS32이다.

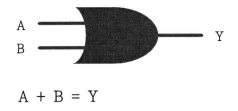

$$A + B = Y$$

입력(A)	입력(B)	출력(Y)
0	0	0
0	1	1
1	0	1
1	1	1

그림2.8 OR 게이트 기호, 논리식, 진리표.

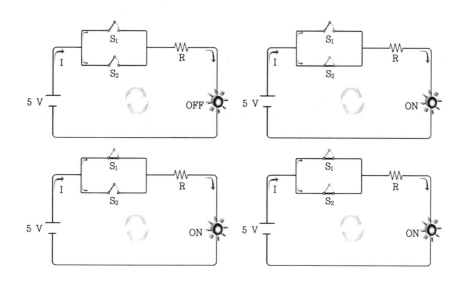

그림2.9 OR 게이트 스위치 모드.

그림 2.9와 같이 OR 게이트 동작 회로에 +5 V를 인가하고 스위치1, 2가 "열림"으로 하면 LED에 LOW(0) 상태로 되어 불이 꺼지게 된다. 그러나 스위치1 "열림"과 스위치2 "닫힘", 스위치1 "닫힘"과 스위치2 "열림"으로 하면 LED에 HIGH(1) 상태로 되어 불이 들어오게 된다. 따라서 OR 게이트 동작 회로는 일반적인 병렬회로의 전류 흐름과 같다. OR 게이트에 입력되는 2개의 논리적인 값의 논리전압 레벨은 논리적인 "1"의 값을 +5 V, 논리적인 "0"의 값을 0 V로 대응시킨 것이며 실제로 게이트에 입력되는 신호는 이 전압 레벨값이 된다.

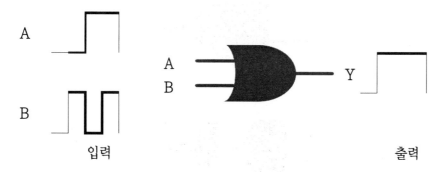

그림2.10 OR 게이트 입출력 파형.

그림 2.10과 같이 시간적으로 변화하고 있는 2개의 펄스 파형을 OR 게이트 입력으로 인가하였을 경우의 출력 파형을 보면 2개의 입력 중 어느 1개라도 HIGH(1)일 때는 출력이 HIGH(1)로 나타나며 모든 입력이 LOW(0)일 때만 LOW(0) 출력이 됨을 알 수 있다.

[연습2.2] OR 게이트에 입력 A, B, C에 대한 출력 Y의 진리표를 작성하세요.

2.5 NAND(NOT AND)

NAND 게이트는 NOT AND 게이트의 줄임말로써 AND 게이트와 NOT 게이트를 결합한 것이다. 즉 AND 출력에 대해서 부정(인버터)한 것이다. 동작 상태를 살펴보면 1개의 입력이라도 LOW(0)일 때는 HIGH(1)로 출력하며 모든 입력이 HIGH(1)일 때만 LOW(0)로 출력한다.

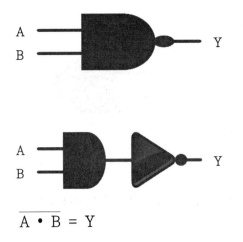

$$\overline{A \cdot B} = Y$$

입력(A)	입력(B)	출력(Y)
0	0	1
0	1	1
1	0	1
1	1	0

그림2.11 NAND 게이트 기호, 논리식, 진리표.

그림 2.11과 같이 2개의 입력을 가진 NAND 게이트에 대한 기호, 논리식과 입력에 대해서 출력으로 나타나는 결과를 모아서 요약한 진리표를 나타내었다.

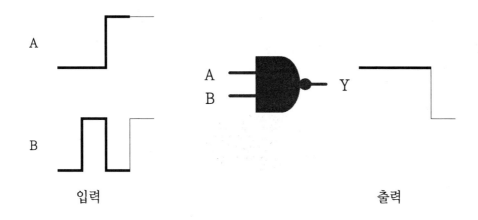

그림2.12 NAND 게이트 입출력 파형.

그림 2.12와 같이 시간적으로 변화하고 있는 2개의 펄스 파형을 NAND 게이트 입력으로 인가하였을 경우의 출력 파형을 보면 2개의 입력이 모두 HIGH(1)일 때만 출력이 LOW(0)로 나타나고 그 이외에는 모두 HIGH(1)가 됨을 알 수 있다.

[연습2.3] NAND 게이트에 입력 A, B, C에 대한 출력 Y의 진리표를 작성하세요.

2.6 NOR(NOT OR)

NOR 게이트는 NOT OR 게이트로서 OR 게이트와 NOT 게이트를 결합한 것이다. 다시 말하면 OR 출력에 대해서 부정(인버터)한 것이다. 동작 상태를 살펴보면 입력이 모두 LOW(0)일 때만 HIGH(1)로 출력하며 어느 1개의 입력이라도 HIGH(1)일 때는 LOW(0)로 출력한다. 그림 2.13과 같이 2개의 입력을 가진 NOR 게이트에 대한 기호, 논리식과 입력에 대해서 출력으로 나타나는 결과를 진리표로 나타내었다. 72시리즈 TTL IC 부품 번호는 74LS02이다.

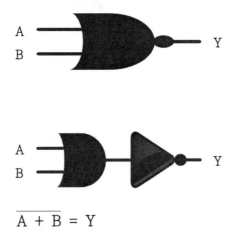

$$\overline{A + B} = Y$$

입력(A)	입력(B)	출력(Y)
0	0	1
0	1	0
1	0	0
1	1	0

그림2.13 NOR 게이트 기호, 논리식, 진리표.

NOR 게이트는 시간적으로 변화하고 있는 2개의 펄스 파형을 NOR 게이트 입력으로 인가하였을 경우의 출력 파형을 보면 아래 그림 2.14와 같다.

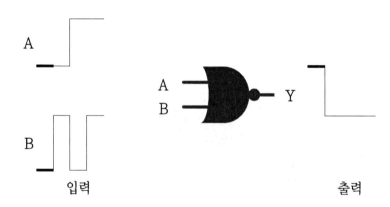

그림2.14 NOR 게이트 입출력 파형.

2개의 입력이 모두 LOW(0)일 때만 출력이 HIGH(1)로 나타나고 그 이외에는 모두 LOW(0)가 됨을 알 수 있다.

[연습2.4] NOR 게이트에 입력 A, B, C에 대한 출력 Y의 진리표를 작성하세요.

2.7 XOR(Exclusive OR)

XOR 게이트는 입력 중 홀수 개의 "1"이 입력된 경우에 출력은 "1"이 되고 그렇지 않은 경우에 출력은 "0"이 된다. 2입력 XOR 게이트의 경우 2개의 입력 중 1개가 "1"이면 출력이 "1"이 되고 2개의 입력 모두가 "0"이거나 또는 2개의 입력 모두가 "1"이라면 출력은 "0"이 된다. 그림 2.15와 같이 2개의 입력을 가진 XOR 게이트에 대한 기호, 논리식과 입력에 대해서 출력으로 나타나는 결과를 진리표로 나타내었다. 72시리즈 TTL IC 부품 번호는 74LS86이다.

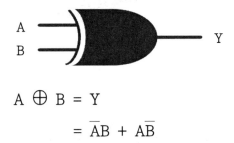

$$A \oplus B = Y$$
$$= \overline{A}B + A\overline{B}$$

입력(A)	입력(B)	출력(Y)
0	0	0
0	1	1
1	0	1
1	1	0

그림2.15 XOR 게이트 기호, 논리식, 진리표.

XOR 게이트는 시간적으로 변화하고 있는 2개의 펄스 파형을 XOR 게이트 입력으로 인가하였을 경우의 출력 파형을 보면 그림 2.16과 같다.

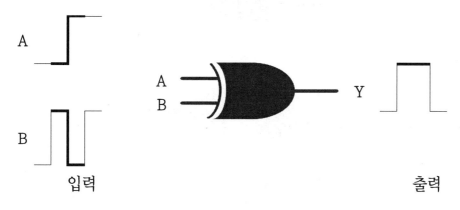

그림2.16 XOR 게이트 입출력 파형.

[연습2.5] XOR 게이트에 입력 A, B, C에 대한 출력 Y의 진리표를 작성하세요.

2.8 NXOR(NOT exclusive OR)

NXOR 게이트는 입력 중 짝수 개의 HIGH(1)가 입력될 때 출력이 HIGH(1) 되고 그렇지 않은 경우에는 출력이 LOW(0) 된다. 출력 값은 XOR 게이트에 NOT 게이트를 연결한 것이므로 XOR 게이트와 반대이다. 2입력 NXOR 게이트의 경우 2개의 입력이 다를 때 출력이 LOW(0) 되고 2개의 입력이 같으면 출력은 HIGH(1) 된다. 그림 2.17과 같이 2개의 입력을 가진 XNOR 게이트에 대한 기호, 논리식과 입력에 대해서 출력으로 나타나는 결과를 진리표로 나타내었다. 72시리즈 TTL IC 부품번호는 74LS266, 74LS136이다.

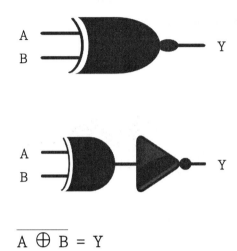

$$\overline{A \oplus B} = Y$$

입력(A)	입력(B)	출력(Y)
0	0	1
0	1	0
1	0	0
1	1	1

그림2.17 NXOR 게이트 기호, 논리식, 진리표.

NXOR 게이트는 시간적으로 변화하고 있는 2개의 펄스 파형을 NOR 게이트 입력으로 인가하였을 경우의 출력 파형을 보면 그림 2.18과 같다.

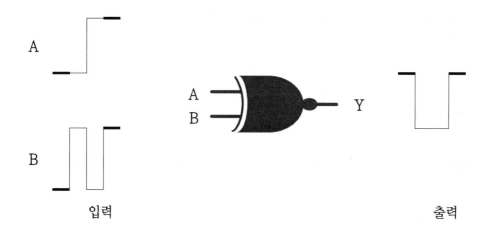

그림2.18 NXOR 게이트 입출력 파형.

[연습2.6] XNOR 게이트에 입력 A, B, C에 대한 출력 Y의 진리표를 작성하세요.

2.9 게이트 특징(Characteristic)

디지털 게이트 특징은 그 기본 게이트를 해석함으로서 비교를 할 수 있다. 가장 중요한 비교 평가요소로는 팬 아웃, 전력소모, 전파 지연시간, 게이트 신호잡음 및 허용치가 이 다. 따라서 논리 게이트의 일반적인 성질은 평가요소를 통하여 성능을 평가한다.

첫째로 게이트의 팬 아웃은 전형적인 게이트의 출력이 정상 작동에 영향을 주지 않고 구동할 수 있는 표준부하의 수이다. 표준 부하란 대개 동일 집적회로(IC) 군에서 다른 게 이트의 입력에 의해 필요로 하는 전류량으로 정의된다.

때때로 부하가 팬 아웃 대신 사용되는 경우도 가끔 있다. 정상적으로 작동하지는 못하 는 것으로써, 과부하 된 상태를 넘어서 공급할 수 있는 전류량이 한정되어 있기 때문에 나왔다. 이 양을 넘어서면 동작을 멈추게 되는데 이것을 과부하라 한다. 한 게이트의 출력은 대게 다른 유사한 게이트의 입력으로 연결되며 각 입력은 얼마간의 전력을 소비하고, 연결이 많아지면 게이트의 부하도 증가한다.

게이트 부하규정은 표준 디지털 회로에 대해서 규정되고 이 규정은 각 회로의 출력에 대해 허용되는 부하의 최대량을 나타낸다.

규정된 최대부하를 초과하면 정상 전력 공급을 할 수 없으므로 기능을 제대로 수행하지 못하고 오동작을 한다. 팬 아웃은 게이트의 출력에 연결될 수 있는 최대 입력수로 나타내어지므로 한 게이트의 출력이 공급할 수 있는 전류량과 다른 게이트의 입력이 요구하는 전류량으로부터 계산할 수 있다.

둘째로 게이트 전력소모는 게이트를 작동하기 위해 필요한 전력이다. 모든 전기전자회로의 동작을 하기 위하여 일정한 양의 전력이 필요하다. 단위는 mW로 표현되며 게이트의 실제 전력 소모를 나타낸다. 다른 게이트로부터 전달되는 전력이 아니라 전력 공급원으로부터 전달되는 전력을 의미한다. 한 게이트에서 다른 게이트로의 전달에는 적용되지 않는다.

셋째로 전파 지연시간은 2진 신호가 그 값을 바꿨을 때 입력에서 출력까지 신호가 전달되기 위한 평균 전이 지연시간이다. 게이트로 들어가는 신호가 입력으로부터 출력까지 신호가 전파되는 데는 어느 정도 시간이 소요되는데 그 시간 간격을 그 게이트의 전파 지연시간으로 정의한다.

여러 개의 게이트로 구성된 디지털 회로에서 총 전파지연시간 ns(10^{-9} sec)이란 신호가 입력에서 출력으로 가는 동안 각 게이트마다 걸리는 시간의 총합이다. 동작속도가 매우 중요할 때는 각 게이트들은 짧은 전파지연시간을 지녀야 하며 회로의 입력과 출력 사이에 게이트 수가 되도록 적어야 한다.

즉 전파 지연이 짧을수록 회로의 동작 속도를 빠르게 한다. 어떤 회로의 총 전파지연 시간은 각 게이트 당 전파 지연 시간과 총 논리 단계 수를 곱한 값이다. 그러므로 디지털의 총 전파지연 시간을 줄이는 것은 신호 전파시간을 줄이는 결과가 되며 고속으로 처리되는 회로가 된다.

넷째로 게이트 신호 잡음은 산업기기나 기타의 원인에 의해 디지털을 구성하는 시스템에 불필요한 전압을 발생시켜 오동작을 할 수 있도록 기생적으로 발생된 전기신호를 말한다.

게이트 신호 잡음에는 DC 잡음과 AC 잡음이 있다.

DC 잡음은 신호의 전압 단계의 이동에 의해 발생되며 AC 잡음은 다른 스위칭 소자들에 의해 발생하는 불규칙한 펄스이다.

그러므로 잡음이란 정상 동작 신호를 방해하는 예기치 않은 신호를 뜻하는 용어이며 잡음은 정상적으로 작동하는 회로의 신뢰성에 많은 영향을 준다. 잡음 여유도란 회로의 출력을 바꾸지 않으면서 입력에 부가되는 최대 잡음 전압을 말한다.

게이트 잡음 여유는 전압으로 표시하며 허용하는 잡음 신호의 최대값을 나타낸다. 또한 잡음 여유는 출력에서 사용하는 전압신호와 입력으로 요구하는 전압신호로부터 계산할 수 있다.

2.10 핀 배치도(Pin arrangement)

집적회로(IC: integrated circuit) 소자의 특성과 논리 동작에 따라 여러 가지 디지털로 분류할 수 있다. 현재 실험 및 실습용으로 가장 널리 쓰이고 있는 TTL IC(transistor transistor logic integrated circuit)는 동작 온도 범위가 넓어 군사용으로 주로 사용하고 있는 5400시리즈와 온도 범위가 좁아 상업용으로 주로 사용되고 있는 7400시리즈로 구분된다.

그리고 고속 처리에 요구되는 전류 스위치형 논리회로(ECL: emitter coupled logic circuit), 집적회로(IC: integrated circuit), 고밀도 집적이 가능한 대용량 집적회로(LSI: large scale integration circuit)에 주로 이용되고 있다.

또한 MOS(metal oxide semiconductor)형과 양극 I2LIC회로(bipolar integrated injection logic integrated circuit)에 적은 전력 소모 시스템에서 주로 요구되고 있는 CMOS IC회로(complementary metal oxide semiconductor integrated circuit)로 이용되어지고 있다.

표 2.2와 같이 74시리즈 TTL IC 중에서 가장 기본이 되는 게이트들의 핀 배치도 및 특징이 나타나있으며 일반적으로 74시리즈를 가장 많이 사용한다. 핀 배치도 중에서 7번 핀과 14번 핀은 전압을 인가하는 바이어스 단자이며 여기에 전압을 인가함으로써 IC가 동작 상태에 들어가게 된다.

표2.2 74시리즈 특징

시리즈별	특징
74×××	STANDARD TTL
74H×××	HIGH SPEED TTL
74L×××	LOW SPEED TTL
74S×××	SCHOTTKY TTL
74AS×××	ADVANCED SCHOTTKY TTL
74LS×××	LOW POWER SCHOTTKY TTL
74ALS×××	ADVANCED LOW POWER SCHOTTKY TTL
74F×××	FAIRCHILD'S FAST TTL
74HC×××	HIGH SPEED CMOS
74HCT×××	HIGH SPEED TTL TYPE CMOS
74AC×××	ADVANCED FAST CMOS
74ACT×××	ADVANCED FAST TTL TYPECMOS

2.11 부울 대수(Boolean algebra)

부울 대수는 일반적인 대수학이나 기하학에서와 같이 "0"(false)과 "1"(true)의 두 개의 값만을 가지는 대수체계이다. 간략화된 부울식을 이용함으로서 디지털회로 및 전기전자 시스템 연산을 구성하는데 여러 가지 게이트나 기타 소자들을 현격히 줄일 수 있어 경제적인 회로 구성이 가능하다. 따라서 부울 대수의 여러 가지 법칙과 규칙에 대해서 설명하며 이러한 법칙과 규칙을 이용하여 출력 논리함수식을 간략화 함으로써 디지털을 간단하게 구성할 수 있는 방법에 대한 내용이다. 부울 대수에서 가장 기본이 되는 부울 가산과 부울 승산은 표 2.3과 같은 기본 규칙을 따른다.

표2.3 부울 대수 기본 규칙

승산(AND)				가산(OR)			
0	· 0	=	0	0	+ 0	=	0
0	· 1	=	0	0	+ 1	=	1
1	· 0	=	0	1	+ 0	=	1
1	· 1	=	1	1	+ 1	=	1

부울식에서의 가산과 승산은 디지털 게이트에 있어서 AND와 OR 게이트 동작과 같으며 AND 연산을 "논리곱", OR 연산을 "논리합"이라 한다.

그림 2.19와 같이 기본 게이트의 2입력과 3입력 AND 게이트에 대한 게이트가 나타나 있다.

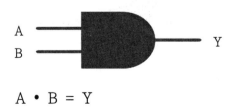

$$A \cdot B = Y$$

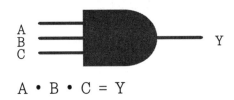

$$A \cdot B \cdot C = Y$$

그림2.19 2입력, 3입력 AND 게이트.

또한 그림 2.20과 같이 2입력과 3입력 OR 게이트에 대한 게이트 이다.

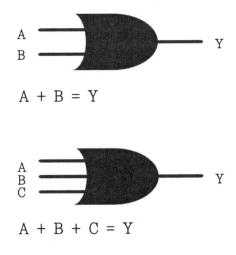

$$A + B = Y$$

$$A + B + C = Y$$

그림2.20 2입력, 3입력 OR 게이트.

그림 2.21과 같이 NOT 게이트에서 사용하게 되는 부정 또는 보수연산의 표시기호는 " ⁻ "(bar)로 표기한다.

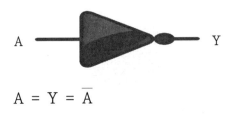

$$A = Y = \overline{A}$$

그림2.21 NOT 게이트.

2.11.1 법칙(Law)

부울 대수의 기본법칙으로는 일반적인 대수학에서와 같이 교환법칙, 결합법칙, 분배법칙이 있고 입력에 대한 출력의 논리값들이 동일함을 알 수 있다.

(1) 교환법칙(Exchange)

AND 게이트와 OR 게이트에 입력 A, B의 위치를 바꾸어도 표 2.4와 같이 출력이 같음을 알 수 있다.

표2.4 부울 대수 기본 규칙

$A \cdot B = B \cdot A$			
A	B	$A \cdot B$	$B \cdot A$
0	0	0	0
0	1	0	0
1	0	0	0
1	1	1	1

$A + B = B + A$			
A	B	$A + B$	$B + A$
0	0	0	0
0	1	1	1
1	0	1	1
1	1	1	1

(2) 결합법칙(Combination)

AND 게이트와 OR 게이트에 입력 A, B, C의 결합 위치를 바꾸어도 표 2.5와 같이 출력이 같음을 알 수 있다.

표2.5 부울 대수 기본 규칙

A	B	C	A•B	B•C	A•C	(A•B)•C	A•(B•C)	(A•C)•B
0	0	0	0	0	0	0	0	0
0	0	1	0	0	0	0	0	0
0	1	0	0	0	0	0	0	0
0	1	1	0	1	0	0	0	0
1	0	0	0	0	0	0	0	0
1	0	1	0	0	1	0	0	0
1	1	0	1	0	0	0	0	0
1	1	1	1	1	1	1	1	1

$(A \cdot B) \cdot C = A \cdot (B \cdot C) = (A \cdot C) \cdot B$

A	B	C	A+B	B+C	A+C	(A+B)+C	A+(B+C)	(A+C)+B
0	0	0	0	0	0	0	0	0
0	0	1	0	1	1	1	1	1
0	1	0	1	1	0	1	1	1
0	1	1	1	1	1	1	1	1
1	0	0	1	0	1	1	1	1
1	0	1	1	1	1	1	1	1
1	1	0	1	1	1	1	1	1
1	1	1	1	1	1	1	1	1

$(A+B)+C = A+(B+C) = (A+C)+B$

(3) 분배법칙(Division)

AND 게이트와 OR 게이트에 입력 A, B, C의 분배 위치를 바꾸어도 표 2.6과 같이 출력이 같음을 알 수 있다.

표2.6 부울 대수 기본 규칙

$A \cdot (B+C) = A \cdot B + A \cdot C$							
A	B	C	B+C	$A \cdot (B+C)$	$A \cdot B$	$A \cdot C$	$A \cdot B + A \cdot C$
0	0	0	0	0	0	0	0
0	0	1	1	0	0	0	0
0	1	0	1	0	0	0	0
0	1	1	1	0	0	0	0
1	0	0	0	0	0	0	0
1	0	1	1	1	0	1	1
1	1	0	1	1	1	0	1
1	1	1	1	1	1	1	1

$A+(B \cdot C) = A+B \cdot A+C$							
A	B	C	$B \cdot C$	$A+(B \cdot C)$	A+B	A+C	A+B · A+C
0	0	0	0	0	0	0	0
0	0	1	0	0	0	1	0
0	1	0	0	0	1	0	0
0	1	1	1	1	1	1	1
1	0	0	0	1	1	1	1
1	0	1	0	1	1	1	1
1	1	0	0	1	1	1	1
1	1	1	1	1	1	1	1

2.11.2 규칙(Rule)

부울 대수의 여러 가지 규칙 대부분을 이미 언급한 부울 가산과 부울 승산에서 구할 수 있다.

(1) 0 + A = A

2개의 부울 가산과 같이 "A"가 어떠한 값이 "0" 또는 "1"을 가질지라도 "0"하고의 OR은 항상 "A"값을 가진다.

0		A		A
0	+	0	=	0
0	+	1	=	1

(2) 1 + A = 1

2개의 부울 가산과 같이 "A"가 어떠한 값을 가질지라도 "1"하고 OR은 항상 "1"값과 같다.

1		A		1
1	+	0	=	1
1	+	1	=	1

(3) A + A = A

2개의 부울 가산과 같이 동일한 "A"를 반복하여 OR을 할지라도 항상 "A"값과 같다.

A		A		A
0	+	0	=	0
1	+	1	=	1

(4) A + $\overline{A}$ = 1

2개의 부울 가산과 같이 "A"와 그와 보수인 "$\overline{A}$"를 OR하면 항상 "1"값이 된다.

A		$\overline{A}$		1
0	+	1	=	1
1	+	0	=	1

(5) 0 · $\overline{A}$ = 0

2개의 부울 승산과 같이 "0"과 AND는 "$\overline{A}$"가 어떠한 값을 가질지라도 "0"하고 AND는 항상 "0"값을 가진다.

0		$\overline{A}$		0
0	·	0	=	0
0	·	1	=	0

(6) 1 · $\overline{A}$ = A

2개의 부울 승산과 같이 "1"과 "$\overline{A}$"의 AND는 항상 "$\overline{A}$"의 값과 동일한 값을 가진다.

1		$\overline{A}$		A
0	·	0	=	0
1	·	1	=	1

(7) A · A = A

2개의 부울 승산과 같이 동일한 "A"를 반복하여 AND를 할지라도 항상 "A"값과 같다.

A		A		A
0	·	0	=	0
1	·	1	=	1

(8) A · $\overline{A}$ = 0

2개의 부울 승산과 같이 "A"와 보수인 "$\overline{A}$"를 AND하면 항상 "0"값이 된다.

A		$\overline{A}$		A
0	·	1	=	0
1	·	0	=	0

(9) A = $\overline{\overline{A}}$

모든 "A"에 대한 2중 부정 "$\overline{\overline{A}}$"는 자기 자신의 "A"가 된다.

A	$\overline{\overline{A}}$		A
0	1	=	0
1	0	=	1

(10) A + (A · B) = (A + A) · B = A

결합법칙에 의해 1 + B, 1 + A는 항상 "1" 이다.

A		A · B	A + A		A
0	+	0	0	=	0
1	+	0	0	=	1

(11) A + $\overline{A}$B = A + B

분배법칙과 결합법칙을 이용하여 증명

$A+\overline{A}B$	=	$A(1+B)+\overline{A}B$	$1+B=1$
	=	$A+AB+\overline{A}B$	분배법칙 적용
	=	$A+B(A+\overline{A})$	결합법칙 적용
	=	$A+B$	$A+\overline{A}=1$

(12) (A+B) · (A+C) = A+BC

분배법칙과 결합법칙을 이용하여 증명

$(A+B)\bullet(A+C)$	=	$AA+AC+AB+BC$	분배법칙 적용
	=	$A+AC+AB+BC$	$A\bullet A= A$
	=	$A(1+C+B)+BC$	결합법칙 적용
	=	$A+BC$	$1+B+C= 1$

(13) A · (A+B) = A

분배법칙과 결합법칙을 이용하여 증명

A•(A+B)	=	AA+AB	분배법칙 적용
	=	A+AB	A•A= A
	=	A(1+B)	결합법칙 적용
	=	A	1+B= 1

(14) A · ($\overline{A}$+B) = AB

분배법칙을 이용하여 증명

A•($\overline{A}$+B)	=	A$\overline{A}$+AB	분배법칙 적용
	=	0+AB	A•$\overline{A}$= 0
	=	AB	0+A= A

표 2.7과 같이 논리곱(AND)과 논리합(OR)에 관하여 다음과 같이 교환법칙, 결합법칙, 분배법칙으로 정리할 수 있다.

표2.7 논리곱(AND)과 논리합(OR) 기본 법칙

교환법칙	A+B = B+A A•B = B•A
결합법칙	(A+B)+C = A+(B+C) = (A+C)+B
분배법칙	A(B+C) = AB+AC
불 대수 기본법칙	0+A = A 1+A = 1 A+A = A 1+$\overline{A}$ = 1
	0•A = 0 1•A = A A•A = A A•$\overline{A}$ = 0
	$\overline{\overline{A}}$ = A
	A+AB = A A+$\overline{A}$B = A+B
	(A+B)(A+C) = A+BC
	A(A+B) = A A($\overline{A}$+B) = AB

2.12 드모르강(Demorgan)

드모르강의 두 가지 법칙은 부울식을 간소화 하거나 여러 가지 논리 연산을 하는데 사용되어 논리학에 있어서 매우 중요한 역할을 하고 있다. 드모르강의 법칙은 다음과 같이 제 1법칙과 제 2법칙으로 나타낸다.

$$제 1 \ 법칙 : \overline{A + B} = \overline{A} \cdot \overline{B}$$

$$제 2 \ 법칙 : \overline{A \cdot B} = \overline{A} + \overline{B}$$

일반식으로

1) $\overline{A + B + C + D + \bullet\bullet\bullet + N} = \overline{A} \bullet \overline{B} \bullet \overline{C} \bullet \overline{D} \bullet\bullet\bullet\bullet + N$
2) $\overline{A \bullet B \bullet C \bullet D \bullet\bullet\bullet\bullet + N} = \overline{A} + \overline{B} + \overline{C} + \overline{D} + \bullet\bullet\bullet + N$

논리식을 진리표로 정리하면 표 2.8과 같다.

표2.8 드모르강의 진리표

A	B	$\overline{A}$	$\overline{B}$	$\overline{A + B}$	$\overline{A} \cdot \overline{B}$	$\overline{A \cdot B}$	$\overline{A} + \overline{B}$
0	0	1	1	1	1	1	1
0	1	1	0	0	0	1	1
1	0	0	1	0	0	1	1
1	1	0	0	0	0	0	0
				1법칙		2법칙	

또한 논리 게이트로 표현하면 그림 2.22(a), (b)와 같이 드모르강의 두 가지 법칙은 각각 NAND 게이트와 NOR 게이트로 동작함을 알 수 있다.

$$\overline{A} \cdot \overline{B} = Y$$

$$\overline{A + B} = Y$$

(a) 제 1법칙

$$\overline{A \cdot B} = Y$$

$$\overline{A} + \overline{B} = Y$$

(b) 제 2법칙

그림2.22 드모르강의 제 1과 2법칙.

[연습2.7] 부울식에 드모르강의 법칙을 이용하여 간략화 하세요.

   1) $\overline{(A + B + C)}$ 2) $\overline{\overline{AB} + C}$

[연습2.8] 부울식에 드모르강의 법칙을 이용하여 간략화 하세요.

$$\overline{(A + B) \bullet \overline{(C + D)} + \overline{(E + F)}}$$

2.12.1 NAND 게이트(ONLY NAND gate)

드모르강의 법칙과 부울 대수를 이용하면 NAND 게이트만으로 NOT, AND, OR 및 NOR 게이트와 동일한 기능을 갖도록 구성할 수 있기 때문에 만능 게이트라고도 말한다. 따라서 기본 게이트로만 구성된 회로에 대해서는 NAND 게이트 하나만으로 전체 회로를 구성할 수 있다. 그림 2.23(a), (b), (c), (d)와 같이 NAND 게이트만으로 부울 함수에 대한 회로를 설계하려면 부울 함수에 대해서 적절히 변형해야 한다.

(a) NAND에 의한 NOT

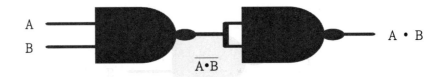

(b) NAND에 의한 AND

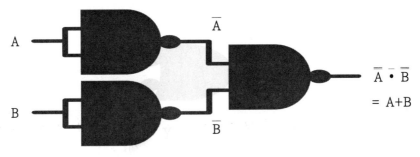

(c) NAND에 의한 OR

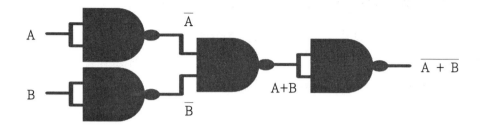

(d) NAND에 의한 NOR

그림2.23 NAND 게이트 회로도.

[연습2.9] 부울 함수를 NAND 게이트만으로 부울식으로 바꾸세요.

$$Y = A + (A\overline{C}) + A\overline{B}$$

2.12.2 NOR 게이트(ONLY NOR gate)

기본 게이트로만 구성된 회로에 대해서는 NOR 게이트 하나만으로 전체 회로를 구성할 수 있다. 그림 2.24(a), (b), (c), (d)와 같이 NOR 게이트만으로 부울 함수에 대한 회로를 설계하려면 출력함수를 유용하게 변형해야 한다.

(a) NOR에 의한 NOT

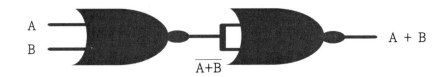

(b) NOR에 의한 AND

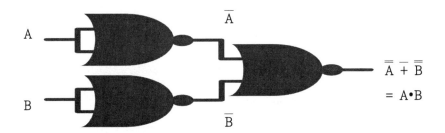

(c) NOR에 의한 OR.

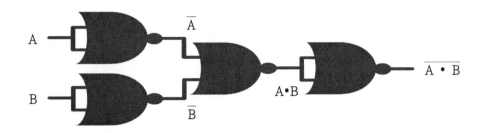

(d) NOR에 의한 NOR.

그림2.24 NOR 게이트 회로도.

2.13 가산기(Adder)

가산기는 2개 이상의 수의 입력을 논리합으로 출력하는 논리 회로 장치이며 덧셈기라고도 한다. 수의 연산은 전자계산기, 컴퓨터, 스마트폰 등 모든 디지털 시스템에서 가장 중요한 정보처리 과정이며 그 중에서 가산기는 기본적인 연산기능이다.

연산 디지털로서 논리곱(AND), 논리합(OR), 논리부정(NOT)이라는 세 가지 기본 디지털의 조합으로 만들어지며 입력신호, 논리게이트 및 출력신호를 구성한다. 2진 입력데이터를 조합하여 원하는 2진 출력데이터를 생성하여 사칙 연산과 크고 작음을 구별하는 비교 연산을 수행할 수 있는 회로이다.

반가산기를 기본으로 하여 만든 전가산기를 수평으로 연결하여 여러 자리의 비트들이 더해지게 한다. 다음과 같이 2진수 가산을 예로 들면 크게 두 부분으로 나눠 볼 수 있다.

	MSB			LSB
	1	0	1	1
+	0	1	1	1

↑ ↑ ↑   ↑

A 부분   B 부분

MSB(most significant bit)는 최상위 비트의 최고값을 갖는 2진수 비트 위치이다. 또한 가장 큰 숫자를 왼쪽에 기록하는 자리 표기법의 규정 때문에 LMB(left most bit)로 표기하기도 한다. LSB(least significant bit)는 최하위 비트의 2진수에서 짝수인지 홀수인지를 결정하는 비트 위치이다. 최하위 비트는 가장 적은 숫자를 오른쪽에 기록하는 자리 표기법의 규정 때문에 RMB(right most bit)로 표기하기도 한다.

최하위 비트인 B 부분은 자체 2개의 비트만 서로 더하여 그 결과에 따라 합과 자리올림 값이 발생되지만 A 부분에 속한 비트들은 2개의 자체 비트뿐만 아니라 하위 비트에서 올라오는 자리올림까지 포함하여 가산한 후 결과에 따라 합과 자리올림 값이 발생한다. 따라서 B 부분과 같이 자신만의 연산에 의해 가산되어지는 가산기를 반가산기(HA: half adder)라고 하고 A 부분과 같이 하위 비트에서 올라오는 자리올림 값까지 포함하여 연산하는 가산기를 전가산기(FA: full adder)라 한다.

2.13.1 반가산기(Half adder)

반가산기는 그림 2.25와 같이 2개의 입력 비트 A와 B와 출력을 S(sum)와 C_i(carry)의 논리기호로 표현한다.

그림2.25 반가산기 논리기호.

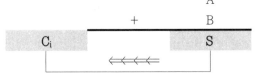

그림2.26 반가산기 동작순서.

그림 2.26과 같이 한 자리 2진수 2개를 입력하여 S와 C_i를 계산하는 덧셈 회로이다.

표2.9 반가산기 진리표

입력		출력	
A(피감수)	B(감수)	S(sum)	C_i(carry)
0	0	0	0
0	1	1	0
1	0	1	0
1	1	0	1

표 2.9와 같이 입력 A, B 하나만 "1"이 들어가면 "1"이 되고 C_i는 입력하는 두 수가 모두 "1"일 때만 "1"이 되어 나온다. C_i는 자리올림을 나타내는 올림수로서 입력이 모두 "1"일 때만 "1"이 되고 S는 2개의 비트 A, B의 합에 대한 최하위 비트로서 두 개의 입력 중 "1"이 하나 이상이면 "1"이 된다. 이를 정리하면

입력 A, B에서 둘중 "1" 이면 S="1", C_i="0"
입력 A, B에서 모두 "1" 이면 S="0", C_i="1"

표 2.10과 같이 입력 A, B에 대하여 출력 S와 자리올림 C_i를 카르노 맵으로 출력 논리식을 나타내면

표2.10 반가산기 출력 논리식

A \ B	0	1
0	$\overline{A}\,\overline{B}$ m_0	$\overline{A}\,B$ m_2
1	$A\,\overline{B}$ m_3	$A\,B$ m_4

출력 $S = \overline{A}\,B + A\,\overline{B}$
$\quad\quad\quad = A \oplus B$ (XOR)

A\B	0	1
0	$\overline{A}\,\overline{B}$ m_0	$\overline{A}\,B$ m_2
1	$A\,\overline{B}$ m_3	$A\,B$ m_4

자리올림 Ci = A B

$$S = \overline{A} B + A \overline{B} = A \oplus B$$
$$Ci = A B$$

반가산기 논리식을 이용하여 그림 2.27과 같이 반가산기 회로도를 설계할 수 있다.

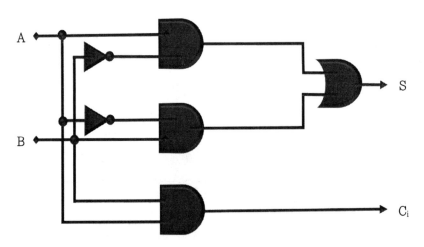

그림2.27 반가산기 회로도.

이와 같이 출력 논리식을 카르노 맵으로 간략화한 출력 논리식를 작성하여 그림 2.28 과 같이 반가산기 등가회로를 설계할 수 있다.

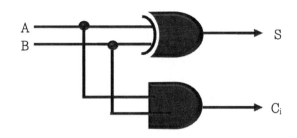

그림2.28 반가산기 등가회로도.

2.13.2 전가산기(Full adder)

전가산기는 그림 2.29와 같이 자리올림을 고려하여 만든 덧셈 회로가 전가산기이며 입력인 2개, 하위비트에서 올라온 자리올림 1개를 포함하여 3개 비트 A, B, C_i(Carry input)와 출력인 합과 자리올림을 나타내는 2개 비트 C_o(Carry output)와 S(sum)로 구성된 조합 디지털이다. 반가산기의 단점인 2진수 한 자리 가산이 이루어지면 하위비트에서 발생한 자리올림의 2비트 이상인 2진수는 덧셈이 불가능한 것을 가능하게 한 전가산기이다.

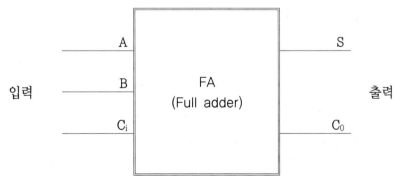

그림2.29 전가산기 논리기호.

그림 2.30과 같이 전가산기는 하위 비트에서 올라온 자리올림이 현재 위치의 2개의 비트의 입력으로 들어가 가산을 하여 출력 S가 나오며 C_o의 자리올림 출력이 발생한다.

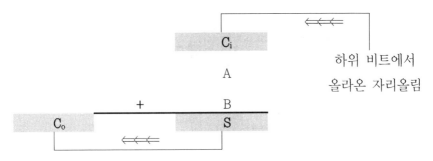

그림2.30 전가산기 동작 순서.

표2.11 전가산기 진리표

입력			출력	
A(피감수)	B(감수)	C_i(Carry input)	S(sum)	C_o(Carry output)
0	0	0	0	0
0	0	1	1	0
0	1	0	1	0
0	1	1	0	1
1	0	0	1	0
1	0	1	0	1
1	1	0	0	1
1	1	1	1	1

표 2.11과 같이 입력 A, B, C_i중 = "0"일 때 = "0"이고 B= "1"일 때 A= "1"이고 B="0"이다. 그리고 A, B="1"인 경우 각각 하위 비트에서 올라오는 자리올림이 있는지 여부에 따라 8개의 입력 패턴이 만들어진다. 출력 합 S는 입력 A, B, C_i중 "1"의 개수의 합이 1개 또는 3개일 때만 "1"이 되며 출력 자리내림 C_o은 입력 A, B, C_i 중 "1"의 개수의 합이 2개 이상일 때 "1"이 된다. 이를 정리하면

입력 A, B, C_i에서 "1"의 개수의 합이 "0"개 이면 S="0", C_o="0"

입력 A, B, C_i에서 "1"의 개수의 합이 "1"개 이면 S="1", C_o="0"

입력 A, B, C_i에서 "1"의 개수의 합이 "2"개 이면 S="0" C_o="1"

입력 A, B, C_i에서 "1"의 개수의 합이 "3"개 이면 S="1", C_o="1"

표 2.12와 같이 입력 A, B, C_i에 대한 출력 S와 C_o에 대하여 카르노 맵으로 출력 논리식을 나타내면

표2.12 전가산기 출력 논리식

A \ B C_i	00	01	11	10
0	$\overline{A}\,\overline{B}\,\overline{C_i}$ m_0	$\overline{A}\,\overline{B}\,C_i$ m_1	$\overline{A}\,B\,C_i$ m_3	$\overline{A}\,B\,\overline{C_i}$ m_2
1	$A\,\overline{B}\,\overline{C_i}$ m_4	$A\,\overline{B}\,C_i$ m_5	$AB\,C_i$ m_7	$A\,B\,\overline{C_i}$ m_6

출력 $S = \overline{A}\,\overline{B}C_i + \overline{A}B\overline{C_i} + A\overline{B}\,\overline{C_i} + ABC_i$

A \ B C_i	00	01	11	10
0	$\overline{A}\,\overline{B}\,\overline{C_i}$ m_0	$\overline{A}\,\overline{B}\,C_i$ m_1	$\overline{A}\,B\,C_i$ m_3	$\overline{A}\,B\,\overline{C_i}$ m_2
1	$A\,\overline{B}\,\overline{C_i}$ m_4	$A\,\overline{B}\,C_i$ m_5	$AB\,C_i$ m_7	$A\,B\,\overline{C_i}$ m_6

자리올림 출력 $C_o = AB + AC_i + BC_i$

$$S = \overline{A}\,\overline{B}C_i + \overline{A}B\overline{C_i} + A\overline{B}\,\overline{C_i} + ABC_i$$
$$C_o = AB + AC_i + BC_i$$

전가산기 논리식을 이용하여 그림 2.31과 같이 전가산기 회로도를 설계할 수 있다.

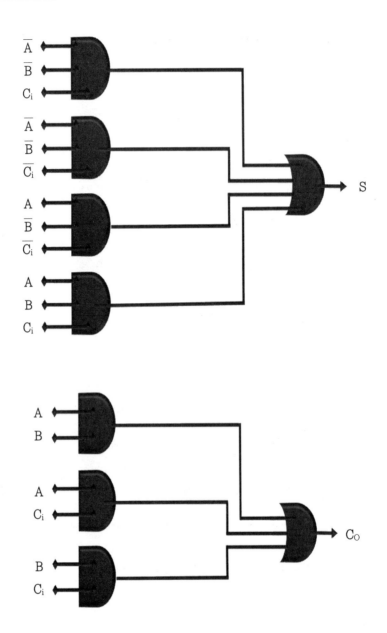

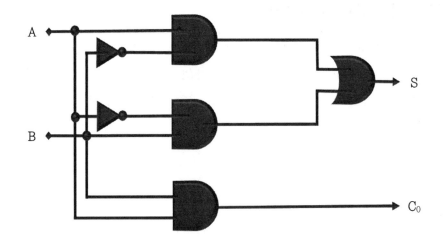

그림2.31 전가산기 회로도.

이와 같이 출력 논리식을 카르노 맵으로 간략화한 출력 논리식를 작성하여 그림 2.32 와 같이 전가산기 등가회로를 설계할 수 있다.

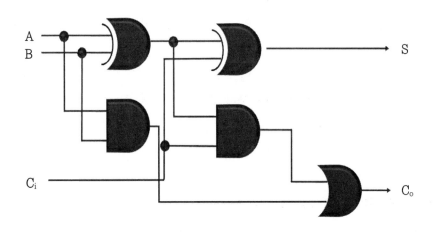

그림2.32 전가산기 등가 회로도.

2.14 감산기(Subtracter)

감산기는 2개 이상의 수의 입력을 논리 빼기로 출력하는 논리 회로 장치이며 뺄셈기라고도 한다. 감산기는 n개의 비트로 구성된 2개의 2진수 감산은 피감수와 감수의 차에 의해서 결정되며 이를 다음과 같이 2진수 감산을 예로 들면 다음과 크게 두 부분으로 나눠볼 수 있다.

```
         MSB                                    LSB

           1        1        0        1        0

     -     0        1        1        1        1
        ─────────────────────────────────────────
           ↑        ↑        ↑        ↑        ↑

                      A 부분                B 부분
```

모든 위치의 비트는 피감수 비트가 감수 비트보다 작으면 바로 앞의 비트로부터 "1"을 빌려와야 하는데 이를 자리 빌림(borrow)이라 한다. 그러나 B 부분은 최하위 비트이므로 자리 빌림으로 빌려올 수는 있어도 하위 비트가 존재하지 않으므로 자리 빌림으로 빌려줄 수는 없다.

그러나 A 부분은 자리 빌림을 상위 비트에서 빌려올 수도 있으며 하위 비트에 빌려줄 수도 있다. 결과적으로 B 부분과 같이 자리 빌림을 빌려줄 수 없는 감산을 반감산기(HS: half subtractor)라 하고 A 부분과 같이 자리 빌림을 바로 아래 비트에 빌려줄 수 있는 감산을 전감산기(FS: full subtracter)라고 한다.

2.14.1 반감산기(HS: Half subtracter)

반감산기는 그림 2.33과 같이 입력 비트 2개를 A, B와 출력을 2비트 차인 D(difference)와 상위 비트로부터의 자리 빌림으로 빌려왔는지의 여부에 따라 B_o(borrow output)의 논리기호로 표현한다. 2비트 반감산기에 대해서 표 6.11과 같이 반감산기 진리표로 나타낼 수 있다.

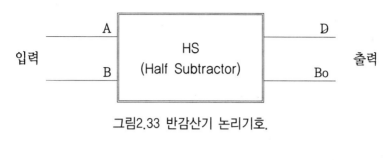

그림2.33 반감산기 논리기호.

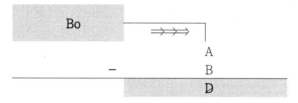

그림2.34 반감산기 동작순서.

그림 2.34와 같이 반감산기는 한 자리 2진수 2개를 입력하여 D와 B_o를 계산하는 뺄셈 회로이다.

표2.13 반감산기 진리표

입력		출력	
A(피감수)	B(감수)	D	Bo
0	0	0	0
0	1	1	1
1	0	1	0
1	1	0	0

표 2.13과 같이 입력 A, B 1개만 "1"이 들어가면 "1"이 되고 B_o는 입력 A가 "0"일 때 "1"로 자리내림이 발생한다. B_o는 감산보다 피감수가 작을 때 상위 비트에서 "1"을 빌려와서 감산을 한다. 이를 정리하면

입력 A, B에서 둘 중 "1" 이면 D= "1"

입력 A, B에서 피감수가 작으면 B_o= "1"

표 2.14와 같이 입력 A, B에 대한 출력 D와 자리내림 B_o를 카르노 맵으로 출력 논리식을 나타내면

표2.14 반감산기 출력 논리식

A＼B	0	1
0	$\overline{A}\,\overline{B}$ m_0	$\overline{A}\,B$ m_2
1	$A\,\overline{B}$ m_3	$A\,B$ m_4

$$\text{출력 } D = \overline{A}\,B + A\,\overline{B}$$
$$= A \oplus B \,(XOR)$$

A＼B	0	1
0	$\overline{A}\,\overline{B}$ m_0	$\overline{A}\,B$ m_2
1	$A\,\overline{B}$ m_3	$A\,B$ m_4

$$\text{자리내림 } Bo = \overline{A}\,B$$

$$S = \overline{A}\,B + A\,\overline{B} = A \oplus B$$
$$Bo = \overline{A}\,B$$

반감산기 출력 논리식을 이용하여 그림 2.35와 같이 반감산기 회로도를 설계할 수 있다.

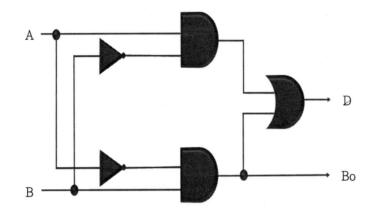

그림2.35 반감산기 회로도.

위와 같이 출력 논리식에서 카르노 맵으로 간략화한 후에 그림 2.36과 같이 반감산기 등가회로를 설계할 수 있다.

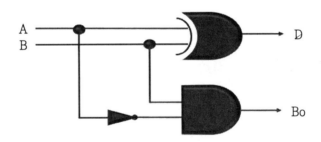

그림2.36 반감산기 등가회로도.

2.14.2 전감산기(FS: Full subtracter)

전감산기는 그림 2.37과 같이 자리내림을 고려하여 만든 뺄셈 회로가 전감산기이며 2개의 2진수와 상위비트에서 내려온 자리내림을 포함하여 한 자리 2진수 3개를 더하는 조합디지털이다.

반감산기의 단점인 2진수 한 자리 감산이 이루어지면 상위비트에서 발생한 자리올림의 2비트 이상인 2진수는 뺄셈이 불가능한 것을 가능하게 한 감산기이다. 이는 2개의 피감수 비트와 감수 비트인 두 개의 A, B와 하위 비트에 "2"를 빌려 주었는지를 고려한 입력 빌림수 B_i(borrow input)를 포함하여 3개의 입력으로 표현된다.

또한 출력으로서는 차를 나타내는 D와 상위 비트에서 자리 빌림이 있었는지를 고려한 출력 빌림수 B_o(borrow output) 2개로 구성된다.

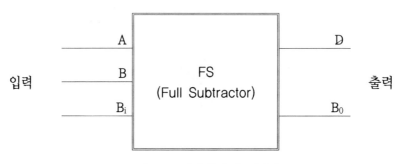

그림2.37 전감산기 논리기호.

그림 2.38과 같이 전감산기는 상위 비트에서 올라온 자리내림이 현재 위치의 2개의 비트의 입력으로 들어가 감산을 하여 출력 D가 나오며 B_o의 자리내림 출력이 발생한다.

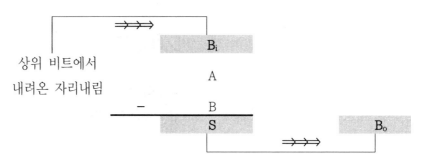

그림2.38 전감산기 동작 순서.

표2.15 전감산기 진리표

입력			출력	
A(피감수)	B(감수)	B_i	D	B_o
0	0	0	0	0
0	0	1	1	1
0	1	0	1	1
0	1	1	0	1
1	0	0	1	0
1	0	1	0	0
1	1	0	0	1
1	1	1	1	1

표 2.15와 같이 출력은 3개 입력에 대한 차와 상위 비트에서 자리 빌림으로 비려 왔는지에 대한 결과에 의해서 결정된다. 이를 정리하면

입력 A, B, B_i에서 "1" 개수의 합이 홀수이면 D= "1"

입력 A, B, B_i에서 피감수가 작으면 B_o= "1"

표 2.16과 같이 입력 A, B, B_i에 대한 출력 S와 B_o에 대하여 카르노 맵으로 출력 논리식을 나타내면

표2.16 전감산기 출력 논리식

A \ B B_i	00	01	11	10
0	$\overline{A}\,\overline{B}\,\overline{B_i}$ m_0	$\overline{A}\,\overline{B}\,B_i$ m_1	$\overline{A}\,B\,B_i$ m_3	$\overline{A}\,B\,\overline{B_i}$ m_2
1	$A\,\overline{B}\,\overline{B_i}$ m_4	$A\,\overline{B}\,B_i$ m_5	$AB\,B_i$ m_7	$A\,B\,\overline{B_i}$ m_6

출력 $D = \overline{A}\overline{B}B_i + \overline{A}B\overline{B_i} + A\overline{B}\,\overline{B_i} + ABB_i$

$\qquad = (A\oplus B)\oplus B_i$

A ＼ B C_i	00	01	11	10
0	$\overline{A}\,\overline{B}\,\overline{B_i}$ m_0	$\overline{A}\,\overline{B}\,B_i$ m_1	$\overline{A}\,B\,B_i$ m_3	$\overline{A}\,B\,\overline{B_i}$ m_2
1	$A\,\overline{B}\,\overline{B_i}$ m_4	$A\,\overline{B}\,B_i$ m_5	$A\,B\,B_i$ m_7	$A\,B\,\overline{B_i}$ m_6

$$\text{자리내림 출력 } B_o = \overline{A}B + \overline{A}B_i + BB_i$$
$$= \overline{A}B + \overline{(A\oplus B)}B_i$$

$$D = \overline{A}\,\overline{B}B_i + \overline{A}B\overline{B_i} + A\overline{B}\,\overline{B_i} + ABB_i = (A\oplus B)\oplus B_i$$
$$B_o = \overline{A}B + \overline{A}B_i + BB_i = \overline{A}B + \overline{(A\oplus B)}B_i$$

전감산기 출력 논리식을 이용하여 그림 2.39와 같이 회로도를 설계할 수 있다.

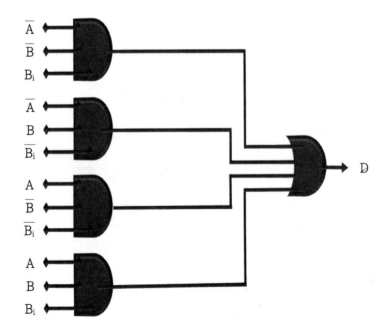

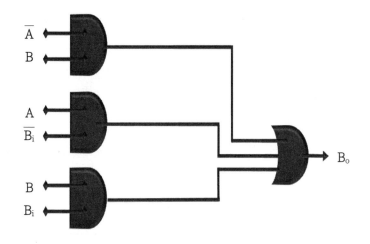

그림2.39 전감산기의 논리 회로도.

위와 같이 출력 논리식에서 카르노 맵으로 간략화한 후에 그림 2.40과 같이 전감산기 등가회로를 설계할 수 있다.

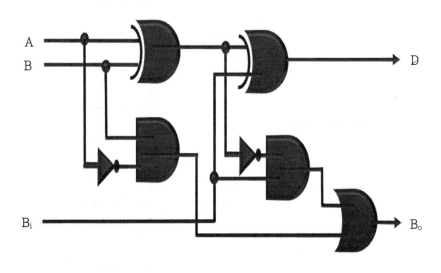

그림2.40 전감산기 등가 회로도.

2.15 디코더(Decoder)

디코더는 디지털 시스템에서 사용되는 2진수 코드나 BCD(binary coded decimal) 코드를 쉽게 인지해준다. 또한 사용하기 쉬운 10진수 숫자나 문자로 변환해 주며 입력 데이터가 어떤 상태를 가지고 있는지 어떠한 명령을 나타내는가를 보여주는 회로로서 해독기 또는 복호기라고도 한다.

즉 하드웨어적으로 표현하면 n개의 비트로 구성된 2진수 코드를 입력으로 하면 최대 2n개의 출력을 갖는 조합 디지털이 된다. 그림 2.41과 2.42는 2입력과 3입력 디코더의 논리기호이다.

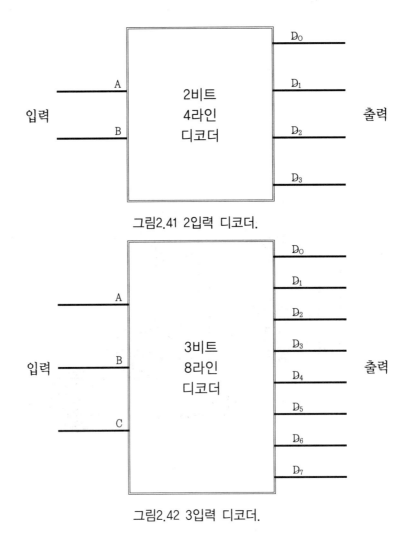

그림2.41 2입력 디코더.

그림2.42 3입력 디코더.

2.16 비교기(Comparator)

비교기는 2개의 수를 비교하여 어느 한쪽이 크고 작은가 아니면 같은가를 판단하는 회로를 비교기라고 한다.

즉 비교기란 2개의 수 A와 B를 비교하여 상대적 크기를 결정하는 조합 디지털을 말한다. 결과적으로 비교기를 통하여 나타나는 출력은 입력을 A와 B라 할 때 그 대소 관계가 A〉B, A=B, A〈B 중에서 어느 것인가를 결정하는 것을 말한다.

1개 비트씩으로 되어 있는 두 수가 서로 같은가를 판단하는 가장 기본적인 비교기는 XOR 게이트나 NXOR 게이트를 이용하면 된다.

(a) 두 수가 같은 경우

(b) 두 수가 다른 경우

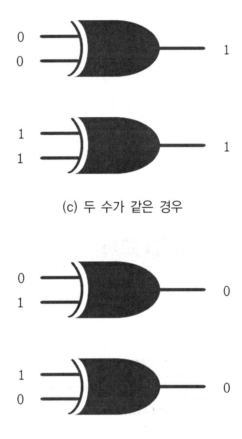

(c) 두 수가 같은 경우

(d) 두 수가 다른 경우

그림2.43 NXOR 게이트를 이용한 비교기.

　그림 2.43과 같이 디지털에서 2개의 입력 비트가 같은 경우와 같지 않은 경우를 정확하게 판별하여 출력함을 알 수 있으며 출력 조건(LOW(0), HIGH(1))에 따라 선택하여 사용할 수 있다.

2.17 멀티플렉서(Multi plexer)

멀티플렉서는 다수의 입력선 중에서 하나를 선택하여 출력선으로 전송하는 방식으로 멀티 플렉싱(multi plexing)이라 하며 조합 논리회로를 멀티플렉서라 한다.

멀티플렉서는 데이타를 전송해야 할 많은 신호원으로부터 정보들을 원거리의 목적지까지 전송할 경우에 많이 사용하며 1개의 신호선을 이용하여 다수의 정보들을 전송할 수 있는 경제적인 장점을 가지고 있다. 전송의 효율성을 위해서 입력선을 선택 제어하기 위한 선택(select)기능을 가지고 있어 이 선택기능에 의해 어느 입력선이 선택될 것인가를 결정하게 된다. 입력 데이터선이 N개라면 $N=2n$이 되며 n개의 선택단자를 갖게 된다. 그림 2.44와 같이 기본적인 4개의 입력선, 2개의 데이터 선택선과 1개의 출력선을 갖는 논리기호이다.

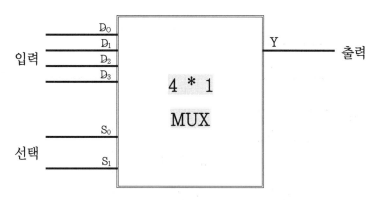

그림2.44 4 * 1 멀티플렉서 논리기호.

표2.17 4 * 1 멀티플렉서 진리표

선택(Select)		입력(D)	출력(Y)
S_0	S_1		
0	0	D_0	$\overline{S_0}\,\overline{S_1}D_0$
0	1	D_1	$S_0\overline{S_1}D_1$
1	0	D_2	$\overline{S_0}S_1D_2$
1	1	D_3	$S_0S_1D_3$

표 2.17과 같이 데이터 선택 단자에 의해 다음과 같이 입력 데이터가 선택된다.

데이터 선택 단자가 다음과 같을 때

$S_0 = 0$, $S_1 = 0$로 선택되면 입력 D_0가 출력 Y로 나타난다.

$S_0 = 0$, $S_1 = 1$로 선택되면 입력 D_1이 출력 Y로 나타난다.

$S_0 = 1$, $S_1 = 0$로 선택되면 입력 D_2가 출력 Y로 나타난다.

$S_0 = 1$, $S_1 = 1$로 선택되면 입력 D_3이 출력 Y로 나타난다.

따라서 데이터 선택 단자에 의해 선택된 출력의 논리식을 구하면

$$출력\ Y = \overline{S_0}\,\overline{S_1}D_0 + S_0\overline{S_1}D_1 + \overline{S_0}S_1D_2 + S_0S_1D_3$$

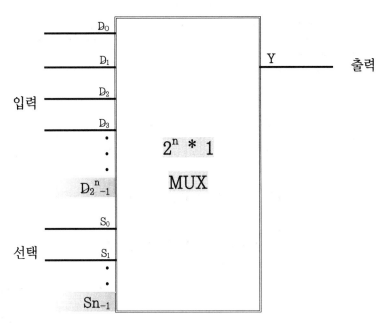

그림2.45 $2^n * 1$ 멀티플렉서 논리기호.

그림 2.45와 같이 2n개의 입력선과 2n개의 데이터 선택을 갖는 논리기호이다.

$2^n * 1$ 멀티플렉서는 데이터 선택 단자에 의해 다음과 같이 입력 데이터가 선택된다.

데이터 선택 단자가 S_{n-1}로 선택되면 입력 D_{2^n-1}이 출력 Y로 나타난다.

2.18 디멀티플렉서(Demulti plexer)

디멀티플렉서는 멀티플렉서와는 반대의 기능을 가진 조합 논리회로로서 하나를 입력선으로 다수의 출력선으로 데이터를 분배하는 방식이다. 그림 2.46과 같이 기본적인 1개의 입력선, 2개의 데이터 선택선과 4개의 출력선을 갖는 논리기호이다.

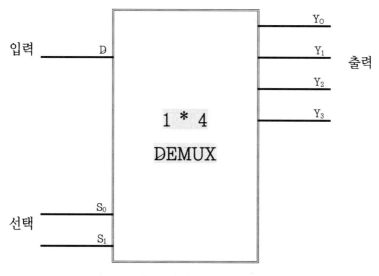

그림2.46 1 * 4 멀티플렉서 논리기호.

표2.18 4 * 1 멀티플렉서 진리표

선택(Select)		입력(D)	출력(Y)
S_0	S_1		
0	0	D	$\overline{S_0}\,\overline{S_1}Y_0$
0	1	D	$S_0\overline{S_1}Y_1$
1	0	D	$\overline{S_0}S_1Y_2$
1	1	D	$S_0S_1Y_3$

표 2.18과 같이 데이터 선택 단자에 의해 다음과 같이 출력선이 선택되어 입력 데이터가 선택된 출력단자로만 출력된다.

데이터 선택 단자가 다음과 같을 때

$S_0 = 0$, $S_1 = 0$로 선택되면 입력 D가 출력 Y_0로 나타난다.

$S_0 = 0$, $S_1 = 1$로 선택되면 입력 D가 출력 Y_1로 나타난다.

$S_0 = 1$, $S_1 = 0$로 선택되면 입력 D가 출력 Y_2로 나타난다.

$S_0 = 1$, $S_1 = 1$로 선택되면 입력 D가 출력 Y_3로 나타난다.

따라서 데이터 선택 단자에 의해 선택된 출력의 논리식을 구하면

$$\text{출력 } Y = \overline{S_0}\,\overline{S_1}Y_0 + S_0\overline{S_1}Y_1 + \overline{S_0}S_1Y_2 + S_0S_1Y_3$$

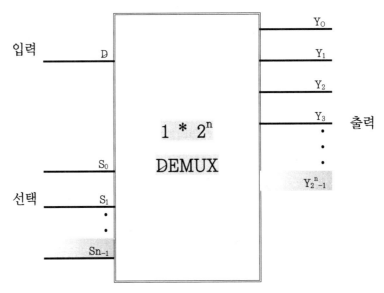

그림2.47 $1 * 2^n$ 디멀티플렉서 논리기호.

그림 2.47과 같이 2n개의 출력선과 2n개의 데이터 선택을 갖는 논리기호이다.

$1 * 2^n$ 디멀티플렉서는 데이터 선택 단자에 의해 다음과 같이 입력 데이터가 선택된다. 데이터 선택 단자가 S_{n-1}로 선택되면 입력 D가 출력 Y_{2^n-1}로 나타난다.

Excercise

1. AND 게이트에 입력 A, B에 대한 출력 Y의 진리표를 작성하세요.

2. OR 게이트에 입력 A, B에 대한 출력 Y의 진리표를 작성하세요.

3. XOR 게이트에 입력 A, B에 대한 출력 Y의 진리표를 작성하세요.

4. 부울 대수의 기본법칙 성립의 3가지를 적으세요.

5. $A(A+B) = AB$ 식을 증명하세요.

6. 드모르강의 1, 2법칙을 서술하세요.

7. 드모르강의 법칙에서 NAND 게이트를 사용하여 간략화 하세요.

$$Y= AB + C\overline{D}$$

8. 반가산기와 전가산기의 차이점을 서술하세요.

9 반가산기의 자리올림(Ci)와 합(S)의 출력 논리식을 작성하세요.

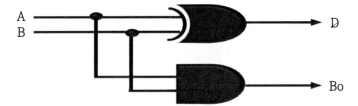

10. 전가산기의 출력(S) 논리방정식을 작성하세요.

11. 전가산기의 S에 대한 논리 회로도를 설계하세요.

12. 기본적으로 가산기와 감산기 회로는 (   )논리 회로로 구성된다. 그리고 가산기와 감산기가 여러 비트를 한 번에 처리하기 위해서는 (   ) 연결이 필요하다.

13. 입력신호와 논리회로의 현재 상태에 의해 출력이 결정되는 논리회로를 순차논리회로이며 여러 개의 입력선 중 하나의 입력선만을 출력에 전달해주는 조합 논리회로를 (   )이라고 한다.

14. 디멀티플렉서에서 D플립플롭의 진리표와 출력 논리식을 작성하세요.

15. 디멀티플렉서에서는 선택선이 N개인 경우 (   )개의 출력선으로 이루어진다.

제 **3** 장

정류기
(RECTIFIER)

　정류란 전류를 변환하는 것으로서 일반적으로 교류와 직류로 변환하는 것을 의미한다. 정류는 전류를 한 방향으로만 흐르게 하는 성질을 가진 회로소자를 사용하여 변환시킨다. 정류는 전류가 흐르는 방향성을 가지고 있는데 전류가 흐를 수 있는 순방향과 흐르지 않는 역방향으로 구분한다. 순방향은 전압의 극성이 순방향인 동안은 전류가 정류기를 지나 부하로 흐르지만 역방향인 동안은 전류가 흐르지 않는다. 따라서 부하에는 일정한 방향으로 전류가 흐르게 되어 직류로 변환이 가능하다. 정류의 종류로는 반파정류, 전파정류, 브릿지정류가 있다.

　정류기(rectifier)는 주기적으로 (+) 극과 (−) 극의 두 가지 방향으로 변환하는 교류 전류를 한 가지 방향만 갖는 직류 전류로 변환시키는 소자나 장치를 일컫는다. 정류기에서 순방향은 저항이 작고 역방향은 저항이 충분히 커기 때문에 한쪽 방향으로만 전류를 통과시키는 정류 작용이 가능하다. 즉 인가되는 전압의 방향에 따라 전류가 원활하게 흐르는 순방향과 전류가 흐르지 않는 역방향이 구별되는 특성을 가지고 있다. 정류 회로는 PN접합 다이오드 소자를 사용하여 다이오드 소자 1개로 정류가 가능하지만 효과적인 정류를 위해서 보통 회로 상에 여러 개의 소자를 특정하게 배열하여 사용한다.

　정류기 종류에서 반파 정류기는 PN접합 다이오드 1개를 사용하여 교류 주파수의 0 °
~ 180 ° 주기만 정류하여 부하에 전류를 흐르게 하고 전파 정류기는 PN접합 다이오드를 2개 사용하여 반파 정류에서 변환하지 못한 180 ° ~ 360 ° 주기를 정류하여 전류를 부하에 직류로 공급해 줌으로서 교류의 0 ° ~ 360 ° 주기를 정류하여 전류를 부하에 공급해 줄 수 있다. 브릿지파 정류기는 PN접합 다이오드를 4개 사용하여 보다 안정적으로 교류의 0 ° ~ 360 ° 주기를 정류하여 전류를 부하에 공급해 줄 수 있다. 다이오드를 통하여 교류로부터 변환되어 나오는 전류는 일정한 크기의 직류가 아니라 맥류이기 때문에 커패시터(capacitor), 인덕터(inductor)등을 사용한 필터를 통해 교류 성분을 제거해 직류로 만들어 준다.

　정류 회로에서 다이오드는 전위차가 있는 두 개의 단자로 구성되어 있으며 접합 부근에는 전압이 가해지지 않은 상태에서 전위 장벽(potential barrier)이 존재하게 되어 전위가 낮은 단자에 (−) 음극이 연결되고 전위가 높은 단자에 양(+)극이 연결되면 순방향으로 전위장벽이 낮아져 전류가 흐르게 되어 직류로 정류하게 된다. 전위가 낮은 단자에 전원의 (+) 양극이 연결되고 전위가 높은 단자에 (−) 음극이 연결되면 전위 장벽이 높아져 저항이 무한대로 커지게 되어(역방향) 전류가 흐르지 못하게 되므로 정류가 일어나지 않는다. 이런 반복 과정을 통해 한 쪽 방향의 전류만 통과하여 정류 작용이 일어나게 된다. 정류의 원리 및 동작은 3.2 PN접합 다이오드에서 다루고자 한다.

3.1 타입 반도체(Type semiconductor)

3.1.1 포지티브 타입(Positive type)

포지티브 타입은 반도체 물질의 성질에서 (+) 이온의 성질을 갖는 반도체를 말한다. 일반적은 제조 방법은 원자번호 14이고 가전자가 4개(4가)인 실리콘(Si: silicon)에 원자번호가 13이고 가전자가 3개(3가)인 붕소(B: boron)을 첨가하여 제조한다. 이 반도체를 포지티브 타입 반도체 또는 P타입 반도체라 한다.

그림 3.1과 같이 진성반도체 성질을 가진 실리콘에 가전자가 3개인 붕소(B) 물질을 도핑하면 N타입 반도체와 반대로 실리콘의 가전자 4개와 인의 가전자 3개가 공유결합으로 인하여 전자가 1개 부족하게 공유결합 하게 된다. 결합을 하지 못한 가전자대의 정공이 존재하게 된다. 점선과 같이 자리를 차지하게 된다.

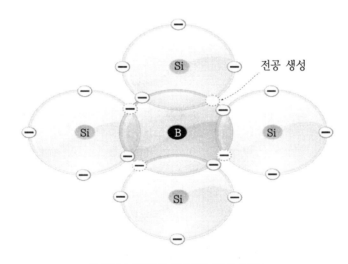

그림3.1 P타입 반도체 결정 구조.

이와 같이 붕소 원자는 공유결합을 하고 전자 1개가 부족하게 되고 붕소의 원자량이 증가되면 정공이 급속도로 증가하게 되어 P타입 반도체내에는 정공이 자유전자보다 많이 존재하기 때문에 (+) 이온의 성질을 가지된 된다.

P타입 반도체에서는 주로 정공에 의해 전류가 흐르므로 정공을 다수 캐리어라고 부르고 소수로 존재하는 자유전자를 소수 캐리어라고 부른다. 표 3.1과 같이 반도체 도핑 물질에 의한 특징이 나타나 있다.

3.1.2 네거티브 타입(Negative type)

네거티브 타입은 반도체 물질의 성질에서 (−) 이온의 성질을 갖는 반도체를 말한다. 일반적은 제조 방법은 원자번호 14이고 가전자가 4개(4가)인 실리콘(Si: silicon)에 원자 번호가 15이고 가전자가 5개(5가)인 인(P: phosphorus)을 첨가하여 제조한다. 이 반도체를 네거티브 타입 반도체 또는 N타입 반도체라 한다.

그림 3.2와 같이 진성반도체 성질을 가진 실리콘에 가전자가 5개인 인(P) 물질을 도핑하면 실리콘의 가전자 4개와 인의 가전자 5개가 공유 결합으로 인의 전자 1개가 공유 결합하지 못하게 된다. 이때 공유결합하지 못한 전자를 자유전자(free electron)라고 한다. 자유전자는 광, 열, 전기 에너지를 가하게 되면 쉽게 이동할 수 있는 캐리어가 되어 전류를 흐르게 할 수 있는 전자이다.

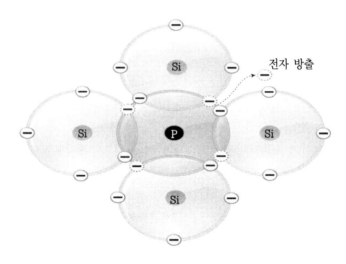

그림3.2 N타입 반도체 결정 구조.

이와 같이 인 원자는 공유결합을 하고 남은 전자 1개가 존재하게 되고 인의 원자량이 증가되면 자유전자가 급속도로 증가하게 되어 N타입 반도체내에는 자유전자가 정공보다 많이 존재하기 때문에 (−) 이온의 성질을 가지게 된다. N타입 반도체에서는 자유전자에 의해 전류가 흐르므로 자유전자를 다수캐리어(majority carrier)라고 부르고 소수로 존재하는 정공을 소수 캐리어(minority carrier)라고 부른다.

표3.1 도핑 물질에 의한 특징

종류	첨가원소	가전자 개수	다수캐리어	소수캐리어
N 타입	인(P), 비소(As), 안티몬(Sb)	5	전자	정공
P 타입	붕소(B), 갈륨(Ga), 인듐(In)	3	정공	전자

3.1.3 PN접합 반도체(PN junction semiconductor)

P타입 반도체와 N타입 반도체를 원자의 형태로 접합한 것을 PN접합 반도체라고 한다. 이때 접합(junction)이란 단순한 접촉(contact)과는 다르게 원자적으로 결합되어 있는 상태를 말한다.

그 이유는 P타입 반도체와 N타입 반도체를 단순히 접촉할 경우에는 부분적인 접촉만 이루어지므로 접촉이 된 점에서만 전류가 흐를 뿐 접합면 전체를 통해 전류가 흐르지 못하게 된다. 또한 공기에 의해서 접촉면이 노출되면 표면에는 자연적으로 얇은 산화막(field oxide, SiO_2)이 형성되어 전류가 원활하게 흐리지 못하게 된다. 산화막은 절연체의 성질을 띠므로 전류가 흐를 수 없다.

그러므로 원자의 구조적인 결합으로 PN접합을 해야 하고 대표적인 소자로 LED(light emitting diode), 광 PN접합 다이오드(photodiode), 레이저 및 바이폴라 트랜지스터 등 다양한 전기전자 소자로 사용되어진다. PN접합 반도체는 모든 바이폴라(bipolar) 소자의 기본이 되는 소자로 매우 중요하며 PN접합 반도체의 중요한 전기적 특징으로는 정류 특성인 전류를 한 방향으로 흐르게 하는 특성이 있다.

일반적으로 PN접합 반도체를 PN접합 다이오드(diode) 또는 다이오드라고 불리며 여러 가지 종류가 있다.

① PD(photo diode): 광(빛) 다이오드

② LED(light emitting diode): 광(빛) 방출 다이오드

③ VCD(varactor capacitance diode): 가변 커패시턴스 다이오드

　P타입 반도체와 N타입 반도체의 표면 접합은 원자적으로 완전한 결합을 이루지 못하는 경우에는 공기로부터 실리콘 표면에 산화막을 형성한 경우 불완전한 결합이 나타난다. 이런 문제들은 전계효과 트랜지스터(FET: field effect transistor)를 만드는 초창기에 상당한 기술적인 어려움이 발생하였다. 그림 3.3과 같이 일반적으로 제조한 PN접합 소자이다.

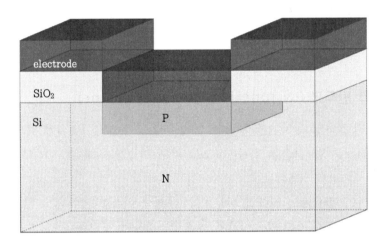

그림3.3 PN접합 반도체 구조.

　전계효과 트랜지스터의 경우에는 반도체 표면에 산화막을 형성하여 소자로 이용된다. 산화막과 단결정(single crystal) 반도체의 경계면에서는 불완전한 결합과 표면의 상태의 거칠기가 많은 문제를 발생시킨다. 이런 문제들을 해결하기 위해서는 반도체 표면과 산화막 또는 전극 중간에 도핑하는 방식으로 제작하면 문제점을 해결할 수 있다.

　이는 PN접합의 일부의 표면에 노출되어 있으나 P타입 반도체 면적은 반도체 내부에서 형성된 PN접합에 비하면 대단히 작기 때문에 많은 영향을 주지는 않는다. 그러므로 열적으로 성장된 산화막이 표면을 보호하고 있기 때문에 표면 상태에 의한 문제도 최소로 줄일 수 있다.

　산화막은 반도체 표면을 외부로부터 도펜트의 유입을 막을 수 있다. 그림 3.4와 같이 PN접합 반도체의 단편적인 구조를 나타낸 것으로 P타입 반도체와 N타입 반도체의 이상적인 접합을 이루고 있다.

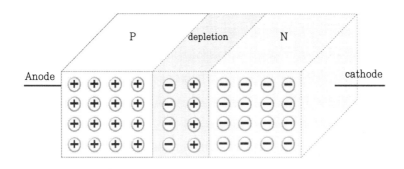

그림3.4 PN접합 반도체 내부 구조.

PN접합 반도체는 자유전자와 정공의 재결합뿐만 아니라 확산을 하기에도 이상적이 조건을 갖추고 있다. 접합면을 기준으로 P타입 반도체내의 많은 정공이 N타입 반도체로 확산하려고 하고 N타입 반도체내의 많은 자유전자가 P타입 반도체로 확산하려고 한다.

이 때 두 접합면 사이의 영역에는 정공과 자유전자의 이동 현상으로 발생한 공간전하가 존재하고 이곳에는 자유전자와 정공의 수가 같고 작은 영역을 차지하는 공간이 발생하는데 이 영역을 공핍층(depletion layer) 또는 공핍영역(depletion region)이라고 한다. PN접합 뿐만아니라 일반적인 반도체 접합에서도 같은 영역이 존재하게 된다.

공핍영역에는 다수캐리어가 없으므로 전류가 흐르지 못하는 절연체로 볼 수 있다. 공핍층에서 P타입 반도체쪽에는 정공과 대응되는 자유전자가 존재하며 N타입 반도체쪽에는 자유전자와 대응되는 정공이 존재하게 된다.

3.2 PN접합 다이오드(PN junction diode)

그림 3.5와 같이 PN접합 다이오드는 전류를 한 쪽 방향으로 흐르게 하는 반도체 소자이며 구조는 PN접합 다이오드에 사용되고 있는 것은 P타입과 N타입 반도체를 반도체 공정으로 접합하여 제작한 PN접합 다이오드이다.

PN접합으로 인해 P타입 반도체의 다수 캐리어인 정공과 N타입 반도체의 다수 캐리어인 자유전자(free electron)의 재결합으로 다수캐리어가 없는 영역이 발생하게 된다. 이를 디플레이션(depletion)영역 또는 공핍층이라고 한다.

디플레이션 영역으로 전위의 장벽(barrier potential)이 생기게 되어 전위장벽보다 큰 전위를 가진 전압이 입력되어야 전류가 흐르게 된다. 실리콘(Si)으로 제조한 PN접합 다이오드는 전위장벽이 0.7 V이므로 이보다 큰 전압을 인가하여 전류를 흐르게 해야 한다. 즉 입력되는 전압이 0.7 V보다 낮은 전압을 인가하면 전류가 흐르지 않게 된다. 게르마늄(Ge)으로 제조한 PN접합 다이오드는 전위장벽이 0.3 V이므로 이보다 큰 전압을 인가하여 전류를 흐르게 해야 한다.

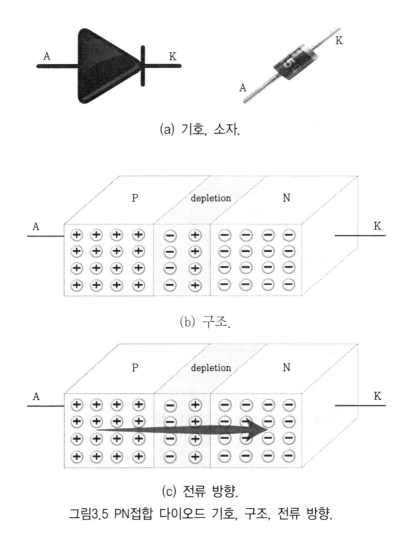

(a) 기호, 소자.

(b) 구조.

(c) 전류 방향.

그림3.5 PN접합 다이오드 기호, 구조, 전류 방향.

PN접합 다이오드에 사용되고 있는 것은 P타입과 N타입은 반도체 공정으로 만든 불순물 반도체이다. 불순물 반도체는 진성 반도체와 다르게 물질에 특정한 불순물을 첨가하여 만든 반도체를 말한다.

진성 반도체는 재료의 순도가 99.999 ~ 99.999999999%로 정제한 5N ~ 11N 반도체를 말한다. 진성 반도체로는 실리콘이나 게르마늄을 많이 사용하고 있다. 고순도로 정제된 실리콘 결정은 원자들이 결합하여 대칭적인 패턴으로 배열되는데 이를 공유결합이라 하며 원자내의 가전자들의 상호작용에 의해 만들어지며 다이아몬드 구조를 가지게 된다. 실리콘 원자는 4개의 가전자를 가지고 4개의 가전자가 서로 1개씩 가전자를 공유함으로 원자들은 1개의 실리콘 원자에 8개의 공유전자를 가지게 된다.

즉 공유결합으로 1개의 가전자는 2개의 원자핵이 끌어당기는 안정적인 상태에 있게 된다. P타입과 N타입은 진성 반도체에 미량의 불순물을 넣어 결정을 만들어 제조한다. 진성 반도체 속에 결정 원자와 비슷한 다른 원자를 넣으면 공유결합 하여 결정을 구성하게 된다.

여기서 도핑하는 물질은 가전자가 4개인 실리콘이나 게르마늄보다 가전자가 적거나 많은 3개(P타입) 또는 5개(N타입)를 가지는 것을 사용한다. 대표적인 3개의 가전자를 갖는 물질로는 붕소나 인듐(In) 등이며 대표적인 5개의 가전자를 갖는 물질로는 비소(As)나 안티몬(Sb) 등을 사용된다.

자유전자가 다수인 N타입 반도체는 (−) 음전하를 갖는 네거티브(negative)의 의미로 자유전자가 불순물로 N타입이란 표현으로 사용하게 되었다. 정공이 다수인 P타입 반도체는 정공은 도전율에 기여하는 가전자 3개의 불순물을 도핑한 반도체로 양(+)전하를 갖는 포지티브(positive)의 의미로 (+) 양전하가 불순물로 P타입이란 표현으로 사용하게 되었다. PN접합 다이오드 바이어스와 전류–전압 특성은 평형상태에서는 PN접합 반도체를 통해 움직이는 전자가 없다. 즉 자유전자의 흐름이 전류이기 때문에 PN접합 반도체가 안정적인 영역에서는 전류가 흐르지 않는다.

P타입 반도체와 N타입 반도체 양단에 전압 바이어스(bias)를 걸어 주어야 동작을 하게 된다. 바이어스란 전기전자 소자의 동작 조건을 설정하기 위해 사용하는 전압을 말한다.

P타입 반도체와 N타입 반도체 양단에 바이어스에는 두 가지 바이어스 조건이 있다. PN접합 다이오드 전압 바이어스의 두 가지 조건으로 첫 번째는 순방향 바이어스(forward bias)이며 PN접합 반도체를 통해서 전류를 흐르게 하는 전압의 조건이다. 두 번째는 역방향 바이어스(reverse bias)이며 순방향 바이어스의 반대 개념으로 PN접합 반도체에 전류가 흐르지 못하게 하는 전압의 조건을 의미한다.

그림 3.6과 같이 PN접합 다이오드 전압 바이어스 조건은 PN접합 반도체 양단에 충분한 전압을 인가해줌으로써 동작하게 된다.

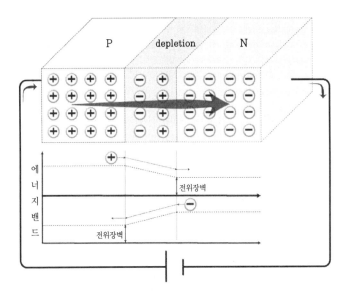

그림3.6 순방향 바이어스와 에너지 밴드.

순방향 바이어스는 PN접합 다이오드를 통해 전류를 흘리고 역방향 바이어스는 무시할 수 있을 만큼의 역전류 외에는 전류가 흐르지 못하게 된다. 역방향 바이어스는 역 바이어스 전압이 전위장벽의 항복 전압과 같거나 초과하지 않는 한 전류가 흐르지 못하게 된다.

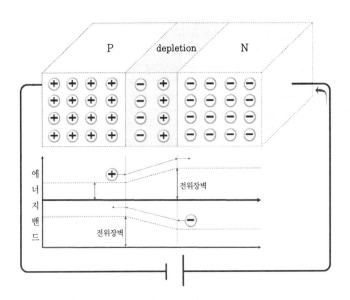

그림3.7 역방향 바이어스와 에너지 밴드.

그림 3.7과 같이 PN접합 다이오드 역방향 바이어스는 역 바이어스 전압이 전위장벽의 항복 전압과 같거나 초과하지 않는 한 전류가 흐르지 못하게 된다. 결과적으로 모든 전압 강하가 공간전하영역에서 일어난다고 볼 수 있다. 이러한 반도체 소자에서는 당연한 현상이지만 도핑정도가 낮은 저항성 반도체에서는 매우 큰 전류가 흐르므로 해당되지 않는다. 역방향 바이어스가 인가된 PN접합의 경우 접합부에 모든 인가전압이 걸리게 되므로 접합영역은 그림과 같이 인가전압에 전위장벽전압을 더한 전위가 걸리게 된다.

PN접합에서 P타입쪽의 공핍층에 생성된 전자는 전계에 의해 끌려가며 이것은 N쪽의 정공의 경우에도 마찬가지이다. 예를 들어 넓어진 공핍층내에 결정 결함이나 도펜트가 존재할 경우 역방향 바이어스를 인가하면 역전류가 증가하고 바이어스를 계속 증가시키면 공핍층내에 보다 많은 역방향 전류가 증가한다.

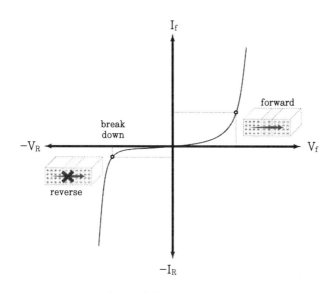

그림3.8 전압-전류 특성곡선.

그림 3.8과 같이 실리콘(Si) PN접합 다이오드에 0 V를 인가한 경우 순방향 전류는 흐르지 않으며 순방향 바이어스 전압을 점차 증가시키면 순방향 전류와 PN접합 다이오드에 걸리는 전압도 증가하게 된다. PN접합 다이오드의 순방향 전압이 0.7 V을 인하하면 전위장벽에 도달하고 순방향 전류(I_F)는 급속히 증가하기 시작하게 되어 부하에 전류를 공급할 수 있게 된다. 역방향 바이어스는 PN접합 다이오드 양단에 전압이 공급될 때에는

극히 적은 역전류(I_R)가 PN접합 다이오드의 접합면을 통해 흐른다. PN접합 다이오드가 0 V일 때 역방향 전류는 흐르지 않지만 역방향 전압을 점차 증가시키면 매우 작은 역방향 전류가 흐르고 PN접합 다이오드 양단에 적은 양의 전압이 걸리게 된다.

이상적인 PN접합의 전류와 전압의 특성은 전압이 인가되면 전압의 인가방향에 관계없이 항상 전류가 흐른다는 사실이다. 실제로는 PN접합에서 이런 동작전압(turn on voltage)이 존재하지 않는 것이다. PN접합 다이오드는 바이어스 전압이 인가되면 언제나 전류가 흐른다는 것을 알 수 있다.

예를 들어 PN접합 다이오드에 최소한 1 mA 이상의 전류가 흘러야 하는 회로를 설계할 경우 PN접합 다이오드의 순방향 바이어스 전압은 0.7 V가 된다. 그러므로 회로 설계 측면에서 본다면 PN접합 다이오드의 동작전압이 0.7 V라고 할 수 있다. PN접합 다이오드의 역방향 전압이 항복전압(breakdown voltage)보다 커지면 PN접합 다이오드가 파괴되면서 큰 전류가 흐르기 시작한다.

PN접합 다이오드를 이용한 정류기 종류로서 전자관 정류기, 기계적 정류기, 실리콘 정류기, 사이리스터 등이 있다.

전자관 정류기는 아크방전의 특성을 응용한 것으로 진공관이나 가스봉입방전관내의 음극으로부터 방출된 전자는 인가된 전압의 극성에 따라 양극으로만 갈 수 있으므로 양극에서 음극으로 흐르는 일방적인 전류만을 얻을 수 있어 정류작용이 가능하다. 대표적인 전자관 정류기는 수은정류기로서 1950년대까지 대전력의 직류전원 변환으로 전기철도용으로 사용되었다.

기계적 정류기는 교류전원의 주기에 동기화하여 ON과 OFF를 제어하고 회전하는 접촉자를 사용하여 정류하는 방법으로 셀레늄 정류기와 아산화구리 정류기 등으로 사용되었다.

실리콘 정류기는 정류 소자를 조합한 정류회로로서 냉방기, 난방기, 변압기 및 각종 전기전자 보호 장치에 응용되었고 구조가 간단하고 저가이며 소형으로 만들 수 있었어 산업용으로 가장 많이 사용되어지고 있다. 또한 다른 정류기에 비해 수명이 긴 장점도 있다. 하지만 열과 물에 취약함과 용량이 작아 과부하에 약하다는 단점을 가지고 있다.

사이리스터는 양극과 음극 2개의 전극에서 1개의 전극을 더 사용한 3전극 실리콘 정류기이다. 사이리스터를 정류 소자에 사용한 정류기가 제어 정류기 응용 부분에서 널리 사용되고 있다.

3전극을 게이트 전극이라 표현하고 게이트 전극은 수은정류기의 격자와 비슷한 기능이 있기 때문에 사이리스터를 사용하면 일정 교류전압을 정류하여 직류전압을 얻을 수 있다. 게이트 전극에서 전류의 위상을 조절함으로써 직류 전압과 전류를 제어할 수 있어 직류 정전압 변환에 많이 사용된다. 게이트 전극이 지닌 기능을 응용하여 직류에서 가변주파수의 교류를 얻는 인버터와 일정직류전압에서 가변직류전압을 얻는 초퍼 등의 응용이 점차 확대되어 가고 있다.

정류기의 사용은 전기를 사용한 도금 등의 화학공업용 전원과 전기철도용 전원 등에서 대량의 직류전력을 공급할 때에 일반적으로 정류기를 사용하고 라디오 신호를 검파하거나 진폭을 변환하는 데에도 정류기를 사용한다.

라디오 신호를 검파하기 전에 신호가 증폭되지 않았다면 전압강하가 매우 낮은 PN접합 다이오드를 사용하여 증폭시킨다. 또한 출력 전류를 제어하기 위해 PN접합 다이오드 대신 브릿지 정류기나 사이리스터를 쓰기도 한다.

그러므로 PN접합 다이오드는 한 방향으로 전류를 흘리고 다른 방향으로는 전류를 차단하는 기능이 있기 때문에 교류전압을 직류전압으로 변환하는 정류 회로에 사용한다. 정류기는 교류 전압으로 동작하는 모든 직류전원 공급 장치에서 쉽게 찾아 볼 수 있다.

직류전원 공급 장치에 의해서 만들어진 직류 전압은 전자제품, 컴퓨터, 산업용 제어기 등 여러 전자회로의 전원으로 사용되어지며 응용에 따라 대부분의 경우 비교적 낮은 전압을 필요로 한다.

PN접합 다이오드의 특징을 정리하면

1 순방향 바이어스(forward bias)
- 접합부(공핍영역)의 전위가 감소
- P타입에서 N타입으로 확산되는 정공과 N타입에서 P타입으로 확산되는 전자에 의해 확산 전류가 증가
- 순방향 바이어스를 인가하려면 전원의 (+) 단자를 P쪽에 연결

2 역방향 바이어스(reverse bias)
- 접합부(공핍영역)의 전위가 증가
- P타입에서 N타입으로 확산되는 전자와 N타입에서 P타입으로 확산되는 전공에 의해 확산 전류가 감소
- 역방향 바이어스가 되려면 전원의 (+) 단자를 N쪽에 연결

이와같이 PN접합 다이오드는 모든 전기전자 기기에 사용되며 대부분 정류기로 사용되어 진다. 그림 3.9와 같이 교류 전압을 직류 전압으로 변환하는 직류전원 공급 장치(DC power supply)로 사용되어질 때의 개념 블록도이다.

직류전원 공급 장치는 220V, 60Hz의 표준 교류전압을 5 ~ 20V의 일정한 직류 전압으로 바꾸어 주는 장치이다. 직류 전원 공급 장치가 없으면 건전지에 의해 공급되는 직류 전원을 사용해야 한다.

그림3.9 직류전원 공급 장치 블록도.

교류 입력전압은 변압기를 통해 더 낮은 전압으로 변환해서 사용되어 진다. 변압기는 1차측과 2차측 사이의 코일을 감은 비에 의해 교류전압을 변화시키고 2차측 코일의 권수가 1차측 보다 더 크게 되면 2차측 출력전압은 더 커질 것이고 전류는 더 작아질 것이다. 만약 2차측 권선수가 1차측보다 더 작게 되면 2차측의 출력전압은 더 작아질 것이고 전류는 더 커질 것이다. 이렇게 1차적으로 높은 전원의 전압과 전류를 낮은 값으로 변화하여 정류기에 전달해 준다.

정류기에서 정류한 파형은 커패시터가 내장된 필터회로에서 리플 형태의 파형으로 필터링 되고 이 필터링 된 파형은 커패시터, 정전압 레귤레이터 집적회로 등이 내장된 정전압 조절기에서 직류 전원으로 변환되어 부하에 공급된다.

직류전원 공급 장치에 의해서 만들어진 직류 전압은 전자제품, 컴퓨터, 산업용 제어기 등 여러 전자회로의 전원으로 사용되어지며 응용에 따라 대부분의 경우 비교적 낮은 전압을 필요로 한다.

3.3 PN접합 제너 다이오드(PN junction zener diode)

PN접합 제너 다이오드는 정전압(static voltage) 다이오드라고도 부르며 전류의 안전한 값을 유지하고 소자가 파괴되는 것을 방지하는 소자이다. 그렇지 않으면 많은 전류가 회로에 흘러 소자들이 파괴되기 때문이다.

PN접합 제너 다이오드의 항복전압으로부터 PN접합 제너 다이오드의 파괴는 PN접합 제너 다이오드의 종류에 따라 다르며 도핑 농도가 높은 PN접합의 파괴는 제너(zener)항복에 의한 것으로 발생하는 전압은 일반적으로 5 V미만이다. 그림 3.10은 PN접합 제너 다이오드의 기호와 실제 제작된 소자이다.

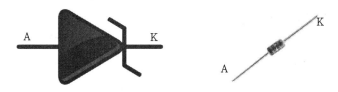

그림 3.10 PN접합 제너 다이오드 기호, 소자.

PN접합 제너 다이오드는 정류용 기능과는 다른 종류의 PN접합 다이오드로서 역방향 항복에서 동작하도록 설계된 PN접합 다이오드를 말하며 PN접합 제너 다이오드의 역방향 전압은 제조 과정 중에 불순물 도핑 레벨을 조절해서 만든다.

PN접합 제너 다이오드 양단의 역전압이 점차 증가하여 항복전압(break down)에 도달하면 역전류가 급격히 흐르기 시작하게 된다. 이를 이용하여 전류가 증가하지만 전압을 고정할 수 있는 정전압 PN접합 제너 다이오드를 만들 수 있다.

항복 전압은 PN접합 다이오드와 동일한 것으로 PN접합 제너 다이오드도 아주 높은 역방향 바이어스가 걸리면 소자 파괴가 나올 수 있다. PN접합 제너 다이오드의 파괴는 도핑농도가 비교적 낮은 에벌런치 항복(avalanche breakdown)으로 보다 높은 전압용 기준 PN접합 제너 다이오드로 사용되어진다.

에럴런치 항복은 접합부 양단의 전계가 지나치게 커지면 전자는 결합하기 못하고 방출하기에 충분한 에너지를 얻게 되고 방출한 전자가 다른 원자와 충돌함으로써 일어나는 현상이다.

이것은 전자가 원자를 이온화 시킬 수 있음을 의미하며 전자과 정공의 쌍을 생성시킨다는 것을 뜻한다. 생성된 전자과 정공쌍은 전계에 의해 가속되며 그 결과 보다 많은 전자과 정공쌍을 만들게 된다. 따라서 마치 눈사태가 일어나는 것과 같은 현상이 벌어지는데 이런 현상을 충돌 이온화(collision ionization)라고 한다.

제너 항복(zener breakdown)은 에벌런치 항복과는 달리 도핑한 농도가 높은 PN접합에서 발생하며 도핑 농도가 높기 때문에 공핍영역의 폭이 대단히 좁고 따라서 바이어스가 없는 상태에서도 접합부에는 대단히 높은 전계가 존재한다.

따라서 약산의 역방향 바이어스만 인가하더라도 전자의 결합으로부터 이탈시키기에 충분한 크기에 도달한다. 이와 같은 형상을 제너 항복이라 하며 일반적으로 5 V 미만의 낮은 전압에서 발생한다.

3.4 정류기 종류(Rectifier kinds)

3.4.1 반파(Half wave)

단상 반파정류기(single phase half wave rectifier)는 단상 교류전류의 한 사이클 중 (+) 양의 반 사이클에서만 통과하고 나머지 (−) 음의 반 사이클은 통과하지 못하는 정류기를 말한다.

단상 반파정류기는 효율이 나쁘고 고조파 성분이 많으므로 특수한 경우에만 사용한다. 그림 3.11과 3.12와 같이 반파정류(half wave rectification)회로가 나타나 있다. 하나의 PN접합 다이오드 D_1이 교류 전원과 부하저항 R_1에 직렬로 연결되어 반파정류기(half wave rectifier)를 구성한다.

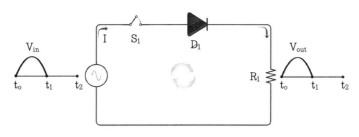

그림3.11 (+) 양주기 반파정류.

그림 3.11은 입력(V_{in})전압이 (+) 양의 반주기(positive half cycle)인 t_0에서 t_1까지 (0° ~ 180°) PN접합 다이오드는 순방향 바이어스로 되어 전류가 부하저항 R_1을 통해

흐르고 이 전류는 부하 양단에서 입력전압의 (+) 양의 반주기와 같은 전압을 발생시킨다.

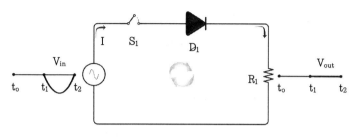

그림3.12 (−) 음주기 반파정류.

그림 3-7는 입력(V_{in})전압이 (−) 음의 반주기(negative half cycle)인 t_1에서 t_2까지 (180° ~ 360°) PN접합 다이오드는 역방향 바이어스로 되어 전류가 흐르지 않으므로 부하저항 R_1양단에서 전압은 "0"이다. 그러므로 부하저항 R_1 양단에 나타나는 결과는 단지 교류 입력전압의 (+) 양의 반주기이며 출력전압은 극성이 바뀌지 않으므로 주기성의 맥동하는 맥동전압으로 나타난다.

반파 정류된 출력전압의 평균값은 직류(DC) 전압계로 측정이 가능하며 이론적 계산은 그림 3-8과 같이 한 주기 내의 곡선에 의해 둘러싸인 면적을 계산하여 반주기 π로 나눈 것이다. V_p는 전압의 피크값(peak value)이다.

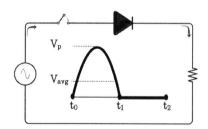

그림3.13 반파정류 전압 평균값.

반파 정류된 전압에서 평균값(V_{avg})이 피크값(V_p)의 약 32% 정도이다.

$$V_{avg} = \frac{V_p}{\pi}$$

반파정류기 출력에서 전위장벽의 영향은 이론적 계산에서 이상적인 것으로 생각하여 전위장벽(potential barrier)을 무시하였지만 실제로는 실리콘 PN접합 다이오드의 전위방벽인 −0.7 V을 고려하여 설계해야 한다. (+) 양의 반주기 동안 PN접합 다이오드가 순방향 바이어스 되기 위해서는 입력전압을 전위장벽 이상으로 걸어줘야 한다. 게르마늄 PN접합 다이오드는 −0.3 V을 고려하여 설계해야 한다.

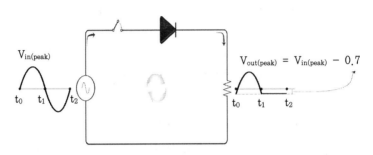

그림3.14 PN접합(Si) 다이오드 반파출력.

그러므로 그림 3.14와 같이 실리콘 PN접합 다이오드의 반파 출력은 입력의 피크값보다 −0.7 V 낮게 나타난다.

실리콘 PN접합 다이오드의 경우에 출력전압 $V_{out(peak)}$은

$$V_{out(peak)} = V_{in(peak)} - 0.7$$

가 된다.

인가된 입력전압의 최대값이 전위장벽보다 최저 10 V 이상에는 전위장벽의 영향을 무시할 수 있는 이상적인 PN접합 다이오드 모델 설계의 사용이 가능해진다.

최대 역방향 전압(PIV: peak inverse voltage)은 PN접합 다이오드가 반복적으로 역방향 바이어스에 견딜 수 있는 입력의 최대값을 말한다.

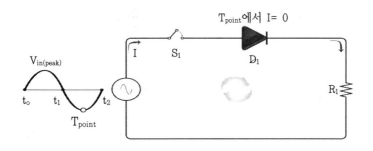

그림3.15 최대 역방향 전압.

그림 3.15와 같이 T_{point}로 표기된 최대 역방향 전압은 PN접합 다이오드가 역방향 되었을 때 입력의 (−) 음의 반주기의 최대값에서 일어난다.

PN접합 다이오드의 정격전압은 최대 역방향 전압보다 최소한 20%는 높아야 한다.

$$PIV = V_{in(peak)}$$

PN접합 다이오드를 2차측의 변압기에 결합하여 사용하면 전원전압을 필요한 만큼 올리거나 낮출 수 있고 교류 전원을 정류기 회로로부터 전기적으로 분리시킬 수 있으므로 충격에 의한 손상을 줄일 수 있다.

3.4.2 전파(Full wave)

전파 정류기는 반파정류기의 이론을 확장한 정류기로서 중간 탭 방식과 브릿지 방식의 두 가지 형태가 있다.

그림 3.16과 같이 중간 탭 전파정류기에서 PN접합 다이오드가 1개만 있으면 되지만 여기서는 2개가 필요하며 양쪽 두 가닥의 전선에는 같은 극성을 가진 PN접합 다이오드 2개를 접속한다.

반대쪽은 같이 묶어 출력단자로 하고 가운데 단자는 정류기의 반대되는 극성이 출력되며 가운데 단자를 중심으로 극성이 교번하여 인가되므로 같은 극성이 2번 출력된다.

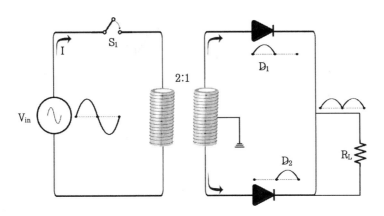

그림3.16 중간탭 전파정류기.

입력전압의 (+) 양의 반주기 동안 2차 전압의 극성은 그림에서와 같다. (+) 양의 반주기 동안에 D_1은 순방향 바이어스 되고 D_2는 역방향 바이어스 된다.

PN접합 다이오드 D_1을 순방향 바이어스 하고 PN접합 다이오드 D_2를 역방향 바이어스 한다. 그러므로 전류는 그림에 나타난 방향대로 D_1과 부하저항 R_L을 통해 흐르게 된다.

(−) 음의 반주기 동안 2차 전압의 극성은 (−) 음의 반주기 동안에 D_2는 순방향 바이어스 되고 D_1은 역방향 바이어스 된다. PN접합 다이오드 D_1을 역방향 바이어스 하고 PN접합 다이오드 D_2를 순방향 바이어스 한다. 그러므로 전류는 그림에서 보는 것처럼 D_2와 부하저항 R_L을 통해 흐르게 된다.

입력 주기의 (+) 양 및 (−) 음의 구간 모두에 대해서 부하를 통과하는 출력전류는 모두 같은 방향이므로 부하저항 양단의 출력 전압은 전파 정류된 직류전압이 된다.

출력전압에서 권수비(turns ratio)가 "1"인 경우 변압기의 정류된 출력전압의 피크값은 그림 3.17과 같이 1차 입력전압 피크값의 절반에서 전위장벽에 따른 PN접합 다이오드 전압강하만큼 감소한 전압이 된다.

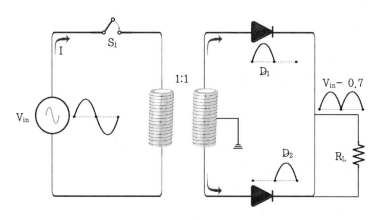

그림3.17 중간탭 전파정류기(권수비= 1).

$V_{in(peak)}$는 1차 전압의 피크값이며 1차측 입력전압의 절반값이 2차권선의 중간탭에 의해 분리되어 나타난다.

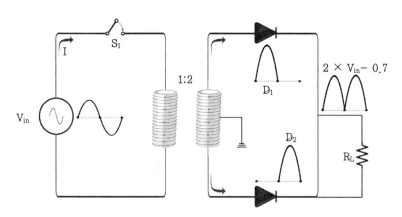

그림3.18 중간탭 전파정류기(권수비=2).

그림 3.18과 같이 2차 출력전압 $V_{out(peak)}$는 1차 전압의 2배($2V_{in(peak)}$)가 되므로 2차측의 중간탭에 의해 분리된 각각의 값은 $V_{in(peak)}$와 같게 된다.

중간 탭 전파정류기의 출력전압은 PN접합 다이오드 전압강하를 고려한 경우 권수비에 관계없이 전체 2차 전압 최대값의 절반에서 PN접합 다이오드 전압강하만큼 적게 된다.

2차 전압 최대값은

$$V_{out(peak)} = \frac{V_{out(peak)}}{2} - 0.7$$

따라서 60 Hz의 주파수를 정류하였다면 출력파형은 120개의 굴곡(파형)이 있는 맥류 파형이 나온다. 전파정류와 반파정류의 차이점은 전파정류기는 입력의 전 주기인 0° ~ 360°(0 ~ 2π)동안 부하의 한 방향으로 전류가 흐르게 하지만 반파정류기는 0° ~ 180°(0 ~ π)의 반주기 동안만 전류를 흐르게 한다는 차이점이 있다.

그러므로 전파정류기는 그림 3.19와 같이 입력의 반주기마다 반복되어 입력에 비해 2 배 증폭된 주파수의 출력전압이 나온다.

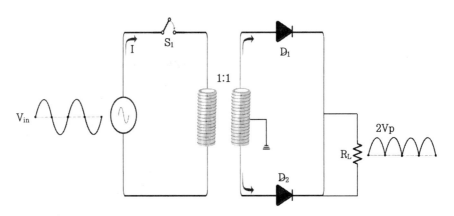

그림3.19 중간탭 전파정류기 출력(권수비= 1).

전파 정류된 전압이 만든 양(+)의 교류 펄스의 수가 같은 시간구간 동안의 반파정류의 2배이기 때문에 전파 정류된 전압의 평균값(V_{avg})은

$$V_{avg} = \frac{2V_p}{\pi}$$

전파 정류된 전압의 평균값(V_{avg})은 약 V_{peak}의 64%이다.

최대 역방향 전압은 그림 3.20과 같이 PN접합 다이오드는 번갈아가며 순방향 바이어스

와 역방향 바이어스가 된다. PN접합 다이오드가 견뎌내야 하는 최대 역방향 전압은 피크 2차 전압인 $V_{in(peak)}$가 된다. 아래 회로에서 $V_{in(peak)}$을 V_{in}으로 한다.

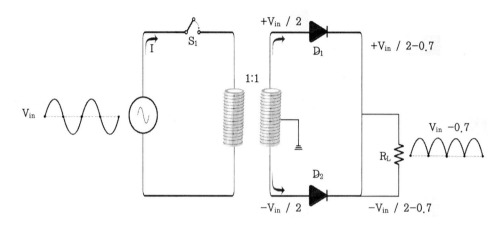

그림3.20 PN접합 다이오드의 전압.
(D₁은 순방향, D₂는 역방향)

PN접합 다이오드 D_1은 순방향바이어스, PN접합 다이오드 D_2는 역방향 바이어스되어 있다고 가정하면 전체 2차 전압 $V_{in(peak)}$이 D_1의 최대 전압은 $+\dfrac{V_{in(peak)}}{2}$ 이고 D_2의 최대 전압은 $-\dfrac{V_{in(peak)}}{2}$ 가 된다. D_1이 순방향 바이어스 되어 있으므로 (−) 극 전압은 (+) 극 전압에서 PN접합 다이오드 전압강하만큼 감소한 값이 된다. D_2의 음(−)극 전압은 전기적으로 같이 연결되어 있으므로 D_1의 (−) 극 전압과 같다.

PN접합 다이오드 D_2양단의 최대 역방향 전압은

$$= \frac{V_{in(peak)}}{2} - 0.7 - \left(-\frac{V_{in(peak)}}{2}\right)$$

$$= \frac{V_{in(peak)}}{2} + \frac{V_{in(peak)}}{2} - 0.7$$

$$= V_{in(peak)} - 0.7$$

$$V_{out(peak)} = \frac{V_{in(peak)}}{2} - 0.7$$

양변에 2를 곱하고 치환하면

$$V_{in(peak)} = 2V_{out(peak)} + 1.4$$

그러므로 치환에 의해 두 식을 조합하면 중간 탭 전파정류기의 각 PN접합 다이오드 양단에 걸리는 최대 역방향 전압은

$$PIV = 2V_{out(peak)} + 0.7$$

3.4.3 브릿지파(Bridge wave)

브릿지 정류기(bridge rectifier)는 4개의 PN접합 다이오드를 연결한 회로이며 독일 공학자 레오 그레츠(leo graetz, 1856 ~ 1941)가 발명했기 때문에 그레츠 회로라고도 한다. 양극성 전압이 입력되더라도 동일한 극성 전압을 출력한다.

일반적으로 교류 입력을 직류 출력으로 변환할 때 사용한다. 중앙탭 변압기를 사용하지 않기 위하여 브릿지 정류 PN접합 다이오드는 2개의 PN접합 다이오드를 더 사용하지만 전파 정류와 같은 변환 기능을 가지고 있다.

동일한 전압을 출력하는 어댑터에서 일반탭 변압기와 4개의 PN접합 다이오드를 사용하는 설계방식이 중앙탭 변압기와 2개의 PN접합 다이오드를 사용한 방식보다 안정적이면 경제적이다. 브릿지 정류기는 "역전압 보호"로 사용 할 수도 있다. 건전지를 반대로 삽입하거나 직류 전압이 반대로 연결되어도 내부회로를 보호하고 정상적인 전원을 공급하는 일반적인 기능을 가능하게 된다.

반도체 집적회로의 발전으로 브릿지 정류회로는 개별 부품으로 제조할 수 있어졌고 1950년 이후에는 4핀으로 구성된 단일 소자의 내부에 브릿지 정류기 회로로 연결된 4개의 PN접합 다이오드를 포함하여 상용 부품의 표준이 되었고 다양한 전압과 전류용으로 제조되어지고 있다.

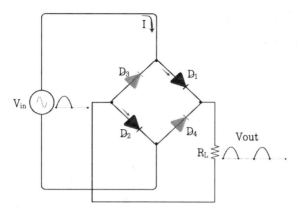

그림3.20 (+) 양의 반주기 브릿지 정류.

브릿지 정류기는 그림 3.21과 같이 4개의 PN접합 다이오드를 사용한다. (+) 양의 반주기 동안 D_1과 D_2는 순방향 바이어스 되며 전류가 흐르게 되고 이때 D_3과 D_4는 역방향 바이어스 되어 전류가 흐르지 못한다. 입력이 (+) 양의 반주기 동안 PN접합 다이오드 D_1과 D_2는 순방향 바이어스 되어 전류는 표시된 화살표 방향으로 흐르며 출력되는 전압은 (+) 양의 반주기에서의 입력전압과 같은 파형으로 나타난다. 이 때 PN접합 다이오드 D_3과 D_4는 역방향 바이어스 상태에 있게 된다.

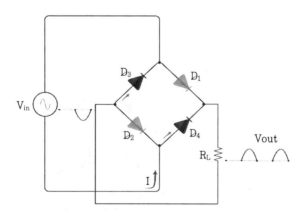

그림3.21 (−) 음의 반주기 브릿지 정류.

그림 3.22와 같이 (−) 음의 반주기 동안 D_3과 D_4는 순방향 바이어스 되며 전류가 흐르게 되고 이때 D_1과 D_2는 역방향 바이어스 된다. 입력 주기가 (−) 음이 되는 동안 PN접합 다이오드 D_3과 D_4는 순방향 바이어스 되고 부하 R_L에 흐르는 전류는 (+) 양의 반

주기 때와 같은 방향으로 흐르게 되고 이 때 (−) 음의 반주기 동안 D_1과 D_2는 역방향 바이어스 상태에 있게 된다.

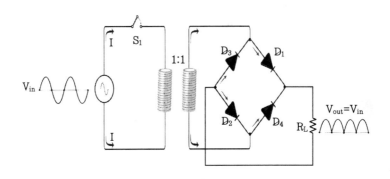

그림3.22 변압기 결합 브릿지 정류기(이상적).

그림 3.22와 같이 변압기를 결합한 브릿지 정류기의 출력전압은 위에서 언급한 내용과 같이 전체 2차 전압의 (+) 양의 반주기 동안 PN접합 다이오드 D_1과 D_2가 순방향 바이어스 된다. PN접합 다이오드의 전압강하를 무시하면 2차 전압이 부하저항 양단에 나타난다. 같은 원리로 (−) 음의 반주기 동안 D_3과 D_4가 순방향 바이어스 된 경우에도 같다.

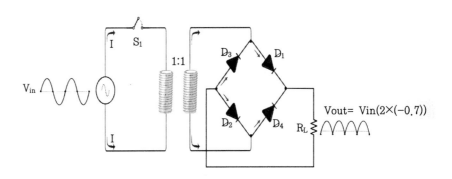

그림3.23 변압기 결합 브릿지 정류기(실제적).

그림 3.23과 같이 항상 (+) 양과 (−) 음의 반주기 동안 모두 부하저항과 직렬 상태로

연결되어 있고 PN접합 다이오드의 전압강하를 고려한 출력전압(V_{out})은

$$V_{out} = V_{in} - 1.4$$

최대 역방향 전압은 그림3.24와 같이 D_1과 D_2를 단락 상태로 보면 D_3과 D_4 2차 전압의 최대값과 같은 최대 역방향 전압임을 알 수 있다.

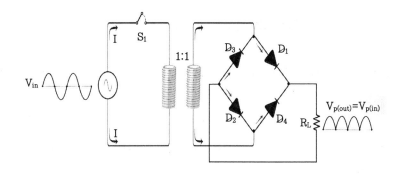

그림3.24 브릿지 PN접합 다이오드(이상적).

이상적인 출력전압이 2차 전압과 같으므로 최대 역방향 전압(PIV)은

$$PIV = V_{p(out)}$$

순방향 바이어스 된 PN접합 다이오드 각각의 전압강하가 그림 3.25와 같이 역방향 바이어스 된 출력 전압($V_{p(out)}$)은

$$V_{p(out)} = V_{p(in)}$$

그러므로 PN접합 다이오드의 최대 역방향 전압은

$$PIV = V_{p(out)} + 0.7$$

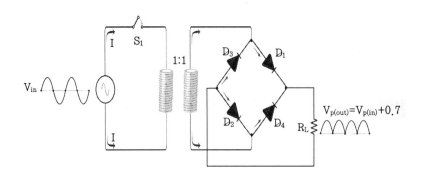

그림3.25 브릿지 PN접합 다이오드(실제적).

그러므로 브릿지 정류기의 최대 역방향 전압의 정격은 중간 탭 변압기를 사용한 경우의 사양보다 작은 값이 요구된다.

만약 PN접합 다이오드의 전압강하를 무시한다면 브릿지 정류기의 PN접합 다이오드는 같은 출력전압에 대해서 중간 탭 정류기의 최대 역방향 전압의 절반에 해당하는 정격의 PN접합 다이오드가 요구된다.

부하 전류가 작은 경우는 전압이 약 0.6 ~ 0.7 V 정도이고 부하 전류가 많은 경우는 전압이 약 1 V정도로 나타난다. 따라서 만약 실효값 10 V_{rms}라면 14 V_{peak}의 최대값으로 정류되지만 실제로는 약 13 V_{peak}로 정류가 된다. 그리고 이론과 실제의 정류 차이는 PN접합 다이오드의 역회복시간(recovery time)에 의해 영향을 받는다.

즉 순방향으로 전류가 흐르다가 전압이 반대로 걸리면 바로 차단이 되지 않고, PN접합 다이오드 내부의 잉여전자인 내부 전압에 의해 잠시 역으로 전류가 흐르게 되는 것이다. 물론 일반 60 Hz 파형에서는 거의 문제가 없지만 수십 ~ 수백 kHz 정류에서는 문제가 발생하는데 이런 경우는 역회복시간이 짧은 고속 역회복(fast recovery) PN접합 다이오드와 쇼트키 장벽(schottky barrier) PN접합 다이오드를 사용하여야 한다.

이상적인 PN접합 다이오드라 함은 0 V이상이면 무조건 통하고 반대면 전류가 "0"이고 스위칭 속도는 무한대이다. 하지만 실제로 순방향인 경우에는 실리콘 PN접합 다이오드는 0.7 V, 게르마늄 PN접합 다이오드는 0.3 V이상 되어야 전류가 흐르고 역방향인 경우에는 수 ~ 수십 nA 정도의 누설전류가 흐른다.

3.5 배전압 정류기(Double voltage rectifier)

배전압 정류는 변압기의 출력 전압을 비교적 낮은 최대값을 유지하면서 정류된 출력 전압을 2배, 3배, 4배 또는 이상으로 상승시킬 수 있다. 정류회로에서 커패시터 필터를 로 출력 전압은 정류된 전압의 최대값(V_m)보다 큰 값을 갖게 된다. 변압기의 출력 전압은 일정하게 유지되면서 정류된 출력전압은 2배, 3배...n배로 높여 갈 수 있다. 배전압 회로는 반파 배전압 회로, 전파 배전압 회로, 3배 배전압 회로로 나누어진다.

3.5.1 반파(Half wave)

반파 배전압 정류 회로는 변압기 2차측 최대 반파 전압의 2배를 부하에 공급할 수 있는 정류 회로를 말한다. 그림 3.26(a)의 (+) 양의 반주기동안 D_2를 통해서 C_2가 충전되며 C_1의 전압과 변압기의 전압이 직렬로 연결된 형태가 되어 C_2에는 변압기 최대값의 2배 전압이 충전된다. 그림 3.26(b)의 (−) 음의 반주기동안 D_1을 통해서 C_1이 충전되며 C_1은 입력 전압의 최대값까지 충전되지만 D_2가 개방(open)되므로 부하에는 공급되지 못한다.

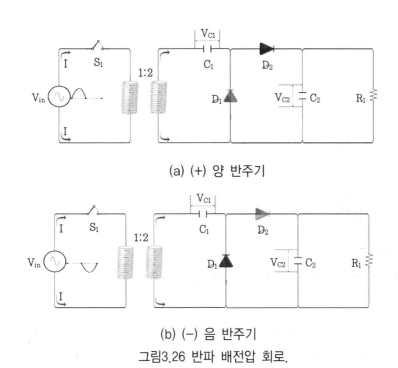

(a) (+) 양 반주기

(b) (−) 음 반주기

그림3.26 반파 배전압 회로.

그림 3.27과 같이 변압기의 2차측 코일에 유기되는 전압이 기준 일 때와 (+) 양의 반주기동안 일 때 D_2는 도통되어 단락(short)상태가 되고 D_1은 차단되어 개방(open)상태가 된다. 따라서 출력전압은 입력전압의 2배 전압이 된다.

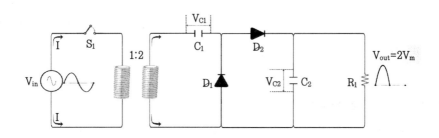

그림3.27 반파 배전압 회로(출력)

그림 3.27 회로에서 C_1이 100 μF, C_2가 200 μF일 때 V_{C1}과 V_{C2}는

$$V_{C1} = \frac{C_2}{C_1 + C_2} V_{in}$$

$$V_{C1} = \frac{200}{100 + 200} \times 5$$

$$= 3.3$$

$$V_{C2} = \frac{C_1}{C_1 + C_2} V_{in}$$

$$V_{C2} = \frac{100}{100 + 200} \times 5$$

$$= 1.7$$

$\therefore V_{C1} = 3.3 \text{ V}$가 충전이 되고 $V_{C2} = 1.7 \text{ V}$로 충전된다.

결과적으로 변압기의 2차 코일에 유기되는 전압을 기준으로 (+) 양의 반주기 동안에 C_1은 최대값 $2V_m$까지 충전한다. 음(−)의 반주기동안에 C_2는 최대값 $2V_m$까지 충전한다.

이를 회로방정식으로 살펴보면

$$-V_{C_2} + V_{C_1} + V_m = 0$$

$$-V_{C_2} + V_m + V_m = 0$$

$$V_{C_2} = 2V_m$$

위 식에서 $V_{C2}=2V_m$을 얻을 수 있다. 그 다음 양(+)의 반주기 동안에는 D_2는 차단상태가 되고 C_1은 부하를 통하여 방전하게 될 것이다. 회로에 부하가 연결되지 않으면 C_1은 $V_m V_m$을 유지하고, C_2는 $2V_m$을 유지할 것이다.

3.5.2 전파(Full wave)

전파 배전압 정류 회로는 변압기 2차측 최대 전파 전압의 2배를 부하에 공급할 수 있는 정류 회로를 말한다. 기본 동작원리 PN접합 다이오드의 특성과 커패시터의 충전 특성을 이용해서 이루어지는데 구체적으로 말한다면 입력 교류 전압의 (+) 양, (−) 음에 관계없이 항상 커패시터를 충전하는데 있다.

그림 3.28(a)와 같이 변압기의 2차 코일의 A점을 기준으로 (+) 양의 반주기 동안 PN접합 다이오드 D_1이 도통하고 C_1은 변압기 출력의 최대전압 $2V_m$으로 충전된다. 이때 D_2는 차단상태에 있다.

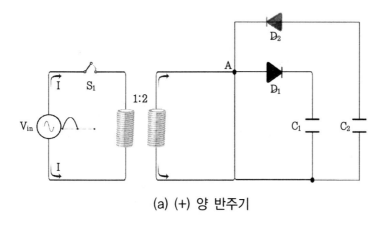

(a) (+) 양 반주기

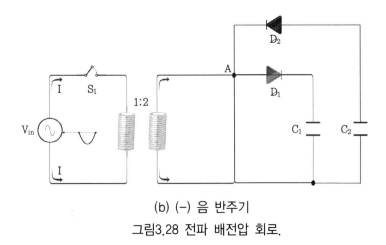

(b) (−) 음 반주기

그림3.28 전파 배전압 회로.

그림 3.28(b)와 같이 변압기의 2차 코일의 A점을 기준으로 (−) 음의 반주기 동안 PN 접합 다이오드 D_2가 도통하고 C_2는 변압기 출력의 최대전압 $2V_m$으로 충전된다. 이때 D_1은 차단상태에 있다.

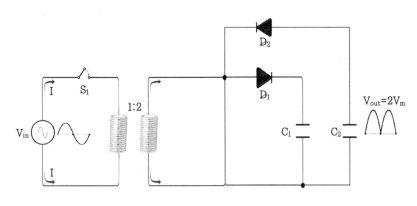

그림3.29 전파 배전압 회로(출력)

따라서 그림 3.29와 같이 변압기의 2차측 코일에 유기되는 전압이 (+) 양의 반주기동안 D_1는 단락(short) 상태가 되고 (−) 음의 반주기동안 D_2는 단락(short) 상태가 되어 출력전압은 $2V_m$으로 2배가 계속 유지되어 진다. 부하에 전류를 공급하게 되면 C_1과 C_2의 양쪽 단자에 나타나는 전압파형은 전파정류에 의한 파형과 같을 것이다.

PN접합 다이오드에 나타나는 최대 역방향 전압은 커패시터 필터의 경우와 같이 $2V_m$이며 반파정류 또는 전파 전류의 배전압 정류회로의 출력은 변압기의 2차측 전압 최대값의 두 배가 될 것이다. 또한 변압기의 2차측 코일에 중간탭을 연결할 필요가 없다.

전파 배전압 정류기는 측정 장비인 오실로스코프와 TV모니터, 컴퓨터 모니터와 같은 장치에 높은 전압과 작은 전류를 공급하는데 응용되어 진다.

3.5.3 3배와 4배(Treble and quadruple)

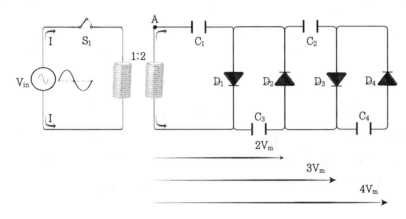

그림3.30 3배와 4배 전파 배전압 회로(출력).

그림 3.30과 같이 3배 또는 4배의 출력 전압을 얻을 수 있는 회로이며 반파전류 2배 배전압 회로를 확장한 회로이다. 회로 동작을 보면 (+) 양의 반주기 동안 C_1은 D_1을 통해 V_m으로 충전된다. 변압기의 2차측 전압의 최대값은 V_m이 된다. (−) 음의 반주기가 시작되면 D_2가 도통되므로 C_2가 D_2와 C_1에 의해 $2V_m$으로 충전된다.

다음으로 (+) 양의 반주기이면 D_3만 도통되므로 C_3는 C_2의 양단전압, 변압기의 2차 전압 및 C_1의 양단전압의 합으로 충전된다. 즉, C_3는 $2V_m$으로 충전된다. (−) 음의 반주기에서는 C_4만 도통되므로 C_4는 C_3의 전압의 합으로 충전된다. 따라서 C_4는 $2V_m$으로 충전된다. 이로써 $2V_m$, $3V_m$, $4V_m$등의 정류된 전압을 얻을 수 있다.

그림 3.30과 같이 사용되는 변압기의 2차측 전압의 최대값은 V_m이고 PN접합 다이오드의 최대 역방향 전압은 $2V_m$이 된다. 부하가 작고 커패시터의 누설전류가 거의 없으면 더 확장시켜 높은 직류전압을 얻을 수 있다.

3배 전압 정류회로의 동작을 요약하면

① A점이 (−) 음일 때: D_1을 통해서 C_1이 충전되고 D_3을 통해서 D_3가 충전된다.

② A점이 (+) 양일 때: C_1의 전압과 변압기의 전압이 직렬로 되어 C_2에 가해진 다. C_2의 전압은 교류 최대값의 2배 전압으로 충전된다. 따라서 C_2와 C_3는 직렬로 연결되어 있으므로 출력에는 교류 최대값의 $3V_m$ 전압이 출력된다.

4배 전압 정류회로의 동작을 요약하면

① A 점이 (+) 양일 때: C_1과 C_2가 직렬 연결된 꼴이 되므로 $C_1 \rightarrow D_2 \rightarrow C_2$로 전류가 흘러서 C_1과 C_2에는 교류 최대값의 절반크기의 전압이 충전된다. 또한 D_3을 통해서 C_3가 교류전압의 최대값만큼 충전된다.

② A 점이 (−) 음일 때: D_1을 통해서 C_1이 충전된다. 또한 C_3의 전압과 변압기의 전압이 직렬로 연결된 형상이 되어서 C_4에 교류 최대값의 2배인 $2V_m$ 전압이 충전된다.

③ A 점이 (+) 양일 때: C_1의 전압과 변압기의 전압이 직렬로 연결된 꼴이 되어서 C_2에는 변압기 최대값의 2배인 $2V_m$ 전압이 충전된다. 또한 D_3를 통해서 C_3가 충전된다. 따라서 2번과 3번이 반복적으로 동작하게 되면 출력단에는 C_2와 C_4가 직렬로 연결된 모양이 되어 교류전압 최대값의 4배인 $4V_m$ 전압이 출력된다.

n배 전압 정류회로의 동작을 요약하면

① A 점이 (+) 양일 때: D_1을 통해서 C_1이 교류전압의 최대값만큼 충전된다.

② A 점이 (−) 음일 때: C_1과 전원전압이 직렬 연결된 꼴이 되어 D_2를 통해서 C_2가 교류전압 최대값의 2배인 $2V_m$ 전압으로 충전된다.

③ A 점이 (+) 양일 때: D_1을 통해서 C_1이 충전되고 C_2와 전원전압이 직렬 연결된 꼴이 되어 C_3에 가해진다. 하지만 C_1의 전압이 있기 때문에 C_3도 교류전압 최대값의 2배인 $2V_m$ 전압으로 충전된다.

따라서 각각의 반주기마다 커패시터를 번갈아 충전하면서 전압을 높여가는 회로로 높은 전압을 얻을 수는 있다. 부하가 없는 경우 n개의 커패시터와 PN접합 다이오드를 조합해서 n배의 전압을 만들어 낼 수 있다.

하지만 PN접합 다이오드와 커패시터가 늘어날수록 출력전류는 급격하게 낮아지는 단점이 있다.

3.6 평활 회로(Smoothing circuit)

평활 회로는 전압이 바뀌는 맥류를 일정한 전압으로 바꾸어주는 역할을 한다. 즉 높은 전압은 낮추어 주고 낮은 전압은 높여서 일정한 전압을 유지할 수 있도록 한다. 회로에 커패시터(capacitor), 인덕터(inductor)와 저항(resistor)으로 구성되어 있고 커패시터가 전압을 유지시켜주는 기능을 한다.

그러나 평활 회로를 거쳤다고 해도 완전한 직류는 아니기 때문에 PN접합 다이오드나 트랜지스터 등을 통해 실제로 사용되는 완전한 직류로 바꾸어주어야 한다. 이 장치를 정전압 회로라 하고 정류 과정을 통하여 교류가 완전한 직류로 변환될 수 있다.

그림 3.31과 같이 교류(AC)를 직류(DC)로 바꾸는 여러 과정 가운데 맥동류를 완전한 직류로 바꾸어주는 전원 공급 장치이다. 정류회로와 정전압 회로를 함께 이용하여 회로를 구성한다.

교류가 한 번에 직류로 바뀌는 것이 아니라 여러 단계를 거쳐야만 안정한 직류가 된다. TV를 예로 들면 110 ~ 220 V의 교류 전압을 TV 전원으로 쓰기 위해서는 최대 12 V 이하의 직류로 바꾸어 주어야 한다.

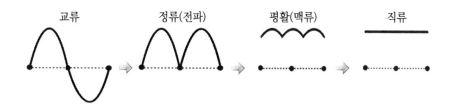

교류   정류(전파)   평활(맥류)   직류

그림3.31 평활회로 블록도.

따라서 교류 전압을 낮추어 주어야만 하는데 이 때 사용하는 감압회로가 감압 변압기 이다. 전압이 낮아진 교류 전원을 정류회로에서 (+) 전압만 존재하는 맥류로 걸러준다. 맥류란 (+) 전압만 가진 전류이지만 전압이 안정되지 않아 아직 완전한 직류가 아닌 전류를 말하며 맥류는 PN접합 다이오드를 통해 걸러진다.

이렇게 1차적으로 PN접합 다이오드를 통해서 정류된 맥류는 다시 완전한 직류로 바뀌는 과정을 거치는데 이 때 사용되는 회로가 평활회로이다.

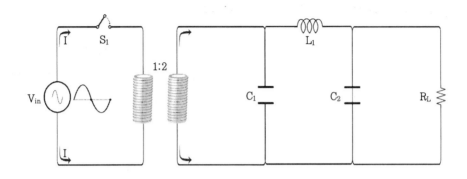

그림3.32 평활회로.

그림 3.32와 같이 커패시터로 만들어진 평활회로이며 커패시터의 용량을 크게 할수록 정류용 PN접합 다이오드에 흐르는 전류의 충전 시간은 짧아진다.

펄스를 크게 하고 커패시터와 R_L을 크게 할수록 출력 전압의 맥동률은 작아진다. 즉 커패시터를 크게 하면 시정수 값이 증가하여 출력 전압이 더욱 직류에 가깝게 된다.

시정수(τ)는 R×C로 구할 수 있으며 출력 신호 변화가 정상 최대값의 63%에 이르는 시간을 말한다. 그림 3.33과 같이 시간에 따른 전류와 전압의 출력 파형이다.

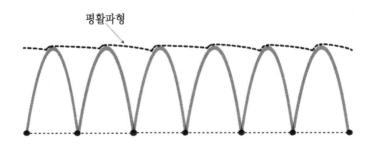

그림3.33 평활회로 출력 파형.

반파정류 평활회로인 경우의 직류 전압의 크기는

$$V_{dc} = \frac{V_m}{1 + \dfrac{1}{2fCR_L}}$$

전파정류 평활회로인 경우의 직류 전압의 크기는

$$V_{dc} = \frac{V_m}{1 + \dfrac{1}{4fCR_L}}$$

전파정류 평활회로인 경우의 출력 파형 속에 포함되는 리플 크기의 리플률(r)은

$$r = \frac{1}{2\sqrt{3}\,fCR_L}$$

반파정류 평활회로인 경우의 출력 파형 속에 포함되는 리플 크기의 리플률(r)은

$$r = \frac{I_{dc}}{4\sqrt{3}\,fCV_{dc}} = \frac{1}{4\sqrt{3}\,CR_L} = \frac{T}{4\sqrt{3}\,CR_L}$$

최대 역방향 전압은 입력전압의 실효값 100 V일 때 정류 PN접합 다이오드가 차단 상태에 있을 때의 (+) 양극과 (−) 음극 사이의 최대전압이 된다. 커패시터 입력형 평활회로를 사용하고 있으므로 최대 역방향 전압은 PN접합 다이오드에 의해서 평활커패시터에 충전된 최대전압과 입력전압의 최대값간의 전위차가 된다.

즉

$$PIV = 2 \times \sqrt{2} \times V$$
$$= 2 \times 1.414 \times 100$$
$$= 283\ v$$

정류회로의 평활정수는 평활회로에 인가된 교류성분에 대한 부하에 나타나는 동일한 주파수의 리플전압의 비례상수이며 정류회로의 평활정수는 "50"으로 설정한다.

RC평활회로를 사용한 정류회로의 특징은 출력전류가 비교적 적을 때 적당하고 커패시터의 용량이 클수록 출력전압 맥동률은 작아지며 정류기에 흐르는 전류의 기간은 짧아진다.

평활회로를 사용했을 때 정류회로의 출력된 커패시터와의 관계에서 평활회로의 구성소

자인 커패시터는 정류된 출력전압을 최대값까지 충전시키고 부하저항 R_L을 통하여 방전시켜 출력파형을 평탄하게 한다. 교류분을 통과시켜 출력전압의 맥동을 적게 하기 때문에 커패시터는 부하에 대한 리액턴스가 작다.

평활회로가 있는 단상 반파 전류회로에서 부하가 없을 때 100 V의 직류를 얻었다면 정류기에 걸리는 반파정류회로의 역방향 전압은 직류 출력 전압과 반파의 첨두전압의 직렬합성 전압(E_R)과 같으므로

$$E_R = 100 \times 100 \sqrt{2}$$

$$= 200 \text{ v}$$

평활회로는 맥류에 남아 있는 교류 성분을 제거하고 저주파의 직류 성분만을 출력하기 위해 저주파 필터회로로 구성된다. 입력교류 전원이 60 Hz이므로 브릿지 회로의 맥류 파형은 120 Hz이다.

회로의 필터를 통과함으로써 맥류 파형에 남아있는 120 Hz 성분이 제거된다. 고조파 성분인 240 Hz 부근의 주파수성분도 상당히 제거되어 있음을 나타내고 있어 맥류 파형의 120 Hz의 교류 잡음을 충분히 제거한 회로라고 할 수 있다.

커패시터와 인덕터가 결합된 평활회로의 특성은 모든 평활 회로에는 커패시터와 인덕터가 사용된다. 커패시터와 인덕터의 특성은 주파수에 따른 리액턴스 특성이 서로 반대이므로 이 특성을 이용하여 원하는 주파수를 차단하거나 통과시키는 필터 회로를 구성할 수 있다.

인덕터는 코일을 감아 놓은 것으로 전지적으로 단락된 내부 구성을 가지지만 커패시터는 전기적으로 개방된 내부 구성을 가지고 있다.

또한 주파수의 변화에 따른 전류의 변화에 대해 역기전력이라는 특성으로 교류의 흐름을 차단하고자 하는 반면 커패시터 커패시터는 주파수 성분의 전류 변화를 잘 통과시키는 특성을 가진다.

인덕터 입력형 LC회로에서 먼저 인덕터은 주파수 성분이 높은 신호를 차단하고 직류 성분 및 저주파 성분만을 통과시킨다. 또 다음의 커패시터도 한쪽이 접지 쪽에 연결되어 있으므로 고주파 성분은 접지쪽으로 통과하게 되고 직류 성분 및 저주파 성분만이 출력된다. 커패시턴스 입력형 CL회로도 마찬가지 해석이 가능하다.

입력단의 고주파 성분은 각각 커패시터와 인덕터에 의해 통과가 제한되고 낮은 주파수

를 포함한 직류 성분만이 출력에 나타나게 된다. 이러한 인더터 입력형 LC회로와 커패시턴스 입력형 CL회로를 결합하여 설계할 수 있다. 일반적으로 회로의 전원 입력단에 전원 잡음 제거용으로 많이 사용된다.

평활회로에 사용 되는 코일은 나선 모양으로 감은 것이다. 코일의 성질 정도를 나타내는 단위로 헨리(henry) "H"로 표현한다. 코일을 감으면 감을수록 코일의 성질이 강해지며 헨리의 값도 커지게 된다.

코일은 내부에 아무것도 넣지 않은 공심으로 하는 것보다 철심에 감거나 철 분말을 응고시킨 코어에 감는 편이 보다 큰 헨리값이 얻을 수 있으며 일반적으로 전자회로에서 사용하는 인턱터 코일은 μH ~ 수 H까지 폭넓게 사용하고 있다.

코일을 인덕터의 인덕턴스라고 하는 것은 코일 성분의 크기 정도를 나타내는 것이며 부품 그 자체를 나타내는 말이 아니다. 커패시터의 경우도 커패시턴스(capacitance)라 하고 저항의 경우도 레지스턴스(resistance)라고 한다.

코일에 교류전류가 흐르면 코일에 발생하는 자속이 변화하게 된다. 전류가 흐르는 코일에 다른 코일을 가까이 했을 경우 상호 유도작용(mutual induction)에 의해서 접근시킨 코일에 교류전압이 발생하게 된다. 이 상호유도작용의 정도를 상호 인덕턴스라 한다.

코일이 하나만 있는 경우에도 자신이 발생하는 자속의 변화가 자신에게 영향을 주기 때문에 자기 유도 작용이라 하며 크기를 자기 인덕턴스(self inductance)로 표현한다. 자기 인덕턴스 1 H는 는 초당 기전력 1 V로 전류 1 A가 흐를 때 발생하는 유도 작용의 크기이다.

유도 작용의 특성을 살펴보면
① 전류의 변화를 안정화
　　전류가 흐르려고 하면 코일은 전류를 흘리지 않으려고 하며 전류가 감소하면 계속 흘리려고 하는 성질이다. 이것을 "렌츠의 법칙"이라 부르는데 전자유도작용에 의해 회로에 발생하는 유도전류는 항상 유도 작용을 일으키는 자속의 변화를 방해하는 방향으로 흐른다는 것이다. 이 성질을 이용하여 교류로부터 직류로 변환하는 전원의 평활회로에 사용된다.
　　교류를 정류기에 의해 직류로 변환한 경우 교류성분이 많은 맥류(ripple) 형태의 직류가 만들어져 완전한 직류가 아니다. (+) 양의 직류로 정류한 경우 (−) 음의 전압 성분은 없어지지만 0 V와 (+) 양전압을 교번하고 있다.
　　평활회로에서 커패시터와 코일을 조합한 회로를 사용하면 코일이 전류의 변화를 저지하려는 작용을 하고 커패시터가 입력 전압이 0 V로 되어도 축적한 전기를 그때 출력하기 때문에 안정한 직류를 얻을 수 있다. 간단한 평활회로에서는 코일 대신에 저항기를 사용하여 커패시터의 평활 기능만 이용하는 경우도 있다.

② 상호유도작용

두 코일을 가까이 하면 한쪽 코일의 전력을 다른 쪽 코일에 전달할 수 있다는 것이다. 이 성질을 이용한 것이 변압기이다. 입력전원을 공급하는 쪽의 코일을 1차측이라 하고 전압을 출력하는 코일을 2차측이라고 하며 1차측 권수와 2차측 권수의 비율에 따라 2차측의 전압이 변화한다.

전원변압기 등은 2차측에서 권선의 도중에 선을 내어 탭(tap)이라고 하는 연결 방법을 사용하여 복수의 전압을 얻을 수 있도록 한 것이 많다.

③ 전자석의 성질

여러분이 잘 알고 있듯이, 전류가 흐르면 철이나 니켈을 흡착하는 성질이다. 이 성질을 이용한 것으로 계전기(relay)가 있다. 전류가 흐를 때에 철판을 끌어당겨 철판에 부착된 스위치를 닫도록 하는 것이다. 그리고 초인종도 전자석의 성질을 이용한 것이다.

④ 공진하는 성질

코일과 커패시터를 사용하면 어떤 주파수의 교류전류가 흐르지 않거나 쉽게 흐르기도 한다. 라디오의 주파수를 맞추는 튜너는 이 성질을 이용하여 특정한 주파수만을 선택하고 있는 것이다.

Excercise

1. 발전소에서 생산되는 교류를 일상생활의 가전제품을 사용하기 위해 직류로 변환하는 과정을 무엇이라 하는가?

① 정공 ② 전도 ③ 에칭 ④ 정류

2. PN접합 다이오드에 대한 설명으로 가장 적절한 것은?

① 트랜지스터의 발명이 PN접합 다이오드 발명의 기초가 되었다.
② 단자의 한쪽 방향을 애노드(양극), 다른 한쪽 방향을 캐소드(음극)라고 부르며, 전류는 캐소드에서 애노드 방향으로만 흐른다.
③ 교류를 직류로 변환하는 정류작용을 한다.
④ 자유전자가 주역인 N타입 반도체는 negative의 의미로 양(+)전하를 갖는 양성자가 도전율(불순물량)을 지배 한다는 데에서 N타입이란 말을 사용한다.

3. PN접합 다이오드의 기능으로 적절한 것을 모두 고르시오.

① 증폭 ② 스위칭 ③ 간섭 ④ 정류

4. 다음 중 PIV가 의미하는 것은 무엇인가?

① 평균 전압 ② 최대 역전압 ③ 실효 전압 ④ 최대 전압

5. 교류 전압의 정(+) 또는 부(−)의 한 쪽만을 이용하는 정류 방식이며 정류 소자를 이용하여 교류의 반 사이클만을 취해 직류를 얻는 가장 간단한 정류 방법인 이 정류는 무엇인가?

① 전파정류 ② 반파정류 ③ 간섭정류 ④ 보강정류

6. 아래 그림의 정류기에 대한 설명으로 옳지 않은 것은?

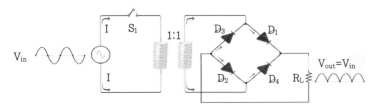

① 전파정류회로인 브릿지 회로이다.

② 가장 많이 사용되는 방식이다.

③ 교류파형을 입력 시 출력되는 파형에서 (−)파형이 출력되지 않는다.

④ 중간 탭이 있는 트랜지스터를 사용해야 한다.

7. 배전압 정류 회로의 종류로 옳지 않은 것은?

① 횡파 배전압 회로

② 반파 배전압 회로

③ 전파 배전압 회로

④ 양파 배전압 회로

8. 아래 그림의 회로에 대한 설명으로 가장 적절한 것은?

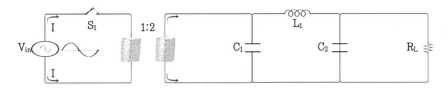

① 정전압회로이다.

② 맥류를 완전한 직류로 바꾸어주는 전원처리장치이다.

③ 교류를 직류로 바꿀 때 완전한 직류를 얻기 위해 사용하는 회로이다.

④ 이 회로를 거치면 교류가 완전한 직류로 출력된다.

제 4 장

트랜지스터
(TRANSISTOR)

4.1 트랜지스터 회로(Transistor circuit)

트랜지스터는 입력신호의 전류와 전압을 증폭해 출력신호로 출력하는 집적회로 IC(inte grated circuit)이며 진공관이나 트랜지스터와 같은 능동디바이스를 이용해 전기신호에 직류전원 및 교류전원을 공급해주는 전기전자 소자이다.

이때 출력전압과 입력전압의 비율을 전압증폭률, 출력전류와 입력전류의 비율을 전류증폭률, 출력전력과 입력전력의 비율을 전력증폭률이라고 한다.

전압 증폭률과 전류 증폭률은 각각 출력과 입력의 비율의 상용 log지수의 20배를 적용하여 데시벨(dB: decibel) 단위로 표시하고 전력증폭률은 비율의 상용 log지수의 10배를 데시벨(dB) 단위로 표시한다. 표 4.1과 같이 각각의 급별 특징이 나타나 있다.

표4.1 트랜지스터 종류 특징

분류 급	장 점	단 점	증 폭 효 율
A	선형성 우수	효율 나쁨 (25% 효율)	소신호 증폭(360 °)
B	A급보다 효율 좋음	회로구성 어려움	180 °에서 증폭
AB	A급보다 효율 좋음	회로구성 어려움	180 °이상에서 증폭
C	효율최대	파형 외곡 심함	30 KHz이상에서 사용 180 °미만에서 증폭

증폭회로는 능동 디바이스의 바이어스 점에 따라 출력신호의 파형이 입력신호의 파형과 다르고 그에 따라 A급, AB급, B급, C급으로 나뉘며 각각 특징 있는 용도를 가진다. 넓은 주파수대역에서 균일한 증폭률을 얻기 위한 광대역 증폭회로, 인덕턴스, 커패시터를 병렬로 접속시킨 동조회로를 사용하는 증폭회로, 저주파증폭용의 직류 증폭회로 등이 있다.

접합형 트랜지스터는 스위칭 속도가 빠르고 자기보호 기능이 있어 제어가 쉽게 되므로 전자 분야에서 가장 많이 사용한다. 구조면에서 고전압 대전류가 요구되는 대용량의 전력변환 시스템에는 적용에 문제가 따르게 되며 전류 제어형 소자이므로 구동에 많은 전력이 요구된다.

따라서 전압제어용 소자인 절연 게이트 양극성 트랜지스터(IGBT: insulated gate

bipolar transistor)가 개발됨에 따라 최근에는 산업용에서 많이 사용되고 있다. 트랜지스터는 크게 양극형 접합 트랜지스터(BJT: bipolar junction transistor)와 금속산화물 전계효과 트랜지스터(MOSFET: metal oxide semiconductor field effect transistor) 부분으로 분류 될 수 있다.

트랜지스터는 전류구동소자이므로 구동전력이 보다 많이 요구된다. MOSFET의 원리를 적용하는 전력용 MOSFET와 IGBT는 전압구동소자이므로 구동회로의 전력소모가 적고 간단하기 때문에 BJT보다 소용량 및 경량화가 가능하므로 MOS계의 전력용 반도체 소자인 전압제어용 소자가 많이 사용되고 있다.

4.1.1 양극 접합(BJT: bipolar junction transistor)

양극 접합 트랜지스터는 일반적으로 증폭기라고 하며 소자에서 전자와 정공들이 양쪽 흐름으로 인하여 전류가 증폭하므로 양극 트랜지스터라 부른다.

PN접합 다이오드를 포함해서 단일 접합 소자들은 전자적 스위칭 회로 구성과 전류와 전압을 정류시키기 위해 사용하고 있다. 기능은 다른 회로들과 사용하여 전류와 전압의 이득과 신호의 전력이득을 구현할 수 있는 다중 접합 반도체 소자이다.

그러므로 PN접합 다이오드가 수동소자인 것에 반해 능동소자이며 소자의 다른 두 단자에 인가한 전압에 의해 한 단자에서의 전류를 제어하는 것이다. 양극 접합 트랜지스터는 전압을 제어하여 전류를 제어하는 전류원이며 전류이득을 결정한다.

그림 4.1과 같이 NPN타입 PNP타입의 기본적인 구조 및 기호이며 3개의 단자는 베이스(B: base), 컬렉터(C: collector), 이미터(E: emitter)로 되어있다.

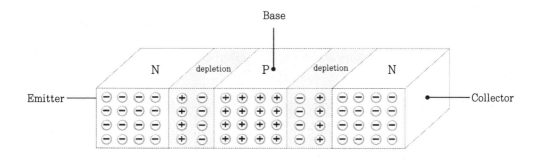

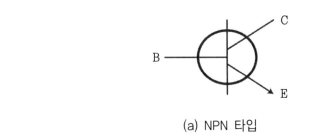

(a) NPN 타입

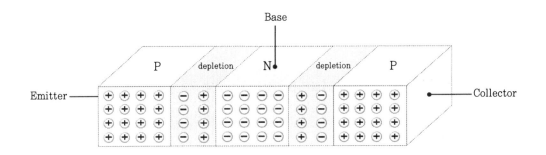

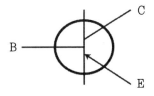

(b) PNP 타입

그림4.1 양극 접합 트랜지스터 타입 및 기호.

베이스 영역의 폭은 소수캐리어의 확산 길이와 비교할 만큼 짧다. 도핑 농도의 표현에서 P^{++}와 N^{++}는 매우 농도를 높게 도핑한 것을 의미하고 P^+, N^+는 일반적인 농도로 도핑한 것을 뜻한다.

이미터 영역은 가장 높은 도핑 농도를 가지며 컬렉터 영역은 가장 낮은 도핑 농도를 가진다. 이러한 상대적인 도펜트 농도와 좁은 베이스 폭으로 형성하는 이유는 컬렉터에서 이미터쪽으로 흐르는 전류를 증폭하기 때문이다.

양극 접합 트랜지스터는 개별적으로 3개의 도핑 영역과 상호작용이 두 접합 사이에서 일어날 수 있도록 서로 충분히 가까이 있는 두 개의 PN접합을 가지고 있으며 동작 원리는 PN접합과 동일한 원리가 적용된다.

먼저 트랜지스터의 기본적인 구조와 동작은 그림 4.2와 같이 바이폴라 트랜지스터에나 하나 이상의 PN접합이 있기 때문에 소자에서 여러 동작모드를 이끄는 역방향 바이어스와 순방향 바이어스의 전압의 여러 조합이 가능하다. 트랜지스터는 크게 양극 접합 트랜지스터와 금속 산화물 전계효과 트랜지스터로 분류한다.

양극 접합 트랜지스터는 전류 구동소자이므로 구동전압이 보다 많이 요구된다. 금속 산화물 전계효과 트랜지스터는 전력용 금속 산화물 전계효과 트랜지스터(power MOSFET)와 절연 게이트 양극성 트랜지스터로 구분하고 전압 구동소자이다.

속 산화물 전계효과 트랜지스터는 구동회로의 전력소모가 적고 속도가 빠르기 때문에 양극 접합 트랜지스터보다 소용량 및 경량화가 가능하므로 금속 산화물 반도체계의 전력용 반도체 소자인 전압제어용 소자가 많이 사용되고 있다.

양극 접합 트랜지스터는 미국에서 1947년 벨(bell) 연구소에서 발명되었고 스위치와 전류 증폭용으로 사용되었다. 하지만 진공관의 전자회로 구현, 크기, 전력소모, 내구성, 스위치 개념을 적용할 때 많은 소자들이 필요해 공간의 한계에 문제가 되었다.

그래서 반도체 공정기술이 발전하게 되었고 초소형 트랜지스터가 제작되었다. 용도는 전류나 전압 흐름을 조절하여 증폭 및 스위치 역할을 하며 가볍고 소비전력이 적어 진공관을 대체하여 대부분의 전자회로에 사용되며 이를 고밀도로 집적한 집적회로가 있다.

그림 4.2와 같이 NPN 트랜지스터의 내부 구조와 정공과 전자의 분포 그림이다.

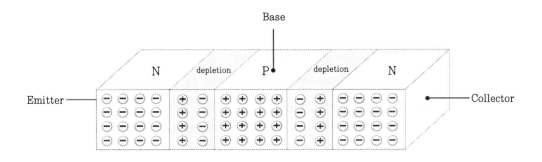

그림4.2 NPN 트랜지스터 구조.

그림 4.3과 같이 원리를 살펴보면 베이스와 컬렉터에 (+) 극, 이미터에 (−) 극을 연결하게 되면 베이스와 이미터 사이가 순방향으로 바이어스되고 베이스와 이미터 공핍층의 폭이 좁아지게 된다.

베이스에서 이미터로 전류가 흐르게 되고 컬렉터와 베이스는 역방향이 되므로 전류가 흐르지 못하게 된다. 컬렉터에 (+) 극이 연결되어 있으므로 베이스쪽의 역방향 전류보다 더 큰 전류를 공급하게 되면 전류가 컬렉터에서 베이스쪽으로 흐르게 되어 컬렉터에서 이미터쪽으로 전류가 흐르게 된다. 이 전류를 증폭 전류라고 하고 증폭 전류는 베이스쪽의 전류량으로 조절한다.

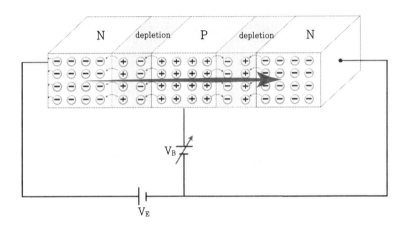

그림4.3 NPN 트랜지스터 동작원리(순방향).

그림 4.4와 같이 베이스 단자에 (−) 극, 컬렉터와 이미터 단자에 (+) 극을 연결하게 되면 베이스와 컬렉터 사이가 역방향으로 바이어스되고 베이스와 컬렉터 공핍층의 폭이 넓어지게 된다. 베이스와 컬렉터, 베이스와 이미터는 역방향이 되어 전류가 흐르지 못하게 된다.

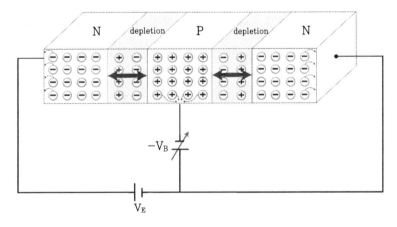

그림4.4 NPN 트랜지스터 동작원리(역방향).

그 결과 상대적으로 작은 수의 재결합된 전자들만이 베이스로 흘러나가 작은 베이스 전류를 형성하게 된다. 이미터로부터 좁고 얇게 도핑된 베이스 영역으로 흘러들어가서 재결합을 하지 못한 대부분의 전자들은 베이스와 컬렉터의 공핍영역으로 확산해 들어간다. 이 공핍 영역내에 있는 전자들은 (+) 전하와 (−) 전하 사이에 발생하는 인력에 의해 역방향 바이어스된 베이스와 컬렉터 접합을 통해 당겨지게 된다. 실제로 컬렉터 공급전압의 인력에 의해 역방향 바이어스된 베이스와 컬렉터 접합 양단의 전자가 당겨진다고 할 수 있다. 베이스 영역에서 재결합하지 못한 대부분의 전자들은 컬렉터 영역을 통해 이동하여 컬렉터 단자로 이동하여 컬렉터 전원의 (+) 단자로 들어간다. 표 4.2와 같이 양극 접합 트랜지스터의 장점과 단점을 정리하였다.

표4.2 양극 접합 트랜지스터의 장단점

장 점	단 점
PNP, NPN	온도, 습도에 민감
저전압, 저전력으로 동작	고온에서 동작상태 불안
고집적도, 소형화, 반영구	초고주파 등에서 전력이 약함

그림 4.5와 같이 양극 접합 트랜지스터의 특성곡선을 보면 차단영역(cut off region) A, 포화영역(saturation region) B, 활성영역(active region) C, 동작점(operating point) Q로 구분한다.

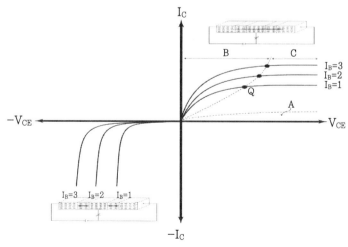

그림4.5 양극 접합 트랜지스터의 특성곡선.

차단영역에서는 트랜지스터를 동작하기에는 베이스 전류(I_B)가 충분하지 않으며 두 접합면은 역방향 바이어스(V_R)가 되어 트랜지스터는 동작하지 못한다.

포화영역에서는 더 이상 컬렉터 전류(I_C)가 증가하지 않으며 베이스 전류는 충분히 커지게 되어 컬렉터와 이미터 양단 전압은 낮아지게 되어 두 접합면은 정방향 바이어스(V_F) 되고 포화점을 기점으로 트랜지스터는 동작하게 된다.

활성영역에서는 트랜지스터로 동작되어 컬렉터 전류는 전류 이득에 의해 증폭되고 컬렉터와 이미터 양단 전압은 베이스 전류에 따라 감소된다.

4.1.2 전계 효과(FET: field effect transistor)

전계 효과 트랜지스터는 게이트 전극에 전압을 인가하여 채널의 전기장에 의하여 전자 또는 정공이 흐르는 게이트가 생기게 하는 원리로 드레인과 소스 단자의 전압을 제어하는 트랜지스터이다.

트랜지스터의 분류상 바이폴라 트랜지스터(bipolar transistor)와 단극 트랜지스터(unipolar transistor)로 분류된다. 그림 4.6과 같이 전계 효과 트랜지스터의 일반적인 구조이며 3개의 도핑 영역과 2개의 PN 접합을 가지고 있다.

전계효과 트랜지스터의 단자 전극은 게이트(gate), 드레인(drain), 소스(source)의 3단자로 되어있다.

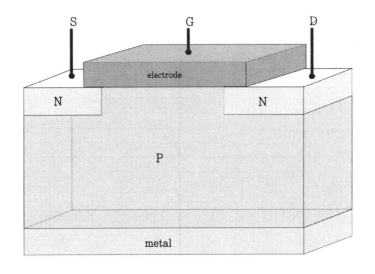

그림4.6 전계효과 트랜지스터 구조.

그림 4.7과 같이 트랜지스터의 동작은 게이트에 전압을 인가하면 P층의 전자를 당겨 N층 영역의 통로를 만들어 전류를 흐르게 만들어 준다.

전극(electrode) 아래에 놓인 절연층(oxide)에 의해 축전기 구조가 형성되므로 공핍층에 의한 교류 축전기만을 가지는 양극 접합 트랜지스터에 비해 동작 속도가 느리고 전송 컨덕턴스가 낮다는 문제가 있다.

하지만 게이트 전류가 "0"A인 장점이 있어 양극 접합 트랜지스터보다 고밀도 집적에 적절해서 집적 회로에 주류가 되고 있으며 논리 회로 소자의 집적회로 외에 아날로그 스위치와 전자 볼륨 조절에도 응용된다.

극초단파 이상에서는 실리콘보다 캐리어의 이동도가 빠른 갈륨비소(GaAs)와 같은 화합물 반도체를 이용한 전계 효과 트랜지스터가 사용되고 있다.

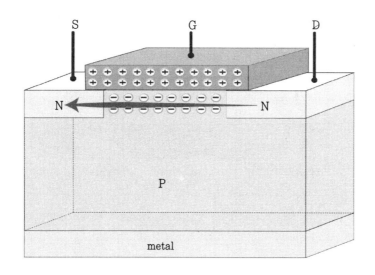

그림4.7 전계 효과 트랜지스터 동작.

4.1.3 금속 산화물 반도체 전계효과

(MOSFET: metal oxide semiconductor field Effect transistor)

금속 산화물 반도체 전계효과 트랜지스터는 앞서 설명한 전계효과 트랜지스터의 동작 원리로 설명이 가능하다. 또한 전압 이득과 신호전력 이득을 얻을 수 있기 때문에 전압에 의해 제어가 가능하다.

금속 산화물 반도체 전계 효과 트랜지스터의 구조는 그림 4.8과 같이 나타나 있다. 단자 전극은 게이트, 드레인, 소스의 3단자로 되어있고 3개의 도핑 영역과 2개의 PN 접합으로 이루어져 있다.

다른 전자소자에 대하여 상대적으로 크기가 작기 때문에 단일 집적회로로 제작하여 전기 전자 회로 응용에 광범위하게 활용되고 있다. 금속 산화물 반도체 전계 효과 트랜지스터의 종류로 N타입 금속 산화물 반도체(N MOSFET)와 P타입 금속 산화물 반도체(P MOSFET)로 나눈다.

입력신호가 인가할 때에만 전류가 흐르므로 소비전력이 적고 저전압으로 동작이 가능하며 동작 속도가 빠르며 발열 발생이 적기 때문에 반도체, 마이크로프로세서 분야에 많이 사용하고 있다.

게이트 단자의 금속(metal)과 산화막(oxide)의 층으로 되어있어서 높은 임피던스 저항값을 가지기 때문에 소자내로 직접 전류가 들어가지 않고 오직 전계로만 전달된다.

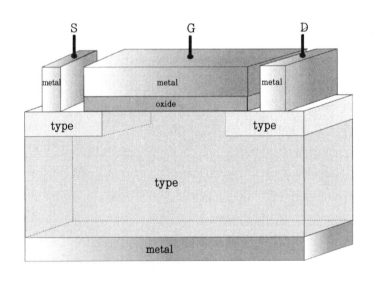

그림4.8 금속 산화물 반도체 전계 효과 트랜지스터 구조.

대칭형 소자이기 때문에 소스와 드레인에 구조적인 차이는 없고 단지 전압을 인가했을 때에 N타입이면 드레인에 (−) 극, 소스에 (+) 극을 연결해야 하며 P타입이면 반대로 연결하면 된다. 문턱 전압에 의해서 구별되는 다양한 재료로 재작한 종류의 전계효과 트랜지스터가 존재하지만 현재 가장 많이 실리콘으로 재작한다.

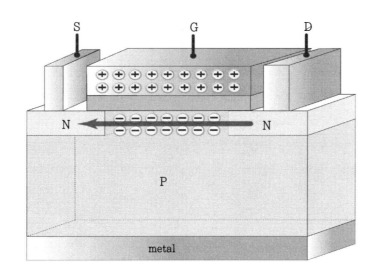

그림4.9 금속 산화물 반도체 전계 효과 트랜지스터 구조(N채널).

그림 4.9와 같이 실리콘 웨이퍼에 얇은 절연 산화막을 형성하고 그 위에 금속 전극인 게이트를 형성한 구조이며 그 위에 금속 게이트를 배치하며 전자와 정공의 두 캐리어 중 어느 하나를 이용해 전류가 흐르는 단극성 트랜지스터이다.

N채널 금속 산화물 반도체 전계 효과 트랜지스터는 P타입 표면에 N타입을 도핑하고 소스와 드레인을 형성하여 제작한다.

N채널 금속 산화물 반도체 전계 효과 트랜지스터 동작은 게이트에 문턱전압이라 불리는 기준 전압보다 낮은 전압이 걸리면 채널이 형성되지 않아 소스와 드레인간에 전류가 흐르지 않으며 문턱 전압보다 높은 전압이 걸리면 P타입과 절연물 사이에 자유전자들이 모이게 되어 N타입 채널 영역으로 바뀌게되고 드레인에서 소스쪽으로 전류가 흐르게 된다.

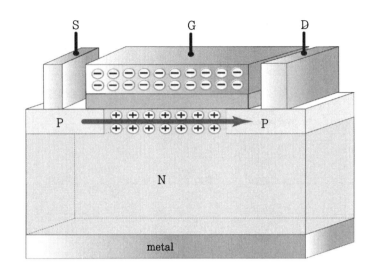

그림4.10 금속 산화물 반도체 전계 효과 트랜지스터 구조(P채널).

그림 4.10과 같이 P채널 금속 산화물 반도체 전계 효과 트랜지스터는 N타입 표면에 P타입을 도핑하고 소스와 드레인을 형성하여 제작한다.

P채널 금속 산화물 반도체 전계 효과 트랜지스터 동작은 게이트에 문턱전압이라 불리는 기준 전압보다 낮은 전압이 걸리면 채널이 형성되지 않아 소스와 드레인간에 전류가 흐르지 않으며 문턱 전압보다 높은 전압이 걸리면 P타입과 절연물 사이에 정공들이 모이게 되어 N타입 채널 영역으로 바뀌게 되고 소스에서 드레인쪽으로 전류가 흐르게 된다.

금속 산화막 반도체 전계 효과 트랜지스터는 전계 효과 트랜지스터를 기본으로 만들어진 응용 전계 효과 트랜지스터이다.

그림 4.11과 같이 금속 산화물 반도체 전계 효과 트랜지스터의 동작에서 N타입과 P타입의 차이는 드레인과 소스간의 전류에 기여하는 캐리어의 차이 뿐이므로 여기에서는 N채널에 대해서만 설명한다.

금속 산화물 반도체 전계 효과 트랜지스터에서는 게이트와 형성된 산화막에 의하여 전압이 인가되었을 경우 P타입 기판과 절연층의 경계면에 전자를 끌어들여 드레인과 소스 사이에 반전층(N타입)의 채널 통로를 만들어 전류를 흐르게 한다. 소스과 드레인 사이를 높은 컨덕턴스가 되게 전압을 인가해야 한다.

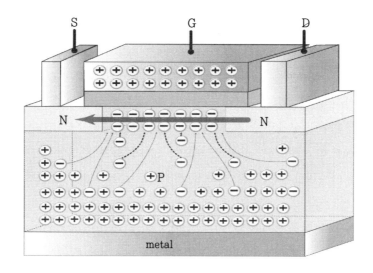

그림4.11 금속 산화물 반도체 전계 효과 트랜지스터 동작(N채널).

1】 N채널 증가(N channel increment)

그림 4.12와 같이 N채널 증가 타입의 구조이다. N채널 증가 타입이란 표현은 게이트에 (+) 극 전압에 대해 반도체 기판영역이 산화막 아래와 접해있어 바로 역방향으로 되지 않음을 의미한다.

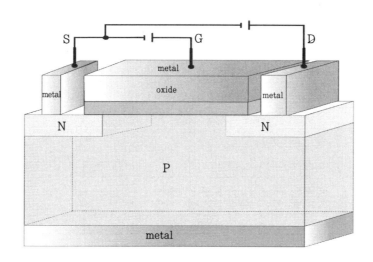

그림4.12 증가타입 구조(N채널).

게이트와 드레인에 (+) 극을 연결하고 소스에 (−) 극을 연결한다. 이는 전자의 반전 층을 유도하고 소스 단자는 채널을 통해 드레인으로 흐르는 캐리어 공급원으로 되며 전 자들이 소스로부터 드레인으로 흐르게되고 전류는 드레인에서 소스로 흐르게 된다.

그림 4.13과 같이 동작 원리는 게이트에 (+) V_{GS} 전압이 인가할 경우 게이트 도체에 인가된 (+) 극은 P타입 실리콘 표면의 정공이 채널의 아래쪽으로 움직이게 되고 금속과 산화막 아래에 전자가 유도되고 전도 채널을 형성하여 쉽게 드레인 밖으로 이동할 수 있 도록 도와주게 된다. 채널에 유도된 전하가 전자이므로 N채널 금속 산화물 반도체 전계 효과 트랜지스터라 한다.

따라서 전자 농도가 정공 농도보다 커지는 반전층(inversion layer)이 형성되며 전류가 수평 방향의 (+) V_{DS} 전계뿐만 아니라 수직 방향의 (+) V_{GS} 전계에 의해서도 조절되기 때문에 전계효과 트랜지스터라고 한다.

게이트에는 (+) V_{GS} 전압이 인가되지 않고 전압 (+) V_{DS}가 드레인에 인가되어 드레인 에 (+) 극, 소스는 접지될 경우 소스내의 (−) 극을 띠고 있는 전자는 두 개의 N타입 반 도체 사이의 채널을 통하여 드레인쪽으로 이동하여 방출된다.

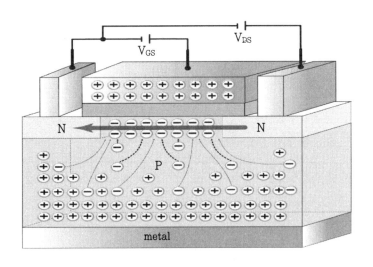

그림4.13 증가타입 동작(N채널).

그러나 채널영역에 있는 (+) 전하의 정공은 전자의 이동을 방해하는 전류가 흐르지 않아 동작하지 않게 된다.

게이트에 (+) V_{GS} 전압을 인가하면 수 nsec 내에 전하가 유기되어 채널이 형성되고 전자흐름의 통로를 발생시켜 트랜지스터는 동작되며 게이트에서 (+) V_{GS} 전압이 제거되면 트랜지스터는 채널이 형성되지 않아 전자의 이동이 정지되어 트랜지스터의 동작이 멈추게 된다.

결국 금속 산화물 반도체 전계효과 트랜지스터는 횡방향의 전류의 흐름인 드레인의 I_D 전류가 외부에서 인가된 수직 전계에 응용할 수 있다.

그림 4.14와 같이 N채널 증가 타입 금속 산화물 반도체 전계효과 트랜지스터의 (+) V_{GS} 전압과 I_D 전류 특성 곡선이 나타나 있으며 차단영역(cut off region) A, 포화영역(saturation region) B, 활성영역(active region) C, 동작점(operating point) Q로 구분한다.

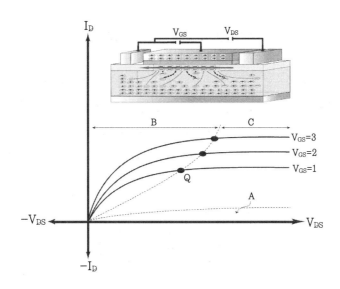

그림4.14 증가타입 특성 곡선(N채널).

① V_{DS}가 작으면 드레인 전류 I_D와 V_{DS}는 비례

② V_{DS}가 커지면 드레인 전류 I_D와 V_{DS}는 비례하지 않고 점차 포화

③ V_{DS}가 일정값 이상이면 V_{GS}전압만으로 드레인 전류 I_D을 제어

2] N채널 감소(N channel decrement)

그림 4.15와 같이 N채널 감소 타입의 구조이다. N채널 증가 타입 금속 산화물 반도체 전계효과 트랜지스터의 채널 영역이 게이트 전압에 의하여 생성되지만 공핍 타입은 도핑 공정을 통해야 도펜트가 주입되어 채널영역이 만들어진 것을 나타낸다.

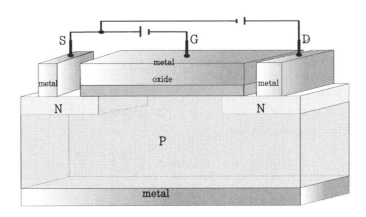

그림4.15 감소타입 구조(N채널).

그림 4.16과 같이 동작 원리는 게이트에 (−) V_{GS} 전압을 인가할 경우 P타입 실리콘 표면의 정공이 채널의 위쪽으로 움직이게 되고 금속과 산화막 아래에 정공이 유도되어 전도 채널 형성이 되지 않아 드레인 밖으로 전자가 이동할 수 없게 된다. 이와 같이 채널에 공핍층이 확산 유도되어 N채널 영역이 줄어들게 되므로 전류를 흐르지 못하게 된다.

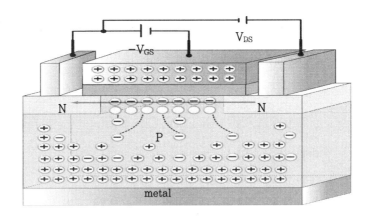

그림4.16 감소타입 동작(N채널).

그림 4.17과 같이 증가 타입 N채널 금속 산화물 반도체 전계효과 트랜지스터의 (−) V_{DS} 전압과 I_D 전류 특성곡선이 나타나 있으며 차단영역(cut off region) A, 포화영역 (saturation region) B, 활성영역(active region) C, 동작점(operating point) Q로 구분한다.

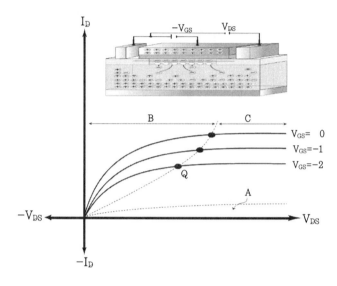

그림4.17 감소타입 특성 곡선(N채널).

① V_{GS}가 "0"일 경우 형성된 채널에 의하여 드레인 전류 I_D전류 증가

② V_{GS}을 인가하면 형성된 채널의 전자의 수가 적어져서 드레인 전류 I_D전류 감소

③ V_{GS}을 더욱 높일 경우 채널의 전자 흐름을 차단하여 드레인 전류 I_D전류 차단

4.2 연산 증폭기(OP AMP: Operational amplifier)

연산 증폭기는 약자로 OP AMP라고도 하며 외부에 저항, 콘덴서, 인덕터, PN접합 다이오드 등을 통한 출력 신호가 다시 입력 신호의 정궤환(PFB: positive feedback) 또는 부궤환(NFB: negative feedback)과 연산하여 출력으로 나오는 증폭기이다.

즉 가산, 감산, 미분, 적분 등과 같은 수학적 연산으로 전압을 증폭해 주는 소자로서 큰 전압으로 증폭이 가능한 선형 집적회로이다.

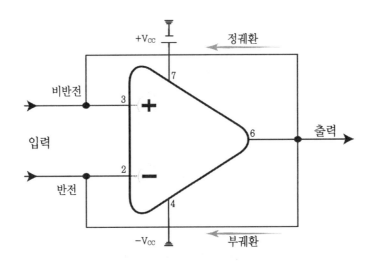

그림4.18 연산증폭기 기본 회로.

그림 4.18과 같이 삼각형으로 표시되고 입력(2, 3), 출력(6), 내부 전원(4, 7)의 총 5개의 단자를 가진다. 2번의 (−) 마이너스 기호가 붙은 입력단자는 반전 입력이며 인가된 입력 신호전압과 출력전압의 극성이 역인 것을 의미한다.

3번의 (+) 플러스 기호가 붙은 입력단자는 비반전 입력이며 인가된 입력신호와 출력전압의 극성이 같은 것을 의미한다.

연산증폭기의 전원은 $+V_{CC}$와 $-V_{CC}$의 두 개의 전원단자에 직류전원을 공급하여 증폭 연산 동작이 이루어진다. 연산 증폭기가 1개 내장되어 있으면 싱글(single), 2개 내장되어 있으면 듀얼(dual), 4개 내장되어 있으면 쿼드(quad)라고 한다.

연산 증폭기 회로 구성의 특성상 (+) 극 전원이 필요하며 (+) 극 전원 회로는 중간 탭이 있는 변압기를 이용하여 제작한다. 연산 증폭기는 모든 아날로그 회로 증폭기에서 사용되고 있다.

이상적인 연산 증폭기의 특징을 살펴보면

① 이득이 무한대이다.

② 입력 임피던스가 무한대이다.

③ 대역폭이 무한대이다.

④ 출력 임피던스가 "0"이다.

⑤ 낮은 전력 소비

⑥ 온도 및 전원 전압 변동에 따른 무영향

⑦ CMRR이 무한대이다.(차동증폭회로)

실제적인 연산 증폭기의 특징을 살펴보면

① 증폭도가 아주 큰 직류 증폭 회로(보통 1만배 이상 증폭)

② 입력 임피던스가 매우 큼

③ 출력 임피던스가 매우 작음

④ CMRR이 매우 큼(차동 증폭 회로)

4.2.1 궤환(Feedback amplifier)

그림 4.19와 같이 궤환 증폭기에서 출력의 일부를 입력측으로 되돌리는 궤환을함으로서 출력특성을 개선하는 증폭기로 일반적으로 반전증폭기 궤환이 많이 사용되어 진다. 이는 전류 증폭도는 작아지지만 주파수 특성을 개선하고 파형의 일그러짐이나 잡음을 감소시키고 안정한 동작을 시킬 수 있다.

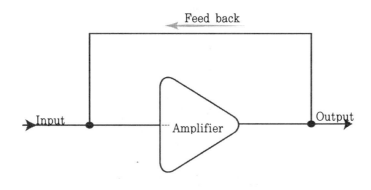

그림4.19 궤환 증폭기 블록도.

궤환 증폭기의 기능은 전류 이득을 민감하지 않게 한다. 예를들어 온도 변화와 같은 회로의 구성 요소의 변화에 시스템이 민감하지 않게 하도록 만드는 것이다. 그리고 비선형 왜곡을 감소시켜 출력을 입력에 비례하도록 만들고 이득을 신호크기에 무관하도록 일정하게 유지시켜 준다.

궤환 증폭기는 노이즈의 효과를 감소시키는 기능도 있다. 즉 회로내부나 외부에 전류가 흐를 때 출력에 미치는 효과를 최대한 줄인다. 또한 입력과 출력의 임피던스를 조절하는 기능도 있다. 즉 피드백의 페이져(phase)에 따라 입력과 출력의 임피던스를 크게 하거나 작게 할 수 있다.

4.2.2 반전(Reversal amplifier)

반전 증폭기는 신호 크기를 줄일 수 있는 증폭기로서 입력 신호와 출력 신호는 반전된 신호 파형이 나온다. 증폭기의 증폭률이 커서 증폭률 제어가 필요할 때 이용 할 수 있는 증폭기이며 부궤환 증폭을 이용하여 증폭한다. 즉 증폭기의 V_{out} 전압신호가 V_{in} 전압신호의 반대 위상각으로 부궤환 입력으로 들어가는 과정이 반복된다.

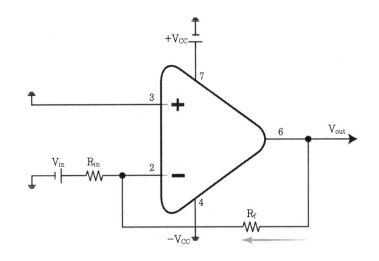

그림4.20 반전 증폭기 회로.

그림 4.20과 같이 V_{out} 전압에서 궤환되는 전압의 위상각은 V_{in} 전압 위상각이 180° 반전되어 출력이 나오므로 V_{out} 전압을 감소시키는 원인이 된다. 이는 주파수 대역폭의 조정과 V_{out} 안정적인 전압이득이 가능해진다.

반전 증폭기의 출력전압(V_{out})은

$$V_{out} = -V_{in} \times (\frac{R_f}{R_{in}})$$

4.2.3 비반전(Non reversal amplifier)

비반전 증폭기는 신호 크기를 확장 수 있는 증폭기이다. 증폭기의 증폭률이 커서 증폭률 제어가 필요할 때 이용 할 수 있는 증폭기이며 정궤환 증폭을 이용하여 증폭한다.

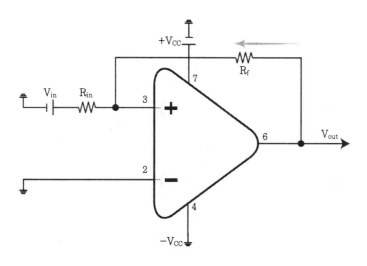

그림4.21 비반전 증폭기 회로.

그림 4.21과 같이 V_{in}에 입력이 가해지면 $V_{out} = V_{out} \times A_{OL}$(전류이득) 값이 출력되지만 R_{in}과 R_f로 이루어진 궤환 경로로 인하여 출력된 전압의 크기에 영향을 주므로 비반전 증

폭기의 출력 전압 V_{out}은

$$V_{out} = V_{in} \times (1 + \frac{R_f}{R_{in}})$$

비반전 증폭기의 특징은 입력 신호 V_{in}과 출력 신호 V_{out}부호가 +로 같고 신호 크기를 확장 할 수 있는 특징을 가지고 있다. 회로의 저항의 값을 $R_f=\infty$(open), $R_f=0$(short)로 설정하면 증폭률이 "1"인 비반전 증폭이 되어 두 개의 입력과 출력 임피던스가 다른 회로를 결선 할 때 사용한다.

4.2.4 비교(Comparison amplifier)

비교 증폭기는 큰 전류 이득값을 증폭없이 이용하는 회로로 신호의 부호를 판단해준다. 증폭률이 너무 커서 입력 신호가 기준 전압값 보다 커지면 무조건 전원 전압과 똑같이 출력하게 된다.

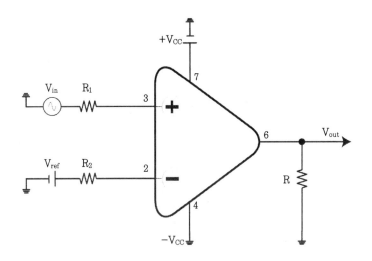

그림4.22 비교기 증폭기 회로.

그림 4.22와 같이 입력신호 전압이 들어오는데 이 입력 신호전압 V_{in}이 5 V가 넘는다면 5 V보다 훨씬 더 큰 신호전압이 되도록 하고 5 V보다 아주 약간이라도 낮다면 0 V

가 되도록 한다. 그래서 기준이 되는 신호전압이 5 V이므로 5 V의 기준전압을 입력의 (−) 극의 저항 R_2와 연결해주므로 증폭기가 기준전압을 인식 할 수 있다. 그리고 입력 신호전압 V_{in}이 5 V보다 높았다 낮았다 하는 그 신호선을 입력의 (+) 극의 저항 R_1와 연결해주면 된다.

증폭기에서는 (+) 극으로 연결된 신호전압이 기준전압 5 V보다 조금이라도 높으면 무조건 전원전압만큼 출력이 나오고 5 V보다 낮으면 출력전압이 무조건 무시되어 0 V으로 나오게 된다.

그러므로 신호를 인식하는 입력 신호전압 단자 2개와 출력 신호전압 단자 1개가 있어야 합니다. 증폭기의 자체 전원 단자가 2개 추가로 있어야 하므로 비교기 증폭기를 1개 사용하는데 선을 결선해야 하는 곳이 모두 5개가 되고 5개 모두 결선되어야 한다.

비교기를 사용하면 스피커 앰프 소리에 맞추어 불이 깜박깜박하게 할 수도 있고 비교기를 여러 개 사용한다면 앰프에서 나는 소리의 크기에 따라서 불이 여러 개 깜박이게 제작할 수 도 있다. 반전 입력 단자에 저항 하나를 0 V에 연결해 주는데 이 이유는 미세한 잡음 전압을 차단하기 위해서이다.

4.2.5 차동(Differential amplifier)

차동 증폭기는 두 입력의 전압의 차이가 발생하면 출력이 나타나는 증폭기이다. 차동 증폭기는 차동모드와 공통모드 두 개의 기본적인 동작모드가 있다. 차동모드는 두 입력 위상이 다른 것이고 공통모드는 두 입력 위상이 같은 것이다. 연산 증폭기에서 차동 증폭기는 매우 중요하다.

'차동' 신호와 증폭기에 대한 고상한 개념은 1940년대에 창안되어 진공관회로에서 처음으로 사용되었다. 그 이후로 차동 회로는 마이크로 전자공학에서 획기적으로 널리 쓰여 왔으며 오늘날 많은 시스템에서 안정된 고성능의 설계 범례로 역할을 하고 있다.

특성이 같은 2개의 증폭 소자로서 증폭기를 대칭적으로 접속하고 양자의 입력차에 비례한 출력을 얻는 증폭기이다. 입력을 각각 역위상으로 가하면 큰 출력이 되지만 한 쪽에만 가해도 동작한다.

차동증폭기의 가장 큰 특성은 직류 및 교류의 두 입력신호의 차를 증폭시킬 수 있는 차동 입력단 회로에 있다. 입력증폭단인 차동 입력단회로의 성능은 입력저항과 공통모드 제거 비율(CMRR: common mode rejection ratio)이 커야 하고 직류 오프셋(DC offset)

전압이 작아야 한다. 이러한 특성을 갖기 위해서는 소스로 결합된 차동입력 회로를 사용하여야 한다.

공통모드 제거 비율은 원하는 신호가 한쪽 입력 단자에만 공급되거나 또는 두 입력 단자에 상반된 위상으로 동시에 공급되면 이들 신호는 앞서 논의한 것처럼 증폭되어 출력에 나타난다. 두 개의 입력 단자에 동일한 위상으로 공급된 원하지 않는 신호는 근본적으로 차동증폭기에 의해 상쇄되어 출력이 나타나지 않는다. 공통모드 신호를 제거하기 위한 증폭기의 능력 측정은 공통모드 제거 비율이라 하는 파라미터이다.

차동 회로의 공통 모드 제거 특성은 오늘날의 전자 시스템에서 중요한 역할을 하며 실제로 공통 모드 제거가 무한하게 높지는 않다. '좋음'과 '나쁨'의 비로 표현하며 공통모드 제거 비율는 입력이 차동 성분과 공통 모드 잡음을 가지고 있을 때 출력에서 원하는 신호와 원하지 않는 변화가 얼마나 나타나는지를 측정하는 척도로 쓰인다.

이상적인 차동증폭기는 단신호 또는 차동신호를 위해 매우 높은 이득과 공통모드를 신호를 위해 "0" V 전압의 이득을 공급하고 있다. 그러나 실제 차동증폭기에서 공통모드 이득은 "0" V 전압이 아닌 매우 작은 값이며 일반적으로 "1"보다 매우 작으며 반면에 차동전압 이득은 매우 높은 수백 ~ 천배 전압 정도이다.

공통모드 신호 제거 관점에서 볼 때 공통모드 이득에 비해 차동이득이 크면 클수록 차동증폭기의 성능은 좋으며 원하지 않는 공통모드 신호를 제거하는 차동증폭기의 성능 평가의 기준은 차동전압이득 $A_{V(d)}$와 공통모드 이득 A_{cm}의 비로 나타낸다. 이 비를 공통모드 제거 비율이라 한다.

$$\text{CMRR} = \frac{A_{v(d)}}{A_{cm}}$$

공통모드 제거 비율은 크면 클수록 좋고 공통모드 제거 비율이 매우 크다는 것은 차동전압이득 $A_{V(d)}$이 크고 공통 모드 이득 A_{cm}이 작다는 것을 의미한다.

공통모드 제거 비율은 데시벨(dB)로 변환하면

$$\text{CMRR} = 20 \log \left(\frac{A_{v(d)}}{A_{cm}} \right)$$

적인 차동증폭기 회로도는 그림 4.23과 같이 나타나 있다. 차동 증폭기는 높은 전압이 득과 높은 공통모드 제거 비율 값을 가진다. 차동 증폭기는 출력 신호 V_{out}가 2개의 입력 신호 V_{in1}과 V_{in2}의 차에 비례적으로 증폭하는 증폭기로 동작한다.

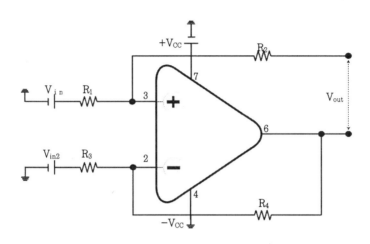

그림4.23 일반적인 차동 증폭기 회로.

$$V_{out} = \frac{R_4(R_1 + R_2)}{(R_3 + R_4)R_1}V_{in1} - \frac{R_2}{R_1}V_{in2}$$

$$= \frac{R_2}{R_1}(V_{in2} - V_{in1})$$

$$※ : \frac{R_1}{R_2} = \frac{R_3}{R_4}$$

차동 증폭기의 증폭율(β)은

$$\beta = \frac{R_1}{R_1 + R_2}$$

2개의 입력 신호 V_{in1}과 V_{in2} 단자에 신호 크기의 차동적으로 주어진 입력 신호에 의해서만 출력을 발생하며 중성점에 대하여 역극성이 되도록 결선하여야 한다. 중성점에 대하여 2개의 입력 신호 V_{in1}과 V_{in2} 단자에 동일 극성으로 주어져야 한다. 공통모드 입력 신호는 차단하여 출력측으로 흐르지 않게 하는 것이 바람직하다.

Excercise

1. 증폭회로의 종류를 서술하세요.

2. BJT에서 NPN 트랜지스터 구조를 작성하세요.

3. BJT의 장점과 단점을 서술하세요.

4. FET란 무엇인가?

5. MOSFET의 구조를 작성하세요.

6. 궤환증폭기의 특징을 서술하세요.

7. 차동증폭기의 특징을 서술하세요.

8. 일반적인 연산 증폭기의 특성에 대하여 서술하세요.(3가지이상)

9. 비교기의 특징을 서술하세요.

10. 반전증폭기의 출력값 공식을 작성하세요.

제 5 장

마이크로프로세서

(MICROPROCESSOR)

마이크로(micro)란 구성요소의 물리적인 크기가 아주 작음을 의미하며 프로세스는 데이터를 명령대로 처리하는 기능을 갖춘 시스템의 한 부분을 뜻한다.

그러므로 마이크로프로세서란 컴퓨터 시스템 이외의 마이크로 프로세싱 유닛인 마이크로프로세싱 유닛(MPU: micro processing unit)을 말하며 마이크로프로세싱 유닛은 산술논리 연산 장치(ALU: arithmetic logic unit), 레지스터(register), 프로그램 카운터(program counter), 제어장치(control unit) 등 모든 기능이 1개의 대규모 집적 회로(LSIC: large scale integrated circuit) 칩으로 수행한다.

대규모 집적 회로는 10 ~ 1,000만개 이상의 반도체 소자를 조합하여 연산과 데이터 전송 등의 기능을 수행하는 반도체 칩이다. 컴퓨터의 모든 기능은 전원장치(power unit), 기억장치인 롬(ROM: read only memory)과 램(RAM: random access memory), 입·출력(I/O: input/output) 장치를 추가하면 데이터 처리를 수행할 수 있다.

따라서 그림 5.1과 같이 일반적으로 마이크로프로세서는 마이크로 프로세싱 유닛의 기능을 갖으며 마이크로컴퓨터는 데이터 처리 속도나 규모는 작지만 마이크로 프로세싱 유닛, 기억장치인 롬과 램, 입출력 장치 등 컴퓨터의 기본 요소를 모두 갖춘 범용 컴퓨터를 의미한다.

중앙처리장치인 마이크로 프로세싱 유닛이 마이크로프로세서이므로 마이크로컴퓨터의 성능은 마이크로프로세서에 따라 좌우된다.

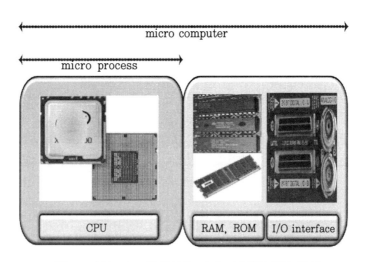

그림5.1 마이크로프로세서와 마이크로컴퓨터의 구성.

마이크로컴퓨터는 나노 반도체 집적 기술의 향상으로 10억개 이상의 반도체 소자를 집적화가 가능하며 마이크로 프로세싱 유닛, 기억장치, 입출력 장치를 장착하여 데이터를 처리하는 단일 칩(one board chip) 마이크로컴퓨터가 개발되고 있으며 전자기기의 응용 분야에도 쉽게 적용될 수 있다는 장점을 가지고 있다.

따라서 그 응용의 범위는 넓고 시스템의 성능을 간단히 변경 시킬 수 있기 때문에 고정된 디지털 기기의 회로에 비해 유연성이 크고 경제적이며 실용적이다.

5.1 분류(Classification)

초기의 마이크로프로세서는 한 번에 4비트만 처리할 수 있었어 성능이 한정되었지만 많은 호환성과 응용성 때문에 다양한 분야에서 사용되었다.

나노 집적 기술의 향상으로 마이크로 프로세싱 유닛의 데이터 처리 능력이 64비트로 개선되어 보급화 되었으며 전원의 클럭도 단일화 되었고 구조적 및 기능적으로도 향상되었다.

이러한 기술적인 향상으로 IBM(international business machines) 회사에서 개인용 컴퓨터(PC: personal computer)를 개발하게 되어 컴퓨터의 대중화 시대를 열었으며 대표적인 마이크로프로세스는 자일로그(zilog) 회사의 Z-80, 애플(apple) 회사의 6502, 모토롤라(motorola) 회사의 6800, 인텔(intel) 회사의 8080, 8085 등이 있다.

현재는 마이크로프로세서가 32비트에서 64비트로 교체되는 시기이며 64비트 마이크로프로세서는 기존의 범용 컴퓨터 개념과 대조되는 그래픽과 같은 특정한 기능을 강화한 마이크로 프로세싱 유닛으로 많이 사용되고 있으며 2014년 현재 64비트 윈도우 8.1 버전으로 출시되어 사용하고 있다.

16비트의 대표적인 마이크로프로세서는 모토롤라 회사의 68000, 자일로그 회사의 Z-8000, 인텔 회사의 8086, 8087, 8088, 80186, 80286, 80287 등이 있다.

32비트의 대표적인 마이크로프로세서는 모토롤라 회사의 68029, 인텔 회사의 80386, 80387 등이 있다. 산업 현장의 기기에는 빠른 처리 능력이 요구되므로 128비트 마이크로프로세서를 많이 사용하고 있다.

5.1.1 제조 기술(Manufacturing technical)

반도체 집적 회로는 반도체 공정법에 따라 고유한 특성을 가지고 있는데 응용 분야에 알맞게 선택 되어 제조 및 사용된다. 집적 회로의 특성으로는 속도, 집적도, 가격, 전력 소비량, 내잡음성(immunity noise), 내구성 등을 들 수 있다.

지연시간은 입력 신호에서 출력신호까지의 시간이고 전력은 소자에서 소비되는 소비전력를 말한다. 집적도는 집적도가 높을수록 복잡하고 다양한 회로를 설계할 수 있으며 집적도는 단위 면적당 집적된 소자의 수로 나타낸다.

잡음 여유도는 잡음은 제거하고 원하는 신호만을 추출할 수 있는 능력이며 원신호(S: signal)와 노이즈(N: noise)의 S/N비로 나타낸다. 잡음 여유도가 작다는 것은 노이즈가 작다는 의미이다. 표 5.1은 각종 반도체 회로의 특성을 나열한 것이다.

표5.1 반도체 소자의 특성

방 식	PMOS	NMOS	CMOS	TTL	Schottky TTL 1	Schottky TTL 2	ECL
지연시간 (μs)	100	50	25	10	3	10	2
전력 (㎽)	0.2	0.2	10	10	20	2	30
집적도	0.2 ~ 2	0.1 ~ 2	10 ~ 30	5 ~ 15	25	25	30 ~ 40
잡음 여유도	1.0	0.4	4.0	0.4	0.3	0.3	0.13

반도체 소자의 특징을 살펴보면 PMOS는 반도체 소자의 초기 소자로 사용되었고 NMOS는 PMOS의 반대로 동작하는 소자로 인텔 회사의 8080, 8085, 6800, 자일로그 회사의 Z-80 등이 있다.

CMOS는 PMOS와 NMOS의 기술을 복합한 것으로 두 기능의 장점을 상호 보완하여 제작되었으며 TTL는 가장 대표적인 논리 집적회로 제조기법으로 제조한 소자이다. Schottky TTL은 고속 TTL 호환으로 신호 처리 분야에 사용한다.

저전력 Schottky TTL은 Schottky TTL의 전력소비량을 개선하였다. ECL(emitter coupled logic)는 전류 스위치형 논리소자로 지연시간을 가장 단축시킨 방식이다.

마이크로프로세서는 대중화를 위하여 사용자가 응용분야에 따라 스스로 하드웨어를 설계하여 사용할 수 있도록 되어있으며 8비트, 16비트, 32비트, 64비트, 128비트의 전체적인 구조가 결정되어 있는 것이 아니라 사용자에 따라 선택할 수 있다. 이러한 마이크로프로세서를 비트 슬라이스 마이크로프로세서(bit slice microprocessor)라 한다.

비트 슬라이스 마이크로프로세서의 제어 메모리는 시스템 내에 있는 산술논리 연산장치의 마이크로 프로세싱 유닛의 핵심 구성요소로 산술연산, 논리연산을 하는 부분과 다른 블록을 제어하는 마이크로 명령어를 저장한다.

그리고 메모리 제어장치는 제어메모리 내에 있는 마이크로 명령어의 주소를 결정한다. 비트 슬라이스 마이크로프로세서의 장점으로 주어진 응용문제에 대한 소프트웨어와 하드웨어를 최적화 할 수 있고 기존의 소프트웨어를 사용 할 수 있게 기존의 컴퓨터를 에뮬레이터 할 수 있으며 복잡한 논리연산 마이크로프로세서보다 저비용으로 사용이 가능하다.

단일 칩 마이크로컴퓨터는 마이크로 프로세싱 유닛, 기억장치, 입출력 장치를 장착하여 데이터를 처리하는 대규모 집적회로로 제작하여 레지스터, 연산회로와 제어회로의 명령을 해석하여 연산과 제어 동작을 같은 칩 속에 집적된 칩으로 동작한다.

또한 단일 칩 마이크로컴퓨터는 기존의 마이크로프로세서의 소프트웨어를 그대로 사용할 수 있는 장점도 있으나 대체로 40핀 이하로 구성되므로 저장 공간이 제한되어 데이터 및 번지 버스가 부족하여 제어 기능이 제한적으로 사용해야 하는 단점도 가지고 있다.

5.2 구조와 기능(Structure and function)

그림 5.2와 같이 마이크로프로세서와 마이크로컴퓨터는 구조적인 면에서는 큰 차이는 없으며 마이크로 프로세싱 유닛, 기억장치, 입출력장치로 구성되고 모든 칩은 대규모 집적회로로 되어있다. 주변장치는 입·출력장치, 보조기억장치로 구성되어 있고 직류전원공급기와 마이크로 프로세싱 유닛의 동작에 필요한 일정한 클럭 신호를 발생시키는 클럭발생기가 있다.

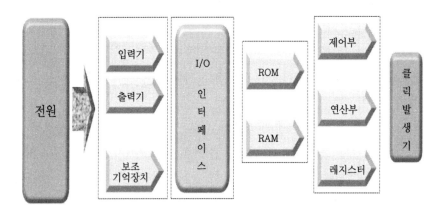

그림5.2 시스템의 구조.

마이크로프로세서는 똑같은 기능을 갖더라도 반도체 기술의 제조 방법에 따라 소자의 특성이 달라진다.

중요한 반도체 소자 특성을 살펴보면

① 명령어 수행속도 : 게이트 당 지연속도로 측정된다.(ECL, Shotty TTL)

② 집적도 : 집적도가 높을수록 칩의 가격이 낮아진다.(PMOS, NMOS)

③ 전력 소모량 : 많은 소자로 구성되면 전력 소모량이 증가한다.

④ 주변에서 일어날 수 있는 잡음에 대해 민감도

⑤ 온도, 습도, 입력, 충격에 견디는 내구성(CMOS)

⑥ TTL회로와의 호환성

마이크로프로세서의 기능은 메모리, 입출력 포트 등을 포함하게 되고 간단한 마이크로컴퓨터의 기능을 가지게 된다. 이러한 시스템을 구성하는 방식에 따라 표 5.2와 같이 기능적 특성이 나타나 있다.

단일 칩 마이크로컴퓨터는 마이크로프로세서 기능 외에 메모리, 입출력 포트들이 모두 내장되어 있다. 예를 들면, 인텔 8048, Z80, 모토로라 MC 6801등이 있다.

표5.2 마이크로프로세서의 성능 평가

특성 \ 종류	One Chip	One Board	Multi Board
입출력 포트 개수	·······················▶		많음
호환성	·······················▶		커짐
확장성	·······················▶		커짐
신뢰성	·······················▶		작아짐
메모리 용량	·······················▶		높아짐
시스템 크기	·······················▶		커짐
가격	·······················▶		비쌈

마이크로프로세서의 성능은 한 개의 칩으로 동작하는 단일 칩을 시작점으로 여러 개의 칩을 한 개의 보드에 시스템 동작이 가능한 단일 보드 마이크로컴퓨터로 성능이 향상되었고 다음으로 여러 보드를 한 개의 멀티 보드로 시스템 동작이 가능한 멀티 보드로 발전하였다.

마이크로컴퓨터는 전형적으로 한 개의 마이크로프로세서를 갖고 있으며 많은 프로세서를 갖는 경우에는 다중 프로세서 시스템이라 부른다. 많은 수의 기억장치인 램과 롬 칩들이 주어진 메모리를 구성하기 위해 결합되어 진다.

입출력 버스선을 통하여 여러 종류의 외부 주변장치와의 데이터 송수신이 가능한 인터페이스 장치들이 배치되고 데이터는 선택된 장치와 마이크로프로세서 간에 데이터를 버스를 통해서 전송된다. 제어정보는 한 개의 버스선을 통하여 전송되고 각 버스선들은 선택적인 제어기능으로 사용되어 진다.

마이크로프로세서의 목적은 메모리로부터 받은 명령어 코드를 해석하여 내부 레지스터, 메모리 워드, 인터페이스 장치 내에 저장된 데이터를 취하여 산술연산, 논리연산과 제어 동작을 실행하는 중앙처리 장치 역할을 한다.

외부적으로 마이크로프로세서와 연결된 모듈들과 명령어, 데이터, 제어정보를 송수신하기 위하여 버스 시스템으로 구성되어 있다. 램은 임의의 정보를 임의의 번지에 기억시켜 어느 번지로부터라도 같은 속도로 정보를 읽어 낼 수 있는 메모리를 말하며 롬은 읽기 전용 기억장치 컴퓨터에 미리 장착되어 있는 메모리로 읽을 수는 있다.

하지만 변경을 가할 수는 없고 여러 개의 집적회로 패키지들로 구성되며 일단 마이크로컴퓨터 시스템이 완성되면 변동시킬 필요가 없는 프로그램들과 상수들의 표 등을 저장하는데 쓰인다.

인터페이스 장치는 입출력 버스에 연결된 외부 입력장치와 마이크로프로세서간의 정보전송에 필요한 통로를 제공한다. 마이크로프로세서는 인터페이스를 통해서 외부장치로부터 데이터와 상태정보를 받으며 인터페이스 장치를 통해서 외부장치로 제어 신호와 데이터를 보낸다.

마이크로프로세서에서 버스 시스템은 보통 3상태 게이트로 구성된 버스버퍼에 의해 실현된다. 출력상태들은 디지털 게이트에서와 같이 2진수 "0"과 "1"에 해당하며 세 번째 상태는 고유 임피던스 상태라고 부른다.

고유임피던스 상태는 출력이 불가능하거나 부동된 것처럼 작용한다. 이것은 단자에서 외부 신호에 의해 영향을 받을 수도 외부에 영향을 미칠 수도 없음을 의미한다. 양방향 버스는 정보가 흐를 방향을 제어하기 위해서 버스버퍼로 구성할 수 있다.

아래 표 5.3과 같이 양방향 버스 버퍼의 기능 여부가 나타나있다. 버스제어는 입력 전송을 위한 S_i와 출력 전송을 위한 S_0의 2개의 선택선을 갖고 있다. 이 선택선은 2개의 3상태 버퍼를 제어한다.

표5.3 양방향 버스 버퍼의 기능

S_i	S_0	A(입력)	B(출력)	버스의 기능
0	0	disable	disable	입출력 금지
0	1	enable	disable	데이터 입력
1	0	disable	enable	데이터 출력
1	1	disable	disable	입출력 금지

레지스터는 프로세서 안에 존재하는 내부 메모리의 작은 기억장치의 모임이며 매우 쉽게 성능상의 저하 없이 접근이 가능하다. 종류는 범용 세그먼트, 명령어포인터, 스택포인터, 인덱스, 플래그 레지스터가 있다.

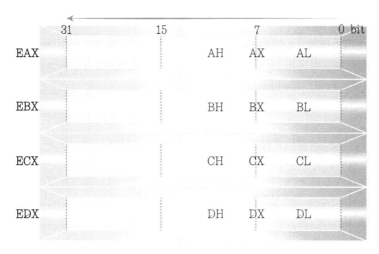

그림5.3 범용 레지스터 구조.

그림 5.3과 같이 레지스터의 범용(general) 레지스터는 4개의 범용데이터 레지스터를 가지고 있는데 각각 어큐뮬레이터 레지스터(A: accumulator register), 베이스 레지스터(B: base register), 카운터 레지스터(C: count register), 데이터 레지스터(D: data register), 확장 레지스터(E: extended register)라고 한다. 레지스터 값은 우측에서 좌측으로 시프트 되면서 상위 레지스터로 이동하게 된다.

범용 레지스터는 이름 명칭으로 각 레지스터에 의해 실행되는 기능을 암시하는데 레지스터 뒤에 X자는 워드(word)로서 레지스터를 참고하는 것으로서 AX(accumulator register word), BX(base register word), CX(count register word), DX(data register word)로 표현된다.

2개의 8 비트와 16비트를 워드로 표현하며 각각 8비트로써 사용이 가능하다. 따라서 HIGH(1) 바이트와 LOW(0) 바이트의 뜻을 의미하는 H, L을 사용하여 AH(accumulator register high), AL(accumulator register low)로 사용한다.

같은 방식으로 BH(base register high), BL(base register low), CH(count register high), CL(count register low), DH(data register high), DL(data register low)로 표기한다. 크고 값비싼 기계일수록 더 많은 레지스터를 보유하고 있으며 하나의 그룹으로 된

레지스터를 로컬 저장(local storage)이라 하는 것을 범용으로 쓰인다.

AX는 누산기인 AX는 입출력이며 대부분의 산술연산에 사용하며 BX는 주소 지정을 확장하기 위해 인덱스로서 사용 할 수 있는 유일한 범용 레지스터이다.

CX는 카운터 레지스터로써 이 레지스터는 루프가 반복되는 횟수를 제어하는 값 또는 왼쪽이나 오른쪽으로 이동되는 비트 수 등을 포함 시킬 수 있다.

DX는 데이터 레지스터로 알려져 있는데 어떤 입출력 연산에는 반드시 DX 사용을 요구하고 큰 수의 곱셈과 나눗셈 연산은 DX와 AX의 사용한다. 표 5.4에서 레지스터의 동작 특성을 요약하였다.

표5.4 레지스터의 동작 요약

레지스터	동 작
AX	워드 곱셈, 워드 나눗셈 워드 단위의 입, 출력
AL	바이트 곱셈, 바이트 나눗셈 바이트 단위의 입, 출력, 변환 10진수 연산
AH	바이트 곱셈, 바이트 나눗셈
BX	변환
CX	문자열 변환, 순환 명령 순환 천이연산
DX	워드 곱셈, 워드 나눗셈 간접 입, 출력

5.3 연산 장치(OD: operation device)

제어 장치의 명령에 따라 실제로 프로그램을 실행하는 장치이며 주기억 장치로부터 받은 자료에 대하여 프로그램의 명령에 따라 산술 연산과 논리 연산을 수행한다.

산술 연산이란 덧셈, 뺄셈, 곱셈, 나눗셈 등의 계산으로서 2진수의 덧셈을 기본으로 수행하는 것을 말한다. 논리 연산이란 어떤 조건이 성립하는 경우를 "1"참 또는 그렇지 않은 경우를 "0"거짓으로 하는 두 개의 논리값을 사용하는 연산을 말한다. 연산 장치는 누산기, 가산기, 데이터 레지스터와 상태 레지스터 등으로 구성되어 있다.

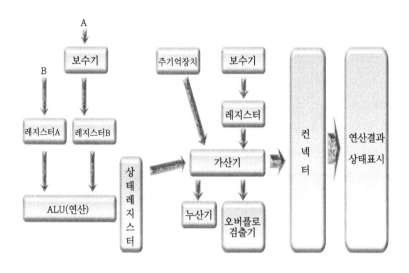

그림5.4 연산 장치의 구조.

연산 장치의 구조는 그림 5.4와 같이 논리연산을 수행하는 논리 연산부와 사칙 연산을 대수 법칙에 따라 연산하는 산술 연산부로 구성되고 보조하는 시프트가 있으며 일반적인 연산 장치의 구성은 그림 5.5와 같이 구성되어있다.

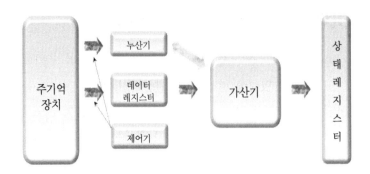

그림5.5 연산 장치의 구성.

5.3.1 시프트 레지스터(SR: shift register)

시프트 레지스터는 매번 클록 주기로 모든 비트를 한 자리 옮기게 하는 레지스터이며 레지스터가 선형인 경우에는 1비트가 한쪽 끝에서 삽입되고 반대쪽 끝에서 1 비트가 떨어져 나간다. 레지스터가 순환형인 경우에는 한쪽 끝에서 떨어져 나간 비트가 시작에서 다시 삽입된다.

시프트 레지스터는 크게 직렬로드와 병렬로드 시프트 레지스터로 나뉜다. 직렬로드는 직렬입력-직렬출력과 직렬입력-병렬출력으로 병렬로드는 병렬입력-직렬출력과 병렬입력-병렬출력으로 나뉜다. 이외에도 양방향 시프트 레지스터와 범용 레지스터가 있다.

병렬 데이터를 직렬로 변환하는데 유용하며 예를 들어 숫자 256을 넣기 위해서 키보드에 2를 눌렀다가 뗀다. 그리고 5를 누르면 2의 표시창이 좌측으로 한 칸 시프트 된다. 시프트 레지스터는 임시메모리 이기 때문에 숫자를 표시장치에 유지하고 키보드상의 새로운 숫자를 누를 때마다 표시장치의 숫자가 좌측으로 시프트 된다.

시프트 레지스터는 음성통신을 위한 시스템에서 광범위하게 사용되며 디지털 금고, 시간지연 회로와 난수발생 회로 등 여러 분야에서 사용되어진다.

5.3.2 프로그램 상태 워드 레지스터(PSWR: program state word resistor)

명령어를 수행하는 중간이거나 수행을 마친 직후에 변경된 컴퓨터 시스템의 상태인 프로그램 상태 워드를 기억하는 레지스터로 IBM S/360(370) 컴퓨터의 경우에는 8 바이트의 길이를 가지며 개인용 컴퓨터에서는 플래그 레지스터라는 이름으로 8개의 비트로 구성되어 있다. 산술과 논리 연산의 결과로 나오는 캐리, 부호, 오버플로 등의 상태를 기억한다. 그림 5.6과 같이 비트 번호에 의한 상태 레지스터가 출력된다.

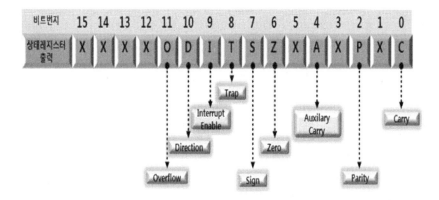

그림5.6 프로그램 상태 워드 레지스터.

OF(overflow flag)는 연산 처리 결과 자릿수 오버플로가 생겼을 때 세트된다. SF(sing flag)는 연산의 결과 최상위 비트가 "1"일 때 세트로 설정되고 "0"일 때 리셋 된다. 부호가 있을 때에는 최상위 비트가 "1"일 때 음수표시로 표시된다.

ZF(zero flag)는 연산의 결과가 "0"이 될 때 리셋으로 설정되고 비교 명령 등도 레지스터의 내용은 변경시키지 않지만 뺄셈이 이루어지므로 그 결과에 따라서 결정된다. CF (carry flag)는 연산 실행 후 최상위 비트의 자리올림과 자리 빌림이 생길 때 대상 비트의 On/Off 검사에 설정된다.

AF(auxiliary flag)는 연산의 결과가 하위 4비트에 자리올림과 자리발림이 생길 경우와 10진수 연산 처리를 할 경우에 설정된다. PF(parity flag)는 연산의 결과 후 "1"의 비트의 개수가 짝수일 때는 "1" 세트되고 홀수 일 때는 "0" 리셋 된다. 그리고 나머지 플래그는 제어용만으로 설정된다.

5.3.3 MAR와 MBR

MAR(memory address register)은 기억장치부에 접속되어 있는 레지스터이다. 후자인 MBR(memory buffer register)은 기억장치로부터 읽혀진 자료 또는 기억장치로 쓰일 자료를 임시로 저장하고 있는 레지스터이고 MAR는 접근하여야 하는 주기억장치의 주소 내용을 기억하는 레지스터로 액세스될 저장 장소와 주소를 가지고 있는 레지스터이다.

5.4 제어 장치(CD: control device)

　제어 장치는 컴퓨터를 구성하는 모든 장치가 효율적으로 운영되도록 통제하는 장치이다. 즉 주기억 장치에 기억되어 있는 프로그램의 명령을 해독하여 입, 출력 장치, 기억장치, 연산 장치 등 컴퓨터를 구성하는 모든 장치에 신호를 보내어 각 장치들이 작동되도록 한다.

　명령어의 연산자가 표시하는 명령어의 수행을 제어하고 주변장치들도 프로그램에서 명령어로 동작시킬 수 있는 기능을 갖는다.

　제어장치의 동작의 4단계를 살펴보면
　① 주기억 장치에서 명령을 읽어 제어장치 내의 명령어 레지스터로 저장
　② 명령어의 포인터에는 다음에 실행될 명령어의 주소가 저장
　③ 제어장치가 명령어 레지스터의 명령어를 해석
　④ 해석된 명령어는 해당된 제어신호를 발생

그림5.7 제어장치의 동작.

　그림 5.7과 같이 제어 장치의 동작 순서가 나타나 있다. 현재 진행중인 작업의 종류나 상태를 중앙 처리 장치, 메모리와 입출력 장치에 전달해 주는 출력신호와 외부에서 마이크로프로세서에 어떤 동작을 취하도록 요구하기 위한 입력신호 등으로 구성되는 단방향 버스이다.

　마이크로프로세서의 기능(function)은 이들 제어신호에 의하여 크게 좌우된다.

　버스의 기본적인 구조는 물론 각 신호들의 상세한 기능이나 동작 타이밍을 이해하는 것은 해당 마이크로프로세서의 하드웨어적인 기능을 익히는데 가장 기본적인 사항이다.

5.4.1 요소와 출력(Element and output)

제어 장치는 매 클럭 펄스 마다하나 또는 여러 개의 연산 장치의 가장 기본이 되는 마이크로 동작을 동시에 실행시키게 되는데 이를 프로세서 클럭 사이클 시간이라고 한다. 보통 한 신호 뒤에 다음 신호가 올 때까지의 간격을 한 단위로 잡으며 클럭 속도는 헤르츠(Hz) 단위로 표현한다. 헤르츠는 초당 몇 번의 신호가 있는지를 나타내는 단위이다.

1초에 1번 작동하는 것을 1 Hz라고 하고 예를 들어 75 MHz라면 초당 7,500백만 번의 사이클로 "0"과 "1"의 디지털 신호를 발생한다는 것을 의미한다.

클럭은 기본적으로 메인보드에 장착되어 있는 클럭 발생기에서 만들어 내는데 클럭수가 높을수록 컴퓨터의 처리 속도가 빠르다는 것이다.

또한 각 마이크로 프로세싱 유닛에는 최고의 성능을 낼 수 있는 클럭수(Mhz)가 동작속도에 적용되고 클럭수가 마이크로 프로세싱 유닛의 명령어 처리 속도를 좌우한다.

명령어 레지스터의 신호(command signal)는 명령어의 명령 코드부인 연산자의 내용이 입력되는 것으로 제어장치에서 해석하여 연산회로에 동작 개시를 위한 제어신호를 발생시키고 실행할 마이크로 연산의 종류를 결정한다.

플래그 레지스터의 신호(flag signal)는 마이크로 프로세싱 유닛의 상태와 산술논리 연산장치에서 연산된 결과를 검사하기 위해 제어장치에 의해 사용된다. 예를 들면 ISZ 명령어에서 ZF가 세트가 되면 제어장치는 PC를 1씩 증가시키게 된다.

제어버스의 제어신호(control bus signal)는 시스템버스의 제어버스 부분은 인터럽트 신호와 인지신호 등과 같은 제어신호들을 제공한다.

출력은 레지스터와 레지스터 사이의 자료전송과 산술논리 연산장치의 연산회로가 동작되도록 하는 형태가 있으며 제어버스로 나가는 제어 신호들은 기억장치를 위한 제어신호와 입출력 모듈로 보내지는 제어신호로 구성된다.

따라서 먼저 명령어의 처리과정은 명령어의 명령 코드와 마이크로 프로세싱 유닛의 상태들을 입력으로 해서 이들 신호들을 이용하여 마이크로 프로세싱 유닛 내의 산술논리 연산장치 등 내부 소자에 제어신호를 제공하고 자료 등의 제어신호를 보낸다.

모든 정보의 흐름은 제어장치에 의해 제어되고 제어장치의 모든 동작은 명령어들의 인출, 해석, 실행 과정의 반복에 의해서 수행된다.

5.4.2 종류(Kinds)

(1) 데이터 버스(data bus)

데이터 버스 레지스터는 MPU, 기억장치, 입출력 인터페이스 사이에 제어신호와 번지와 데이터를 주고받을 수 있는 공통의 전송로가 있는데 이것을 버스선(bus line)이라 하고 버스선이란 어떤 정보가 전송될 수 있는 물리적으로 전기가 흐를 수 있는 배선을 데이터 버스라고 말한다.

데이터 버스에 따라 8, 32, 64비트 등의 프로세서라는 용어를 사용하는데 이는 8비트 프로세서는 8개의 데이터 버스선으로 1회에 8비트의 데이터를 처리하는 것을 말하고 64비트 프로세서는 64개의 데이터 버스선으로 1회에 8비트의 데이터를 처리하는 것을 말한다.

연산장치, 메모리, 입출력장치 등의 자료를 송수신하는 장치가 이 버스에 접속되기 때문에 자료가 어느 방향으로도 전송될 수 있도록 쌍방향성 버스로 되어있다.

(2) 시스템 버스(system bus)

시스템 버스 레지스터는 전송되는 데이터가 의미하는 내용에 따라 주소 버스, 데이터 버스, 제어 버스로 분류된다.

(3) 주소 버스(address bus)

주소 버스 레지스터는 읽기와 쓰기의 데이터가 기억 장소의 주소를 전송하는 통로이며 단방향성 전송 방식이다.

즉 CPU가 외부로 발생하는 주소 정보를 전송하는 신호선의 집합이며 이 버스는 주소선들의 수에 의해 CPU와 접속될 수 있는 최대 기억장치 용량이 결정된다. 주소 버스의 비트수가 64비트라면 최대 264 = 128 Kbyte개의 기억장소들의 주소를 지정할 수 있다.

(4) 제어 버스(control bus)

제어 버스 레지스터는 데이터 버스와 주소 버스의 사용을 제어하는 신호들을 전송하는 통로이다.

즉 CPU가 시스템 내의 각종 요소들의 동작을 제어하기 위한 신호선들의 집합이다. 기억장치 read/write, I/O read/write, interrupt와 RESET 등의 신호전송이 제어 버스선을 통해 전송된다.

(5) 명령 해독기(instruction decoder)

명령 해독기 레지스터는 명령 레지스터에서 명령을 받아서 해독하여 유용한 실행신호를 발생시켜 제어장치로 보내주는 시스템 프로그램이다.

명령에서 지정된 작업을 수행할 프로그램을 호출하기 전에 매개 변수 등을 사전 처리하여 넘겨주는 작업을 말한다.

(6) 프로그램 카운터(program counter)

프로그램 카운터 레지스터는 다음에 실행하게 될 명령어가 기억되어 있는 주기억장치의 주소를 만들어 내는 레지스터이다. 프로그램 카운터의 주소값에 의해 메모리 번지 레지스터를 통해서 주기억장치가 지정된다.

각 명령어가 인출된 후 곧 이어질 명령어의 주소를 가리키는 값이 자동적으로 증가된다. 프로그램 카운터에 새로운 값을 입력함으로서 제어의 흐름을 바꿀 수 있는 특별한 명령어들을 제공한다.

(7) 명령어 레지스터(instruction register)

명령어 레지스터는 주기억 장치에서 인출된 명령어에 있는 명령 코드의 내용이 제어신호 발생기로 전송될 때 그 사이에서 명령 코드를 기억하고 보관하는 레지스터이다. 이는 주기억장치내에 있는 명령어의 명령 코드부가 메모리 번지 레지스터를 통해서 명령어 레지스터에 기억된다.

명령어 레지스터에 있는 명령의 실행이 종료되면 점프(jump)나 스킵(skip)과 같이 명령순서가 변화 될 때는 주소 처리기를 동작시켜 새로운 주소를 프로그램 카운터로 보내고 명령의 실행이 순서적인 경우는 프로그램 카운터의 내용을 1씩 증가시킨다.

(8) 주소 레지스터(address register)

주소 레지스터는 기억 장치에 명령과 데이터 등을 저장하고 필요에 따라 읽기(read)하여 사용하는 장치에서 명령과 데이터를 입출력시키기 위한 기억 장치의 주소를 기억하고 있는 레지스터를 말한다.

주소 레지스터에는 다음번에 수행할 명령어의 주소가 저장되는 프로그램 카운터, 기준 주소를 저장하는 베이스 레지스터, 스택의 주소를 저장하는 스택 포인터, 제어 메모리와 인덱스 주소를 저장하는 인덱스 레지스터 등이 있다.

(9) 버퍼 레지스터(buffer register)

버퍼 레지스터는 서로 다른 입출력 전송 속도로 데이터를 입출력하는 중앙처리 장치나 주변 장치의 임시 저장용 레지스터이다.

버퍼 레지스터는 자료가 컴퓨터 입출력 속도로 송수신될 수 있도록 컴퓨터와 속도가 느린 시스템 소자 간에 구성된다.

상호간의 동작의 속도나 동작의 작동 시간이 서로 다른 2개의 장치로 입출력 장치와 내부 기억 장치 중간에 있으면서 속도나 시간 등을 조정하거나 양자를 독자적으로 작동시키는 데 필요한 기억장치이다.

5.5 주변장치(PD: peripheral device)

5.5.1 SPI(Serial peripheral interface)

SPI는 두 개의 주변장치 간에 직렬 통신으로 데이터를 교환할 수 있게 해주는 인터페이스로서 그 중 하나가 메인이 되고 다른 하나가 서브메인이 되어 동작한다.

SPI는 데이터의 양방향으로 전송 전달이 동시에 가능하다. 이 용어는 원래 모토롤라에서 만들어졌으며 내셔널 반도체(national semiconductor)라는 회사에서는 이와 동일한 인터페이스를 "마이크로와이어"라고 부른다.

대부분 중앙 처리 장치와 주변장치들 간에 통신을 하는 시스템에 주로 적용되지만 두 개의 마이크로프로세서들을 SPI의 형태로 연결하는 것도 가능하다.

인터페이스를 직렬로 연결한 경우를 직렬 인터페이스라 하고 병렬로 연결한 경우를 병렬 인터페이스라 한다.

직렬로 연결한 것이 병렬연결에 비해 가장 큰 장점은 버스선의 연결이 간단해진다. 또한 직렬 인터페이스용 버스선의 연결을 병렬 인터페이스용 버스선에 비해 더 길게 만들 수 있는데 이는 버스선 내부의 도선들 간에 전기적인 영향이 많지 않기 때문이다.

SPI에 의해 제어될 수 있는 주변장치들로는 메모리 칩, 레지스터, 포트 확장기, 데이터 변환기, 디스플레이, 프린터, USB, 센서소자 등 여러 가지 장치들이 32있다.

① UART(Universal asynchronous receiver transmitter)

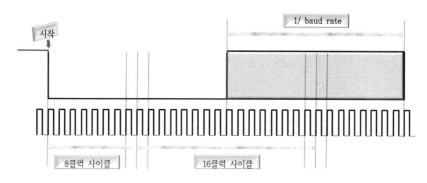

그림5.8 UART 인터페이스.

UART는 컴퓨터에 부착된 직렬 장치들로 향하는 인터페이스를 제어하는 프로그램이 들어 있는 마이크로 칩이다.

그림 5.8과 같이 UART는 컴퓨터에게 RS-232C 데이터 터미널 (DT: data terminal) 장비와 데이터 통신(DC: data communications) 장비 장치를 통해 데이터 네트워크에 인터페이스를 제공함으로써 다른 직렬 장치들과 통신하거나 데이터를 주고받을 수 있게 한다. UART는 인터페이스의 일부로서 컴퓨터로부터 병렬 회로를 통해 받은 데이터들을 외부에 전달하기 위해 하나의 단일 직렬 비트 스트림으로 변환한다. 비트 스트림(bit stream)이란 한 비트씩 직렬 통신 버스 선로를 통해 연속적으로 데이터를 전송하는 흐름과 같이 계속적으로 연속 전송되는 비트열을 말한다.

내부로 전송할 때에는 직렬 비트 스트림을 컴퓨터가 처리할 수 있도록 바이트로 변환을 수행한다. 데이터를 외부로 전송할 때에는 시작과 정지 비트를 추가하고 수신되는 데이터에서는 시작과 정지 비트를 제거하며 마우스나 키보드로부터 전송되는 데이터를 인터럽트 처리한다.

다른 종류의 인터럽트 처리와 컴퓨터의 동작 속도를 장치들의 속도와 같게 하도록 요구하는 장치를 관한다. 이는 보다 업그레이드된 UART들은 일정량의 데이터 버퍼링을 제공함으로써 컴퓨터와 직렬 장치들의 데이터 스트림이 대등하도록 맞추어준다.

② RS-232

RS-232는 비동기 직렬 통신 프로토콜의 가장 대표적인 것이다. 비동기 직렬 통신에 필요한 전기적인 신호 특성인 전압과 펄스, 기계적 특성인 커넥터 구조와 핀 배치의 모든 사양을 규정하고 있는 미국 전미전자산업협회(EIA: electronic industries association)라는 미국내에서 오디오와 비디오의 권고기준안을 제정 또는 결정하는 협회가 정한 표준이다. 컴퓨터의 뒤쪽에 나와 있는 직렬 포트용 DB-9 커넥터의 모양과 핀 배치도 이 표준을 따른다. 그림 5.9와 같이 RS-232는 논리 "1"에 해당하는 전압의 범위를 -3 V ~ -15 V로 논리 "0"에 해당하는 전압의 범위를 +3 V ~ +15 V로 규정한다.

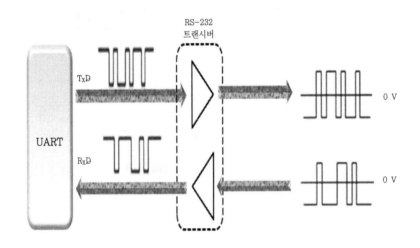

그림5.9 UART내의 RS-232의 배치.

이런 전압은 일반적인 디지털 회로에서 사용되는 범위를 벗어나기 때문에 RS-232 표준을 따르기 위해서는 0 V ~ 3 V범위의 신호를 RS-232 레벨 신호로 변환하고 또 그 반대 방향으로도 전압을 변환해주는 전용 회로가 필요하다. 이런 역할을 하는 집적회로를 RS-232 트랜시버라고 한다.

이는 노이즈에 큰 영향을 받지 않고 먼 곳까지 신호가 전달하기 위해 단순하게 사용하기 위해서는 아직까지도 유용하다. 일반적으로 한 케이블에 10 m 정도까지는 정상적으로 데이터를 통신할 수 있다.

5.5.2 USB(Universal serial bus)

USB는 과거의 느린 직렬과 병렬 인터페이스를 대체하기 위하여 개발된 새로운 인터페이스로 IBM, 컴팩, DEC, 인텔, 마이크로소프트, NEC, 노턴 텔레콤 등의 7개 업체가 중심이 되어 만든 규격이다.

1996년대에 USB specification version 1.0이 발표되었고 몇 달 뒤에 인텔에서 USB를 지원한 칩셋인 430HX와 윈도우 95-OSR2가 개발되어 판매하였다.

USB는 처음에는 노트북용으로 개발되었기 때문에 연결거리를 5 m로 짧게 잡았지만 데스크톱용으로 중심이 옮겨지면서 처음의 기능을 확장시켜 일부에서는 광케이블선으로 만들어 200 m까지 장거리 접속도 가능하게 되었다.

USB의 기능은 각종 주변기기의 케이블을 통합하여 사용하기 위해서다. 전송 속도는 12 Mbps로 아주 고속이 아니기 때문에 상대적으로 속도가 느려도 되는 저속용 기기를 목표로 하고 있다. 고속을 필요로 하는 저장 장치 등은 IEEE1394를 이용하고 있다.

USB의 특징은 한 선으로 최대 128개까지의 주변장치를 연결할 수 있었으나 모니터, 프린터, 키보드, 마우스, 하드디스크와 스마트폰 등의 주변장치들을 하나의 USB에 연결할 수도 있다. 즉 모니터와 프린터 사이를 하나의 케이블로 연결하고 프린터와 하드디스크 사이를 다시 케이블로 연결하고 하드디스크와 스마트폰 사이를 케이블로 연결하는 식으로 주변장치 사이를 하나의 직렬 케이블로 연결하여 사용도 가능하다.

직렬 케이블 접속 방식은 SCSI(small computer system interface)라는 주변장치를 컴퓨터에 연결할 때 직렬 방식으로 연결하기 위한 표준 방식에서 사용하는 데이지 체인(daisy chain)방식으로 PC에서 나온 USB 케이블을 첫 번째 주변장치에 연결한 다음에는 주변장치들과 연결하는 방식이다.

그러나 실제로는 데이지 체인 방식보다는 많은 사용자는 허브라는 단자를 이용한 트리 타입 구조로 연결하여 사용하고 있다.

5.5.3 IEEE 1394(Institute of electrical and electronics engineers)

1986년부터 연구되어온 IEEE 1394는 미국전기전자기술자협회(IEEE)에서 1995년대 공식적으로 협약하여 표준화한 것이 바로 IEEE 1394이다. EEE(국제전기전자기술자협회: institute of electrical and electronics engineers)는 ANSI(미국국립표준협회: american national standards institute)에 의하여 미국 국가표준을 개발하도록 인증 받은 전문기구로서 인증 조직 형태의 표준 개발 기구이다.

초기의 인터페이스는 느린 속도, 확장성의 제한, 고가이며 표준이 정해져 있지 않았다. 이런 단점을 보완하고 특히 고속 주변기기를 하나의 케이블에 연결하기 위한 새로운 표준 규격인 IEEE 1394를 개발하게 되었고 serial bus 인터페이스로 사용하였다.

　　IEEE 1394는 애플사와 텍사스 인스트루먼트사가 공동으로 제창한 새로운 serial bus interface규격으로 firewire라는 이름으로 개발되었다.

　　IEEE 1394의 특징으로 큰 장점은 빠른 전송 속도에 있다. 모드에 따라 100, 200, 400 Mbps 등 세 가지 모드로 구성되어 진다. 이 같은 속도라면 디지털 오디오나 동화상 정보를 전송하기에는 무리가 없기 때문에 디지털 카메라의 사진과 영상, 스캐너 등과 같은 멀티미디어 주변기기를 연결해 사용할 수 있다.

　　USB보다 쌍방향 통신이 뛰어나며 모든 주변기기마다 IEEE 1394 인터페이스를 제어할 수 있는 집적회로 IC를 내장할 수 있기 때문에 PC를 통한 화상 회의 등의 응용분야에서 성능을 제대로 발휘 할 수 있게 해 줄 수 있다.

　　IEEE 1394는 USB와 마찬가지로 직렬 방식의 인터페이스이며 가느다란 6가닥의 전선이 케이블에 들어있고 이들 가운데 4가닥은 데이터와 제어 신호를 위한 것이고 나머지 2가닥은 +, -의 전원선이다. 다른 인터페이스와 달리 전원까지 포함한 것은 전원의 문제로 일어날 수 있는 상황을 방지할 수 있다.

　　IEEE 1394의 전원은 USB와 비슷하게 전원을 공급받으나 IEEE 1394에서는 직렬로 연결되어 있기 때문에 어느 한 기기의 전원이 OFF되더라도 다른 기기의 전원이 OFF되는 일이 없다는 장점이 있다. 사용 전압은 8 V ~ 40 V이고 전류는 1.5 A이다.

　　IEEE 1394가 지원 가능한 제품은 컴퓨터 주변기기(외장형 하드디스크, 스캐너, 대용량 저장장치), 가전제품(디지털 카메라, 캠코더, TV , 오디오), 오락기기, 고화질의 화상회의 장비, 영상제작 장비, 소규모 고속 네트워크, 엔터테인먼트 관련 장비, 셋톱박스(set top box), 홈 네트워크 등을 지원할 수 있다. 표 5.5와 같이 IEEE 1394의 특징을 요약하였다.

표5.5 IEEE 1394의 특징

특 징	설 명
속도를 증가시키기 위하여 디자인 됨	호환성이 우수한 표준성
150 MB/s의 인터페이스 데이터 전송속도	안정된 150 MB/s속도로 병렬 ATA에서 병목현상 제거
저가격	경쟁성 우수
주로 내부용 스토리지 인터페이스	내부 스토리지에 적합한 디자인과 USB와 보완적인 인터페이스
호스트와 디바이스 간에 포인트-포인트 연결방식	쉬운 설치와 마스트/슬래브 구별이 없어 편리
낮은 전압 사용	5 V 전원으로 전력 소비 감소
낮은 ASIC	ASIC die-shrink를 가능
인터페이스 전압 조절	적합한 전원관리와 전력소비
병렬 ATA와 호환인 소프트웨어와 드라이브	병렬 ATA디바이스 드라이브를 사용
명령어 최적화	엔트리레벨의 서버와 레이드 시스템에 사용할 수 있도록 command queuing, overlap기능을 포함하는 낮은 오버헤드 특성
First party DMA	호스트 프로세서에 대한 명령어와 상태 오버헤드를 줄여주는 디바이스가 호스트메모리를 엑세스

5.6 메모리(Memory)

메모리의 기억 장치는 컴퓨터 등의 중앙처리 장치에서 처리할 프로그램이나 데이터를 저장하는 장치다.

기억 장치는 주 기억 장치와 보조 기억 장치로 나눌 수 있으며 주 기억 장치는 중앙처리 장치와 매우 빠른 속도로 데이터 전송이 이루어지므로 반도체 메모리 소자가 사용되고 있다. 보조 기억 장치는 주 기억 장치에 비해 속도는 느리지만 많은 기억 용량을 저장할 수 있도록 한 것으로 하드 디스크, 플로피 디스크 등을 사용하고 있다.

메모리는 주 기억 장치인 반도체 메모리를 의미하며 메모리에 데이터를 기억시키는 것을 쓰기(write)라 하고 기억된 데이터를 메모리로부터 읽어 들이는 것을 읽기라 한다. 반도체 메모리에는 읽기만 가능하며 전원을 끊어도 기억된 내용이 지워지지 않는 롬(ROM: Read only memory)과 읽고 쓸 수 있으나 전원을 끊으면 기억된 내용이 사라지는 램(RAM: Random access memory)이 있다.

메모리 내부는 데이터가 저장되는 메모리 셀이 행렬로 배치되어 있고 지정한 번지를 알아내는 해독기가 있으며 데이터의 입출력 버퍼 및 제어 신호에 의해 메모리의 동작 상태를 결정하는 입출력 게이트 등으로 구성되어있다. 표12.1과 같이 메모리와 관련된 용어와 특징을 나열하였다.

표5.6 메모리 특징

용어	설명	
주소(address)	번지라고도 하며 각각의 저장 장소를 구별	
워드(word)	메모리의 한 번지에 기억할 수 있는 비트 수	
셀(cell)	1비트를 저장하는 저장요소	
바이트(byte)	8개의 비트를 조합	
메모리용량(memory capacity)	기억할 수 있는 총 비트 수 EH는 바이트 수	
메모리 칩의 용량 표기	워드 수 (주소의 개수) X	워드 비트수 (데이터선의 개수)
어드레스 버스(address bus)	주소선 전체	
데이터 버스 (date bus)	데이터선 전체	

메모리의 읽기 동작은 중앙 처리 장치는 읽기를 할 메모리 번지를 어드레스 버스를 통하여 선택하며 메모리는 디코더에서 해독하여 번지를 지정한다. 메모리 칩을 선택하여 데이터 전송이 가능하도록 한다. 메모리에 읽기 신호를 주면 해당 번지의 데이터 값이 입출력 버퍼를 거쳐 데이터 버스를 통하여 중앙 처리 장치에 전달된다.

메모리의 쓰기 동작은 중앙 처리 장치는 써 넣을 메모리 번지를 어드레스 버스를 통하여 선택하고 메모리칩을 선택하여 데이터 진송이 가능하도록 한다. 중앙 처리 상치는 메모리에 저장하려는 데이터 값을 데이터 버스에 내보내어 메모리에 쓰기 신호를 가하면 해당 번지에 데이터 값이 데이터 버스로부터 들어와서 메모리 셀에 저장된다.

메모리 쓰기를 할 때에는 메모리에 어드레스 신호를 가한 다음부터 데이터가 완전히 저장되어 메모리가 다음 동작을 할 수 있을 때까지의 시간을 메모리 라이트 사이클 타임이라 하고 메모리가 선택된 다음 데이터가 쓰일 때까지의 시간을 쓰기 타임이라 한다.

5.6.1 롬(ROM: Read only memory)

롬(ROM)은 기억된 내용을 읽을 수만 있는 기억 장치로 비휘발성의 특징을 가지고 있으며 내용을 따로 보관할 필요가 없다. 롬에 데이터를 기록할 때에는 특수한 장치인 롬 라이트라는 장치가 필요하다. 전원을 공급했을 때 필요한 코드와 데이터를 저장하기 위한 주요 목적으로 시스템에서 롬을 사용한다.

표준 롬은 정말 단순하게 표현하면 대규모 다이오드 배열로 생각 할 수 있다. 아무 내용도 쓰지 않은 롬 상태는 모두 "1"로 각 바이트에는 "0xFF"가 들어있다. 롬은 소프트웨어를 저장하는 작업은 통상적으로 "롬을 굽는다."고 한다. 그 이유는 프로그래밍 과정이 적절한 다이오드에 과도한 전류를 흘려 '다이오드를 망가뜨리거나 태워서' 해당 비트에 "0"을 넣는 방식이기 때문이다.

이러한 작업은 롬 라이트 장치로 할 수도 있고 시스템이 지원하는 경우 회로에서 직접 수행 할 수도 있는 ISP(in system programming) 또는 ICP(in circuit programming)를 사용한다. 롬의 종류로는 Mask 롬, P롬, EP롬, EEP롬 등이 있다.

마스크 롬(mask ROM)은 그림 5.10과 같이 제조 회사에서 롬을 만들 때에 데이터를 미리 기록한 것으로 사용자는 기억된 내용을 지우거나 바꿀 수 없다. 제조 공정 중의 마스크에 데이터를 기입하여 읽기용 기억 장치인 롬에 기억시킨 것으로 한 번 수록된 데이터는 수정할 수 없다.메모리 셀을 트랜지스터로 제작할 수 있으므로 집적도가 높아 대용량의 칩을 생산할 수 있으며 가격은 대량 생산이 가능하여 저가로 구입할 수 있다.

그림5.10 마스크 롬(mask ROM).

프로그램어블 롬(programmable ROM)은 메모리 배열 안에 모든 위치에 다이오드와 일련의 퓨즈를 위치시킴으로써 구성된다. 일반적으로 퓨즈는 티타늄과 텅스텐으로 구성되며 상대적으로 낮은 10 V 전압 정도로 태워질 수 있다. 사용자에 의해 프로그램 되므로 이 것을 P롬 이라고 불린다. 작은 크기의 롬의 응용에 이상적이다. 그러나 프로그램으로 된 다음 에러는 수정 될 수 없는 단점이 있다. 장점으로 기억의 삭제 및 기록이 반복 가능하고 기억의 제거에 자외선을 사용하는 삭제 프로그램어블 롬(EPROM: erasable programmable ROM)과 전기적으로 기억을 삭제하는 전기 삭제 프로그램어블 롬(EEPROM: electrically erasable programmable ROM)의 2종류로 나눌 수 있다. 삭제 프로그램어블 롬은 하나로 메모리 되어 있는 데이터를 삭제하고 새로운 데이터로 다시 기록할 수 있는 롬을 가리킨다. 그림 5.11과 같이 일반적인 삭제 프로그램어블 롬의 사진이다.

그림5.11 삭제 프로그램어블 롬(erasable programmable ROM).

시스템 개발에는 삭제 프로그램어블 롬이 효율적이며 칩 표면에 부착된 작은 유리창을 통해 자외선을 투과하여 프로그램을 고칠 수 있으므로 칩을 재사용할 수 있다. 따라서 시스템을 변경하지 않지 않기 위해 개발과정에서 삭제 프로그램어블 롬을 사용한다.

삭제 프로그램어블 롬 기술이 지니는 단점은 칩을 회로 기판에서 떼어내서 지워야 한다는 점이다. 따라서 디버깅 주기가 매우 느릴 뿐 아니라 변경 가능한 시스템 매개변수를 저장하는 데는 미흡한 점이 있다. 전형적인 응용은 기계적 도구, 로봇, 그리고 복사기 같은 마이크로컴퓨터 제어 시스템을 위한 소프트웨어를 저장하기 위해 사용된다.

삭제 프로그램어블 롬은 프로그래밍 핀이 전압 약 20 V 정도를 유지하는 동안 데이터와 외부 프로그래머에 의해 프로그램 된다.

그림 5.12와 같이 전기 삭제 프로그램어블 롬은 전기적으로 삭제가 가능한 회로상에서 지우고 다시 프로그램 할 수 있으며 프로그램 하거나 지우기 위해서는 소켓에서 제거되어 프로그래머나 이레이저 안에 놓여 져야 한다.

이런 방법은 많은 시간이 소요되는 단점을 가지고 있다. 전기적으로 간단히 삭제하고 새로운 내용을 쓸 수 있으며 용량은 보통 몇 K ~ M byte로서 일반 롬보다도 훨씬 적으므로 펌웨어를 저장하기에는 적합하지 않다.

그림5.12 전기 삭제 프로그램어블 롬(electrically erasable programmable ROM).

일반적으로 전원이 꺼진 상태에서도 기억해야 하는 시스템 매개변수나 상태 정보를 저장하는데 사용한다. 임베디드 시스템의 마이크로 컨트롤러에 시스템 매개변수나 저장용으로 소형 EEP롬을 내장해서 많이 사용한다.

5.6.2 램(RAM: Random access memory)

램(RAM)은 정보를 자유롭게 읽고 쓸 수 있는 주기억 장치이지만 휘발성 메모리이다. 램은 셀 내부가 플립플롭의 조합으로 구성된 정적 S램(SRAM: static RAM)과 커패시터에 전하를 충전시켜서 데이터를 기억하는 동적 D램(DRAM: dynamic RAM)으로 나뉜다. S램은 논리게이트를 이용하여 비트 데이터를 저장하며 전원이 공급되는 동안에는 내용이 그대로 유지되므로 재생이 필요 없다.

S램은 가장 빠른 램 형태로 외부 지원 회로가 거의 필요 없으며 전력 소모가 상대적으로 높다. 단점은 동적 램 보다 용량이 상당히 작으면서도 가격은 훨씬 비싸다는 점이다. S램은 커패시터 배열을 이용하여 비트 데이터를 저장하며 커패시터 배열이 전하를 금방 방전해 버리므로 1/1,000초와 같은 일정 주기로 재충전을 해야 한다.

S램은 메모리 디바이스 중에서 용량이 가장 크며 제품이 매우 다양하여 선택의 폭이 넓다.

D램은 커패시터에 충전된 전하가 시간이 지나면 자연적으로 소멸되기 때문에 일정 시간 간격으로 다시 충전이 필요하다. 램에 있는 정보를 저장하려면 시스템 전원을 끄기 전에 어떤 형태로든 영구 저장 공간으로 옮겨야 한다.

D램의 메모리 셀들은 비트를 저장하는데 플립플롭을 사용하는 것이 아니라 작은 커패시터를 사용한다. 이러한 셀 구조는 아주 간단하게 구현이 가능하므로 집적도가 높으며 그로인해 S램보다 비트당 비용이 싸게 되어 대규모 메모리를 1개의 칩으로 설계 할 수 있다.

D램의 단점은 기억하는 커패시터가 일정 시간이 지나면 그의 전하를 유지할 수 없으므로 전하를 주기적으로 재충전시켜주어야 하며 그렇지 않으면 데이터가 없어지게 된다. 프로세서 대다수는 최근에 수행한 메모리 참조를 저장하는 명령어 캐시와 데이터 캐시가 있다.

캐시는 고속 S램을 사용하여 구현하며 대형 시스템에서 주 메모리로 D램을 사용 할 때 속도을 보완할 목적으로 널리 사용 한다. 단위 면적당 집적도가 높아 주기억 장치로 사용되며 구조가 단순하고 소비 전력이 적다.

표 5.7과 같이 DRAM과 SRAM의 특성을 비교 정리하였다.

표5.7 D램과 S램 특성 비교

구분	DRAM	SRAM
리플래시	필요	불필요
속도	느리다	빠르다
회로	간단	복잡
집적도	높다	낮다
가격	싸다	비싸다
용도	주 메모리용	캐시 메모리용

5.7 인터페이스(Interface)

인터페이스란 다이얼, 조이스틱, 컴퓨터나 프로그램에 의해 제공되는 운영체계의 명령어, 그래픽 표현형식들의 다른 장치들과 같이 사용자가 컴퓨터나 프로그램과 의사소통을 하고 사용할 수 있도록 해주는 것이다.

사용자에게 그림을 이용한 의사소통 방법을 제공하는 그래픽 사용자 인터페이스(GUI: graphical user interface)는 보통 인간 환경공학적으로 보다 만족스럽고, 사용자 편의를 더 강조한 인터페이스다.

인터페이스는 일련의 명령어나 함수, 옵션, 그리고 프로그램 언어에 의해 제공되는 명령어나 데이터를 표현하기 위한 다른 방법들로 구성되는 프로그래밍이다. 어떤 장치를 커넥터나 다른 장치에 부착할 수 있도록 지원하는 물리적이거나 논리적인 설비가 필요하다.

"인터페이스 한다."는 것은 다른 사람이나 객체와 의사소통 한다는 것을 의미하는데 특히 하드웨어 장비에 있어 인터페이스 한다는 것은 두 장비가 효과적으로 교신하거나 함께 일할 수 있도록 적절한 물리적인 연결을 확립하는 것을 의미한다.

5.7.1 처리(Processing)

컴퓨터와 외부의 실체이며 예를 들면 이용자, 주변 장치, 통신 매체가 접하는 점을 말한다. 인터페이스는 접속기와 같은 물리적인 것일 때도 있고 소프트웨어를 포함하는 논리적 또는 가상적인 것일 때도 있다.

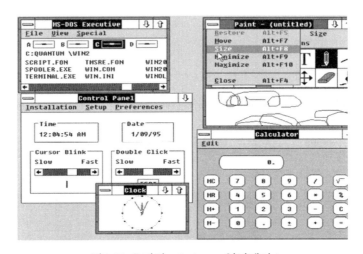

그림5.13 초기의 windows 인터페이스.

초기의 인터페이스의 window 1은 1985년에 출시되었으며 오늘날 사람들이 PC를 사용하는 방식과는 전혀 다르게 그림 5.13과 같이 설계되었다. windows의 첫 번째 버전은 DOS와 비슷한 간단한 그래픽이었으며 주로 키보드를 사용하도록 설계되었다. 마우스는 선택 사항이었으며 극소수의 PC에서만 사용되었다. 당시만 해도 마우스는 호기심의 대상에 불과했으며 상당수의 고급 사용자들이 마우스를 비효율적이고 번거롭고 불편하고 사용하기 어렵다고 생각했다.

상업적으로 성공한 최초의 windows 버전은 1990년에 출시된 windows 3이였다. windows 3는 새로운 셀의 중앙에 위치하고 있으며 프로그램을 실행하고, 정렬하고 전환할 수 있는 프로그램 관리자라고 하는 완전히 새로운 인터페이스를 지원했다. 파일 관리자는 Windows 3에서 처음 선보인 가장 중요한 프로그램이며 파일 및 드라이브 관리에 사용되었다.

업그레이드로 인해 대부분의 사용자가 마우스를 사용하여 당시로서는 크고 화려한 32 x 32 아이콘을 클릭하는 방법을 배우게 되었다. windows 3을 효율적으로 사용하려면 그토록 비판하던 마우스가 필요했기 때문이다.

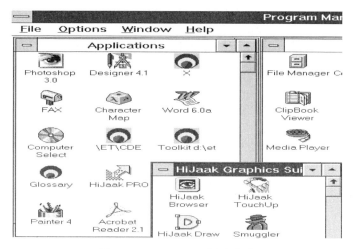

그림5.14 Windows 3 인터페이스.

그림 5.14와 같이 파일 관리자를 사용하여 운영체제(OS: operating system) 자체의 파일을 탐색한다는 점에 주목할 필요가 있다. 최소화된 앱에 접근하려면 먼저 다른 창을 치워야 하는 경우가 많았기 때문에 실행 중인 프로그램 간에 전환하기 위해 키보드의 Alt+Tab 키를 자주 사용해야 했기 때문이다.

다음으로 나온 것이 window 95 인터페이스이다. 1995년에 출시된 windows 95는 상당히 다른 모습의 사용자 경험을 들고 나왔다. 시작 메뉴, 작업 표시줄, 탐색기와 데스크 탑 등 windows 7에서도 여전히 사용되는 구조 중 상당 부분이 이 버전에서 도입된 것이다.

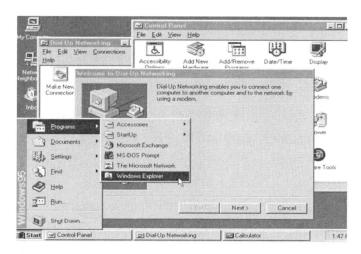

그림5.15 window 95 인터페이스.

그림 5.15와 같이 이러한 사용자 인터페이스 요소에 익숙하지만 당시에는 기존의 PC 사용법과 전혀 다른 방식이었다. 시작 단추에 시작이라고 표시되어 있음에도 불구하고 사람들이 시작 단추를 잘 찾지 못해서 초기 버전 테스트 이후 사람들이 PC에서 프로그램 사용 방법을 이해할 수 있도록 작업 표시줄에 "시작하려면 여기를 클릭하십시오."라는 텍스트를 추가해야 했다.

하지만 일단 시작 단추 사용법을 이해한 사람들은 계속해서 시작 단추를 사용했으며 곧 능숙하게 사용할 수 있게 되었다. 그리고 다음 버전에서는 "시작하려면 여기를 클릭하십시오."라는 텍스트를 없앨 수 있었다. 당시만 해도 PC는 신비한 물건이었으며 대부분의 가정에 PC가 없었다. 지금은 당연한 것이 된 두 번 클릭, 오른쪽 클릭 등의 작업을 모르는 사용자가 많았으며 windows 95 사용자 인터페이스에서 비로소 광범위하게 사용되기 시작했다.

많은 사람들이 이러한 작업 방법을 익히는 데 어려움이 있었다. 1993년에 설계된 windows 95 사용자 인터페이스는 매우 혁신적이었으며 당시의 일반적인 작업을 대폭 간소화했다. windows 95는 팩스 서비스와 터미널 클라이언트/전화 걸기 기능을 제공했다.

windows 95는 디지털 카메라나 휴대용 MP3 플레이어와 같은 일반 장치를 지원하지 않았다. 1995년에는 그런 장치가 존재하지도 않았기 때문이다. PDA 기능을 지원하는 최초의 휴대폰인 IBM simon이 이 시기에 출시되었다.

windows 95 UI(user interface)는 시작 메뉴, 작업 표시줄, 데스크톱, 탐색기 및 그 밖의 친숙한 windows UI가 이 무렵에 세상에 첫 선을 보였다. 이 시기에는 컴퓨터의 워드 프로세서에서 입력 작업을 하고 파일을 조작하는 것과 같은 대부분의 컴퓨터 작업이 오프라인에서 이루어졌다.

2001년에 window XP버전으로 PC 제조업체를 대상으로 출시되었으며 windows사용자 인터페이스의 발전에 또 하나의 큰 획을 그었다. 2001년도부터 사람들이 일상생활에서 PC를 사용하는 비중이 이전에 비해 훨씬 높아졌고 사람들이 PC를 사용하는 시간 중에서 웹이 필요 없는 입력이나 파일 관리 작업이 차지하는 비중이 여전히 높았다. 하지만 음악, 사진, 비디오 등의 정보 및 미디어를 수집하고 소비하는 활동이 PC 사용에 있어 대세가 되는 시기였다.

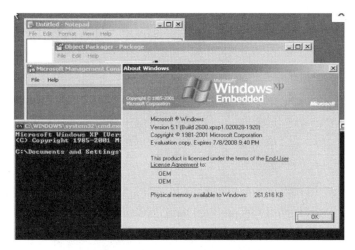

그림5.16 Windows XP 인터페이스.

그림 5.16과 같이 windows XP 인터페이스 모습에서 왼쪽 아래의 시작을 클릭하여 windows XP 시작 메뉴를 실행하는 것은 지금도 변함없지만 시작 메뉴 자체에는 매우 큰 변화가 있었다. 프로그램 관리자에서 시작된 계층적 프로그램 목록은 그림 5.17과 같이 시작 표시줄의 모습이 Windows 95 이후 모든 버전에서 "모든 프로그램" 링크 아래에 표시되었다.

메일, 웹 브라우징, 사진 및 음악이 맨 위로 이동되었다. 결국 Windows XP는 큰 성공을 거두게 되지만 당시에 일부 사람들은 바뀐 사용자 인터페이스에 불만을 표시했다. 이들은 Windows XP의 사용자 경험이 너무 화려하다고 생각했으며 일부 사용자는 이전 버전으로 "다운그레이드"하는 방법을 문의하기도 했다.

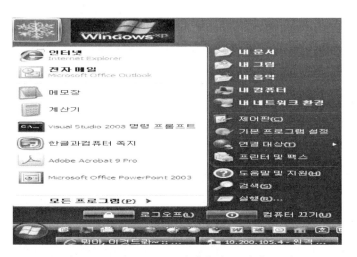

그림5.17 Windows XP 인터페이스 시작 표시줄

2006년에 window vista가 출시되었다. windows vista에서는 aero 비주얼 스타일이 도입되어 windows의 모습이 크게 달라졌다.

그림5.18 VISTA 인터페이스.

windows vista aero는 그림 5.18과 같이 제목 표시줄, 작업 표시줄 및 기타 시스템 서비스에 정교하게 렌더링된 유리, 광원, 반사 및 기타 세밀한 질감을 제공했다. 이러한 스타일 요소는 당시의 디자인 감성을 대변하여 전혀 새로운 디지털 도구의 기능을 잘 반영한 것이기도 하다.

aero는 사람들이 창 크롬 자체보다 창 안에 있는 콘텐츠에 더 집중할 수 있도록 설계되었다. 사람들의 시선을 제목 표시줄 및 창 프레임에서 앱의 콘텐츠로 끌어온다. 시작 메뉴도 바뀌었는데, 가장 주목할 만한 변화는 windows 키(windows 95에서 도입)를 누른 다음 입력을 시작하여 windows 어디에서나 검색할 수 있다는 점이다.

이 혁신적인 기능은 windows 7과 8에서도 그대로 제공되며 앱 내부까지 검색할 수 있도록 기능이 확장되었다. 물론 기능이 변경될 때마다 일부 사람들이 변화에 대해의구심을 표시했다. 비스타가 대중화 되지 못한 이유는 여러 가지가 있겠지만 가장 큰 이유는 한 번 실행에 너무 많은 프로그램을 자동 실행시켜 많은 시간이 소모되며 정품 프로그램을 사용해야 한다는 점에 인기를 끌지 못했다.

window vista의 사용량 저조로 그림 5.19와 같이 2009년에 windows 7가 출시되었다. 주요 UI에 수많은 변화가 있었다. 이러한 변화의 대부분은 작업 표시줄을 개선하는 것에 집중되었지만 시작 메뉴 창 작업과 PC 파일의 논리적 구성에도 큰 변화가 있었다.

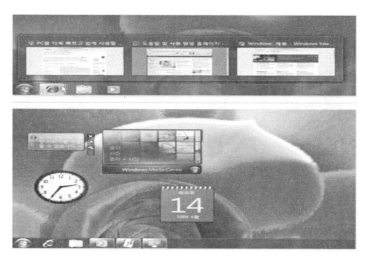

그림5.19 windows 7 인터페이스.

가장 큰 변화는 새로운 작업 표시줄에서 프로그램을 실행하고 프로그램 간에 전환할 수 있다는 것이다. 작업 표시줄의 아이콘은 크기가 커졌고 터치하기 편하게 바뀌었다. 시작 메뉴는 사용 빈도가 낮은 프로그램 실행에만 집중하도록 바뀌었고 어떤 프로그램도 작업 표시줄과 시작 메뉴에서 동시에 고정되지 않는다.

또한 windows 7은 기본 운영 체계에 멀티 터치 지원을 도입한 최초의 비휴대폰 전자 기기용 운영 체계이다. 다른 플랫폼의 태블릿이 따라하고는 있지만 windows 7은 플랫폼에 멀티 터치 기능을 도입한 최초의 운영 체계이다. 그 과정에서, 대부분의 기존 인터페이스와 거의 모든 기존 프로그램이 마우스와 키보드를 사용하도록 설계된 상태에서 터치 기능을 사용하여 windows를 탐색할 경우 어떤 제한이 있는지에 대해 정말 많은 것을 배울 수 있었다.

일부 사람들이 비판적인 반응을 보이며 사용자 인터페이스를 변경해 달라고 요청하기도 했지만 windows 7은 순식간에 전 세계에서 가장 많이 사용되는 운영 체계가 되었다. 2012년에 windows 8이 출시되어 있다.

windows 8은 windows 7 다음 차기작으로 출시 된 운영체제이다. windows vista 와 7 과 같이 windows 6.x 버전을 기반으로 하기 때문에 windows vista와 windows 7의 운용 프로그램과 하드웨어는 대부분 windows 8에서도 문제없이 잘 작동되며 이전 버전과 달리 windows의 관례를 깨고 시작 메뉴와 버튼이 사라지고 시작 화면이라는 개념이 생기고 첫 시작 화면이 윈도우 바탕 화면이 아닌 시작 화면이 표시되는 것이 매우 큰 특징이 있다. 그림 5.20과 같이 windows 8의 인터페이스이다.

그림5.20 windows 8 인터페이스.

또한 시작 화면은 기존 시작 메뉴와 달리 라이브 타일로 한 화면에서 대부분의 프로그램의 요약된 정보와 유용한 정보를 쉽게 얻을 수 있으며 날씨를 알아보는 프로그램은 날씨 프로그램의 아이콘이 아닌 지금 내가 살고 있는 지역의 날씨정보가 표시되고 프로그램 실행은 아이콘이 아닌 타일 형식으로 직사각형의 타일을 눌러 실행하는 형식이다.

그리고 매우 큰 특징은 인터페이스가 기존 데스크탑 및 노트북이 아닌 터치기반의 태블릿 PC를 기반으로 설계를 하였다. 물론 데스크탑에서도 사용 가능하고 익숙해지면 불편함이 어느 정도 사그라지지만 전통적인 마우스로 조작하기 편리한 윈도우에 비해 windows 8은 마우스로 조작하기보다 터치에 익숙하고 편리한 운영체제이다.

이러한 인터페이스는 windows phone 인터페이스와도 유사하여 마이크로소프트사가 스마트 단말기의 시장도 점유해보려는 의지가 담겨져 있다.

windows 8의 장점은 무엇보다 태블릿 PC에서 활용하기가 좋으며 터치 기반이기 때문에 마우스로 조작하던 기존 윈도우와 달리 터치로도 편리하게 운영체제를 활용할 수 있다. 시작 화면에서 각각 프로그램을 실행하지 않고서도 한 화면에서 바로 각종 새로운 소식을 알 수 있어 매우 편리하다.

단점은 터치기반의 인터페이스에 너무 치중하다보니 터치가 아닌 일반 데스크탑에서는 조작이 어려울 수 있다.

windows 7과 Windows 8의 차이점도 위에서 언급했듯이 일단 윈도우 8이 터치기반이며 시작메뉴가 기존 윈도우를 탈피하여 시작 메뉴와 버튼을 없애고 한 화면으로 만들어 사용하도록 했다. 그 외에 사각형 스타일을 추구하며 창 모양이 둥근 모서리에서 직사각형으로 변하고 시작 화면의 프로그램 버튼도 모두 사각형으로 만들었다.

이후 2013년에 windows 8.1이 출시되었다. 그림 5.21과 같이 windows 8.1은 공식 사이트(windows.com)를 통해 전세계 230여개 지역에서 37개 언어로 다운로드가 가능하며, 한국을 포함한 전 세계 오프라인 매장에서 새로운 패키지 제품으로도 판매된다. 기존의 윈도8 사용자들은 무료로 windows 스토어를 통해 다운로드 받을 수 있다.

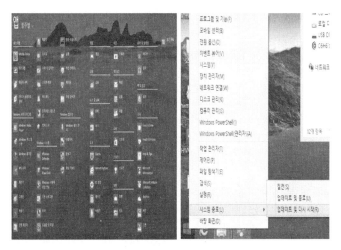

그림5.21 windows 8.1 인터페이스.

windows 8.1은 노트북, 올인원 PC와 특화된 산업기기 등 다양한 기기에서 활용이 가능한 것이 특징이다. 주요 특징은 사용자 개개인의 기호에 맞게 맞춤 설정을 할 수 있는 '나만의 윈도' 기능, '시작버튼 부활', '스카이드라이브를 통한 클라우드 환경', '멀티태스킹 기능 강화', '앱 스토어 강화', 인터넷을 빠르게 할 수 있는 새로운 브라우저 '인터넷 익스플로러 11 탑재' 등이다.

나만의 windows는 사용자의 기호에 맞게 시작화면의 배경과 색상을 꾸밀 수 있으며 시작화면 타일 크기도 조절할 수 있다. 또 데스크톱 화면이 익숙한 사용자들은 부팅할 때 바로 데스크톱 모드로 시작할 수 있게 설정할 수 있다.

기존 windows 8에서 삭제됐던 시작 버튼을 추가했으며 '빙 스마트 서치' 기능을 통해 간단한 검색어 입력으로 PC, 인터넷 등 다양한 소스에서 검색이 한 번에 가능하며 검색은 저장된 문서나 스카이드라이브에 올려둔 사진, 앱, 엑스박스 뮤직, 웹에 이르기까지 통합해서 할 수 있다. 스카이프, 메일, 엑스박스 뮤직·비디오와 같은 기본 앱들의 기능도 향상됐을 뿐만 아니라 '빙 푸드 앤 드링크', '헬스 앤 피트니스' 등 건강 관련 앱도 추가됐다. 속도와 성능을 개선한 브라우저 인터넷 익스플로러 11(IE11)도 탑재했다. IE11은 모든 windows 8.1 기기에서 강화된 터치 성능, 빠른 속도 및 검색기록, 즐겨 찾기, 설정 등의 동기화 기능을 제공한다. 3D 프린터의 지원이 가능하여 3D 작업을 인쇄하고 3D 파일 형식을 읽을 수 있다. 향상된 다중작업 기능으로 한 화면에서 4개의 앱을 동시에 사용할 수 있으며 각 실행사용자들은 스카이드라이브를 통해 클라우드 방식으로 콘텐츠를 제작, 공유할 수 있다.

windows 스토어도 새롭게 구성돼 애버노트, 페이스북, 포토샵 익스프레스, 이베이, 넷플릭스 등과 같은 앱을 내려 받을 수 있다. 윈도8.1은 "최상의 디바이스와 서비스를 함께 제공하고자 하는 마이크로소프트의 비전을 구현한 운영체제"라며 "어떤 디바이스로도 업무나 여가 모두 편리하게 즐길 수 있는 컴퓨팅 환경"을 제공하고 있다. 그러나 많은 장점에도 불구하고 많은 사용자들이 외면하면서 인기를 끌지는 못했다.

이 후 2015년에 windows 10이 출시되었다. windows 10은 windows 7, windows 8, windows 8.1의 기능적인 장점을 탑재, 보안 설정 강화, 빠른 부팅 속도, 사용하기 쉬운 UI(user interface) 구성, 마이크로소프트 엣지(edge)인 인터넷 브라우저로 빠른 속도, 코타나(cortana)라는 음성 인식 기능, 작업 표시줄에서 바로 검색, 스마트 폰의 플레이 스토어(play store)와 같은 윈도우 스토어 탑재 등과 같은 쉽고 빠르게 사용할 수 있는 윈도우로 출시하였다.

5.7.2 입·출력(Input/output)

컴퓨터와 사용자 사이의 정보를 교환할 수 있는 장치의 집합을 말한다. 컴퓨터로 데이터를 처리하기 위해서는 우선 처리할 데이터를 입력장치를 통하여 컴퓨터로 입력시켜야 하고 컴퓨터가 처리한 결과의 데이터는 출력장치를 통하여 사용자가 읽을 수 있는 형태로 다시 되돌려야 한다.

입력장치는 자료를 컴퓨터가 인식할 수 있는 형태로 변환시켜 주기억장치로 읽어 들이는 장치이고 출력장치는 컴퓨터에서 처리된 내용을 사용자가 인식할 수 있는 형태로 바꾸어 문자나 도형 등으로 표시하는 장치이다.

입력장치는 카드판독기, 광학식 문자판독기(OCR), 광학마크판독기(OMR), 바코드인식기, 자기잉크문자인식기, 키보드, 스캐너, 음성입력장치, 라이트펜, 터치스크린, 조이스틱, 마우스, 디지타이저 등이 있다.

출력장치는 프린터, CRT, 음성합성장치, 플로터, 음성응답장치 등등 흔히 알고 있는 컴퓨터 주변장치들이 있다. 앞으로의 인터페이스는 사용자의 편리성과 다양한 기능으로 변화가 급속도록 진행될 것이며 그 예들을 살펴보면

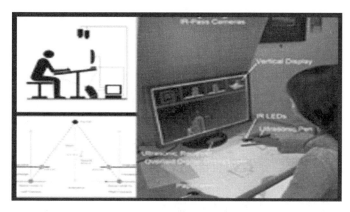

그림5.22 잉크투이티브(Inktuitive).

잉크투이티브(Inktuitive)는 자신의 '인크투이티브' 프로젝트를 통해 설계자들이 자신의 생각을 쉽게 시각적으로 표현하는 디스플레이 장치이다. 그림 5.22와 같이 종이 한 장과 적외선 LED 컴퓨터 모니터, 초음파 펜, 초음파 수신기로 구성된 설계 시스템이며 설계자들이 종이 위에 스케치를 하면 시스템이 스케치의 스토로크를 포착해 컴퓨터 화면에 3D 이미지로 표시해주기 때문이다.

그림5.23 멤테이블(Memtable).

그림 5.23과 같이 멤 테이블은 브레인스토밍과 의사결정, 기획과 스토리 생성을 지원하는 프로젝터 2개, 카메라 2개, 거울 2개, 소프트웨어, 그리고 5종류의 입력 장치(텍스트, 이미지 캡처, 스케치, 랩탑 캡처, 오디오)로 구성되어 있다.

마우스리스(mouseless)는 책상을 깨끗이 정리하고자하는 이용자라면 프라나브 미스트리의 마우스리스를 사용하면 된다. 이는 컴퓨터에 내장되어 있는 IR 레이저 빔과 IR 카메라로 움직이는 눈에 보이지 않는 컴퓨터 마우스이다.

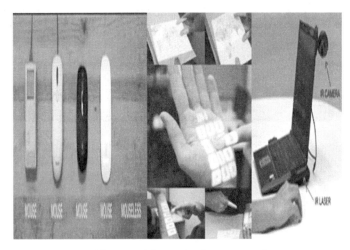

그림5.24 마우스 리스(mouseless).

그림 5.24와 같이 마우스리스는 컴퓨터가 놓여있는 표면 위에 적외선(infrared ray) 레이저를 생성하는 방식으로 작동된다. 사용자는 실제 컴퓨터 마우스를 손을 모아 쥐면 레이저 빛이 손에서 나오게 된다. 그러면 적외선 카메라는 사용자 손이 만들어내는 적외선 빛을 탐지하고 이 빛의 위치 변화를 해석해 커서의 움직임과 마우스 클릭으로 바꿀 수 있다.

Excercise

1. 다음은 마이크로프로그램에 대한 설명이다. 맞는 것은?

① 마이크로프로세서 시스템은 입출력기기로 보내거나 받아들일 때 사용되는 입출력 포트 및 인터페이스 장치다.
② 명령어의 단위를 소프트웨어라고 한다.
③ 마이크로프로세서는 프로그램을 저장하는 장치가 없다.
④ 마이크로프로세서는 인터페이스를 포함하지 않는다.

2. 마이크로프로세서에의 중요장치 3가지를 적으세요?

3. 다음 중 마이크로프로세서의 특징이 아닌 것은?

① 중앙 처리 장치가 한 개, 혹은 몇 개의 집적 회로 칩으로 구현되어있다.
② 프로그램 수행시 필요한 데이터를 일시 저장하는 반도체 기억소자로 구성된다.
③ 단일칩 마이크로컴퓨터는 메모리, 입출력포트 등 이 내장되어 있지 않다.
④ 데이터 처리 비트수로 분류할 수 있다.

4. EEPROM의 특징을 서술하세요.

5. 다음중 범용 레지스터 사이의 전송의 형태가 아닌 것은?

① AX ② BX ③ CX ④ DX

6. 한자리 2진수 2개를 입력하여 합과 캐리를 계산하는 덧셈회로 이다. 진리표를 보면 합은 입력하는 두 수 중 하나만 "1"이 들어가면 "1"이 되고, 캐리는 입력하는 두 수가 모두 "1"일 때만 "1"이 되어 나오는 것은?

7. 제어장치의 구성요소를 설명하는 말이 아닌 것은?

① 주기억장치에서 명령어를 읽어 제어장치내의 레지스터로 저장된다.
② 명령어의 포인터에는 다음에 실행될 명령이의 주소가 저징된다.
③ 제어장치가 플래그 레지스터의 명령어를 해석한다.
④ 해석된 명령어는 해당된 제어신로를 발생한다.

8. 범용 레지스터 중에서 바이트 곱셈, 바이트 나눗셈 동작을 취하는 것은?

9. 레지스터의 종류 중 명령어를 수행하는 중간이거나 수행을 마친 직후에 변경된 컴퓨터 시스템의 상태인 프로그램 상태 워드를 기억하는 레지스터는?

10. 주변장치 3가지를 서술하세요.

APPENDIX

1. 기호 및 단위

2. SI 단위 표현

3. 전기전자 용어

4. NCS 전기전자 직무-프로파일, 전자부품

5. 연습문제 해답

6. 전기전자 소자 Data sheet

7. Reference

8. Index

1. 기호 및 단위

1.1 그리스 문자

A	α	알파(alpha)	I	ι	요타(jota)	P	ρ	로(rho)
B	β	베타(beta)	K	k	카파(kappa)	Σ	σ	시그마(sigma)
Γ	ζ	감마(gamma)	Λ	λ	람다(lambda)	T	τ	타우(tau)
Δ	δ	델타(delta)	M	μ	뮤(mu)	Y	υ	입실론(upsilon)
E	ε	엡실론(epsilon)	N	ι	뉴(nu)	Φ	Φ	피(phi)
Z	ζ	제타(zeta)	E	ε	크시/크사이(xi)	X	χ	키(chi)
H	η	에타(eta)	O	o	오미크론(omikron)	Ψ	ψ	프시/파이(psi)
Θ	θ	세타(theta)	Π	π	파이(pi)	Ω	ω	오메가(omega)

1.2 전기전자 기호

항목	기호 표시	산출공식	SI 위	SI 기호	CGS단위	배수 (CGS/SI)
전류	I, i	I=E/R, I=E/Z, I=Q/t	Ampere	A	Abampere	10^{-1}
전하량	Q, q	Q=I*t, Q=C*E	Coulomb	C	Abcoulomb	10^{-1}
전압	E, e	E=I*R, E=W/Q	Volt	V	Abvolt	10^{8}
저항	R, r	R=E/I, R=(ρ×l)/A	Ohm	Ω	Abohm	10^{9}
저항률	ρ	p=(R*A)/l	Ohm-meter	Ω ·m	Abohm-cm	10^{11}
Conductance	G, g	G=(γ*A)/l, G=A/(ρ*l)	Siemens	S	Abmho	10^{-9}
도전율	G	G=R/Z₂	Siemens	S	Abmho	10^{-9}
Capacitance	γ	γ=l/ρ, γ=l/(R*A)	Siemens-meter	S/m	Abmho/cm	10^{-11}
	C	C=Q/E	Farad	F	Abrarad	10^{-9}
유전율	ε		Farad/meter	F/m	Stat farad/cm	$8.85*10^{-12}$
상대유전율	εr	εr=ε/εo	Numerical		Numerical	1
자기유도	L	L=-N*(d/dt)	Henry	H	Abhenry	10^{9}
상호유도	M	M=K*(L₁*L₂)/2	Henry	H	Abhenry	10^{9}
Energy	J	J=e*I*t	Joule	J	Erg	10^{7}
	kWh	kWh=kW/3,600, 3.6M*J	Kilowatthour	kWh		$36*10^{12}$
유효전력	W	W=J/t, W=E*I*cosθ	Watt	W	Abwatt	10^{7}
무효전력	jQ	jQ=E*I*sinθ	Var	var	Abvar	10^{7}
피상전력	VA	VA=E*I	Volt-ampere	VA		
역률	PF pf	PF=W/(V*A) PF=W/(W+jQ)	Ohm			1
유도 Reactance	XL	XL=2π*f*L	Ohm	Ω	Abohm	10^{9}
용량 Reactance	XC	XC=1/(2π*f*C)	Ohm	Ω	Abohm	10^{9}
Impedance	Z	Z=E/I, Z=R+j*(X_L−X_C)	Siemens	Ω	Abohm	10^{9}
Susceptance	B	B=X/Z₂	Siemens	S	Abohm	10^{-9}
Adimittance	Y	Y=I/E, Y=G+jB	Hertz	S	Abohm	10^{-9}
주파수	f	f=1/T	Second	Hz	Cps, Hz	1
주기	T	T=1/f	Second	s	Second	1
시간상수	T	T=L/R, T=R*C	Radians/second	s	Second	1
각속도	ω	ω=2π*f		rad/s	Radians/second	1

1.3 SI 기본 단위

기 본 량	SI 기본 단위	
	명 칭	기 호
길 이	미 터	m
질 량	킬로그램	kg
시 간	초	s
전 류	암 페 어	A
전 압	볼트	V
저 항	옴	Ω
온 도	켈 빈	K
용 량	몰	mol
광 도	칸 델 라	cd

1.4 SI 유도 단위

1.4.1 기본단위로 표시된 SI 유도단위

유 도 량	SI 유 도 단 위	
	명 칭	기 호
넓 이	제곱미터	m^2
부 피	세제곱미터	m^3
속 력, 속 도	미 터 / 초	m/s
가 속 도	미 터 / 초 제곱	m/s^2
파 동 수	역 미 터	m^{-1}
밀 도, 질 량 밀 도	킬로그램 / 세제곱미터	kg/m^3
비(比) 부피	세제곱미터 / 킬로그램	m^3/kg
전 류 밀 도	암페어 / 제곱미터	A/m^2
자 기 장 의 세 기	암페어 / 미 터	A/m
농 도(물질)	몰 / 세제곱미터	mol/m^3
광 휘 도	칸델라 / 제곱미터	cd/m^2

1.4.2 특별한 명칭과 기호를 가진 SI 유도단위

유 도 량	S I 유 도 단 위			
	명 칭	기호	SI 표시(1)	SI 표시(2)
평 면 각	라디안	rad		$m \cdot m^{-1} = 1$
입 체 각	스테라디안	sr		$m^2 \cdot m^{-2} = 1$
주 파 수	헤르츠	Hz		s^{-1}
힘	뉴턴	N		$m \cdot kg \cdot s^{-2}$
압력, 응력	파스칼	Pa	N/m^2	$m^{-1} \cdot kg \cdot s^{-2}$
에너지, 일, 열량	줄	J	$N \cdot m$	$m^2 \cdot kg \cdot s^{-2}$
일률, 전력	와트	W	J/s	$m^2 \cdot kg \cdot s^{-3}$
전하량, 전기량	쿨롱	C		$s \cdot A$
전위차, 기전력	볼트	V	W/A	$m^2 \cdot kg \cdot s^{-3} \cdot A^{-1}$
전기용량	패럿	F	C/V	$m^{-2} \cdot kg^{-1} \cdot s^4 \cdot A^2$
전기저항	옴	Ω	V/A	$m^2 \cdot kg \cdot s^{-3} \cdot A^{-2}$
전기전도도	지멘스	S	A/V	$m^{-2} \cdot kg^{-1} \cdot s^3 \cdot A^2$
자기선속	웨버	Wb	$V \cdot s$	$m^2 \cdot kg \cdot s^{-2} \cdot A^{-1}$
자기선속밀도	테슬라	T	Wb/m^2	$kg \cdot s^{-2} \cdot A^{-1}$
인덕턴스	헨리	H	Wb/A	$m^2 \cdot kg \cdot s^{-2} \cdot A^{-2}$
섭씨온도	섭씨도	℃		K
광 선 속	루멘	lm	$cd \cdot sr$ (다)	$m^2 \cdot m^{-2} \cdot cd = cd$
조 명 도	럭스	lx	lm/m^2	$m^2 \cdot m^{-4} \cdot cd = m^{-2} \cdot cd$
방사능(핵종)	베크렐	Bq		s^{-1}
흡수선량, 비에너지,	그레이	Gy	J/kg	$m^2 \cdot s^{-2}$
조직당 선량	시버트	Sv	J/kg	

유 도 량	SI 유 도 단 위		
	명 칭	기 호	SI 표시
점성도	파스칼 초	Pa·s	$m^{-1} \cdot kg \cdot s^{-1}$
힘의 모멘트	뉴턴 미터	N·m	$m^2 \cdot kg \cdot s^{-2}$
표면장력	뉴턴 / 미터	N/m	$kg \cdot s^{-2}$
각속도	라디안 / 초	rad/s	$m \cdot m^{-1} \cdot s^{-1} = s^{-1}$
각가속도	라디안 / 초 제곱	rad/s²	$m \cdot m^{-1} \cdot s^{-2} = s^{-2}$
열속밀도, 복사조도	와트 / 제곱미터	W/m²	$kg \cdot s^{-3}$
열용량, 엔트로피	줄 / 켈빈	J/K	$m^2 \cdot kg \cdot s^{-2} \cdot K^{-1}$
비열용량, 비엔트로피	줄 / 킬로그램 켈빈	J/(kg·K)	$m^2 \cdot s^{-2} \cdot K^{-1}$
비에너지	줄 / 킬로그램	J/kg	$m^2 \cdot s^{-2}$
열전도도	와트 / 미터 켈빈	W/(m·K)	$m \cdot kg \cdot s^{-3} \cdot K^{-1}$
에너지 밀도	줄 / 세제곱미터	J/m³	$m^{-1} \cdot kg \cdot s^{-2}$
전기장의 세기	볼트 / 미터	V/m	$m \cdot kg \cdot s^{-3} \cdot A^{-1}$
전하밀도	쿨롬 / 세제곱미터	C/m³	$m^{-3} \cdot s \cdot A$
전기선속밀도	쿨롬 / 제곱미터	C/m²	$m^{-2} \cdot s \cdot A$
유전율	패럿 / 미터	F/m	$m^{-3} \cdot kg^{-1} \cdot s^4 \cdot A^2$
투자율	헨리 / 미터	H/m	$m \cdot kg \cdot s^{-2} \cdot A^{-2}$
몰에너지	줄 / 몰	J/mol	$m^2 \cdot kg \cdot s^{-2} \cdot mol^{-1}$
몰엔트로피, 몰열용량	줄 / 몰 켈빈	J/(mol·K)	$m^2 \cdot kg \cdot s^{-2} \cdot K^{-1} \cdot mol^{-1}$
(X선 및 γ선의)	쿨롬 / 킬로그램	C/kg	$kg^{-1} \cdot s \cdot A$
조사선량	그레이 / 초	Gy/s	$m^2 \cdot s^{-3}$
흡수선량률	와트 / 스테라디안	W/sr	$m^2 \cdot kg \cdot s^{-3}$
복사도	와트 / 제곱미터	W/(m²·sr)	$kg \cdot s^{-3}$
복사휘도	스테라디안		

1.4.3 SI 접두어

인 자	접두어	기 호	인 자	접두어	기 호
10^{24}	요 타	Y	10^{-1}	데 시	d
10^{21}	제 타	Z	10^{-2}	센 티	c
10^{18}	엑 사	E	10^{-3}	밀 리	m
10^{15}	페 타	P	10^{-6}	마이크로	μ
10^{12}	테 라	T	10^{-9}	나 노	n
10^{9}	기 가	G	10^{-12}	피 코	p
10^{6}	메 가	M	10^{-15}	펨 토	f
10^{3}	킬 로	k	10^{-18}	아 토	a
10^{2}	헥 토	h	10^{-21}	젭 토	z
10^{1}	데 카	da	10^{-24}	욕 토	y

1.4.4 국제단위계와 함께 사용되는 것이 용인된 SI 이외 값

명 칭	기 호	SI 단위로 나타낸 값
분	min	$1\,min = 60\,s$
시간(가)	h	$1\,h = 60\,min = 3,600\,s$
일	d	$1\,d = 24\,h = 8,6400\,s$
도(나)	°	$1° = (\pi/180)\,rad$
분	′	$1′ = (1/60)° = (\pi/10,800)\,rad$
초	″	$1″ = (1/60)′ = (\pi/648,000)\,rad$
리터(다)	l, L	$1\,L = 1\,dm^3 = 10^{-3}\,m^3$
톤(라,마)	t	$1\,t = 10^3\,kg$
네퍼(바,아)	Np	$1\,Np = 1$
벨(사,아)	B	$1\,B = (1/2)\,ln\,10\,(Np)(자)$

1.4.5 SI 단위로 표현된 그 값들은 실험적 값

명 칭	기 호	SI 단위로 나타낸 값
전자볼트	eV	$1\,eV = 1.602\,177\,33\,(49) \times 10^{-19}\,J$
통일원자질량단위	u	$1\,u = 1.660\,540\,2\,(10) \times 10^{-27}\,kg$
천문단위	ua	$1\,ua = 1.495\,978\,706\,91\,(30) \times 10^{11}\,m$

1.4.6 국제단위계와 함께 사용되는 SI 이외의 값

명 칭	기 호	SI 단위로 나타낸 값
해리		$1\ \text{해리} = 1852\,m$
놋트		$1\ \text{해리 매 시간} = (1852/3600)\,m/s$
아르	a	$1\,a = 1\,dam^2 = 10^2\,m^2$
헥타아르	ha	$1\,ha = 1\,hm^2 = 10^4\,m^2$
바아	bar	$1\,bar = 0.1\,MPa = 100\,kPa = 1000\,hPa = 10^5\,Pa$
옹스트롬	Å	$1\,\text{Å} = 0.1\,nm = 10^{-10}\,m$
바안	b	$1\,b = 100\,fm^2 = 10^{-26}\,m^2$

2. SI 단위 표현

2.1 단위 기호 사용법

현재 세계 대부분의 국가에서는 국제단위계(SI)를 채택하여 과학, 기술, 상업 등 모든 분야에서 사용하고 있다. 따라서 단위도 SI 단위가 국제적으로 통용되고 있으며, 종래에 사용하여 오던 Torr (torr)나 μ (micron), γ (gamma) 같은 단위들은 이제는 사용하지 말고 그 대신 SI 단위인 Pa (pascal)이나 μm (mic롬eter), nT (nanotesla) 등으로 바꿔 주어야 한다. 국제단위계(SI)는 7개의 기본단위를 바탕으로 형성되어 있으며 필요한 모든 유도단위가 이들의 곱이나 비로만 이루어지는 일관성 있는 단위 체계이다.
단위의 올바른 사용법은 아주 간단하다. 활자체는 물론 소문자, 대문자까지도 기호로 약속한 것이므로 어떤 경우도 변형시키지 말고 그대로 써야 한다는 것이다. 언어에 따라 나라마다 단위 명칭은 다를지라도 단위 기호는 국제적으로 공통이며 같은 방법으로 사용한다. 양의 기호는 이태릭체(사체)로 쓰며, 단위 기호는 로마체(직립체)로 쓴다. 일반적으로 단위기호는 소문자로 표기하지만 단위의 명칭이 사람의 이름에서 유래하였으면 그 기호의 첫 글자는 대문자
보기) 양의 기호 : m (질량), t (시간), 등
　　　단위의 기호 : kg, s, K, Pa, kHz, 등

단위 기호는 복수의 경우에도 변하지 않으며, 단위 기호 뒤에 마침표 등 다른 기호나 다른 문자를 첨가해서는 안된다.(다만 구두법상 문장의 끝에 오는 마침표는 예외)
보기) - kg 이며, Kg 이 아님 (비록 문장의 시작이라도)
　　　- 5 s 이며, 5 sec.나 5 sec 또는 5 secs가 아님
　　　- gauge 압력을 표시할 때 600 kPa(gauge)이며, 600 kPag가 아님

어떤 양을 수치와 단위 기호로 나타낼 때 그 사이를 한 칸 띄어야 한다. 다만 평면각의 도(°), 분(′), 초(″)에 한해서 그 기호와 수치 사이는 띄지 않음
보기) - 35 mm이며, 35mm가 아님
　　- 32°C이며, 32°C 또는 32°C가 아님 (°C도 SI 단위 임에 유의)

- 2.37 lm 이며 2.37lm (2.37 lumens)가 아님
- 25°, 25°23′, 25°23′27″등은 옳음

참고) % (백분율, 퍼센트)도 한 칸 띄는 것이 옳음(25 %이며 25%가 아님).

숫자의 표시는 일반적으로 로마체 (직립체)로 한다. 여러 자리 숫자를 표시할 때는 읽기 쉽도록 소수점을 중심으로 세 자리씩 묶어서 약간 사이를 띄어서 쓴다. 표시하여야하는 양이 합이나 차이일 경우는 수치 부분을 괄호로 묶고 공통되는 단위 기호는 뒤에 씀

보기) c = 299 792 458 m/s (빛의 속력)

1 eV = 1.602 177 33 (49) $\times$ 10^{-19} J (괄호 내 값은 불확도 표시)

t = 28.4 ℃ ± 0.2 ℃ = (28.4 ± 0.2) ℃

(틀림 : 28.4 ± 0.2 ℃)

2.2 단위 곱하기와 나누기

아래에 설명하는 규칙은 원래 SI 단위와 SI 단위가 아닌 단위도 SI 단위와 함께 쓰기로 인정한 것

❖ 두 개 이상의 단위의 곱으로 표시되는 유도단위는 가운뎃점이나 한 칸을 띄어 씀

보기) N·m 또는 N m

주의) 위의 보기 'N m'에서 그 사이를 한 칸 띄지 않는 것도 허용되나, 사용하는 단위의 기호가 접두어의 기호와 같을 때는 (meter와 milli의 경우), 혼동을 주지 않도록 한다. 예로서, Nm이나 m·N으로 써서 mN (millinewton)과 구별

❖ 두 개의 단위의 나누기로 표시되는 유도단위를 나타내기 위하여 사선, 횡선 또는 음의 지수를 사용

보기) $\dfrac{m}{s}$, m/s, 또는 m · s^{-1}

주의) 사선(/) 다음에 두개 이상의 단위가 올 때는 반드시 괄호로 표시

❖ 괄호로 모호함을 없애지 않는한 사선은 곱하기 기호나 나누기 기호와 같은 줄에 사용할 수 없다. 복잡한 경우에는 혼돈을 피하기 위하여 음의 지수나 괄호를 사용

보기) 옳음 : joules per kilogram 또는 $J \cdot kg^{-1}$

틀림 : joules/kilogram 또는 joules/kg 또는 joules $\cdot kg^{-1}$

2.3 SI 접두어 사용법

❖ 일반적으로 접두어는 크기정도(orders of magnitude)를 나타내는데 적합하도록 선정하여야 한다. 유효숫자가 아닌 영(0)들을 없애고, 10의 멱수로 나타내어 계산 하던 방법대신에 이 접두어를 적절하게 사용

보기) - 12,300 mm 는 12.3 m 가 됨

- 12.3×10^3 m 는 12.3 km 가 됨

- 0.00123 μA 는 1.23 nA 가 됨

❖ 어떤 양을 한 단위와 수치로 나타낼 때 보통 수치가 0.1과 1000 사이에 오도록 접두어를 선택한다. 다만 다음의 경우는 예외로 한다. 넓이나 부피를 나타낼 때 헥 토, 데카, 데시, 센티가 필요

보기) 제곱헥토미터 (hm^2), 세제곱센티미터 (cm^3)

- 같은 종류의 양의 값이 실린 표에서나 주어진 문맥에서 그 값을 비교하 거나 논의할 때에는 0.1에서 1000의 범위를 벗어나도 같은 단위를 사용

- 어떤 양은 특정한 분야에서 쓸 때 관례적으로 특정한 배수가 사용

❖ 복합단위의 배수를 형성할 때 한 개의 접두어를 사용하여야 한다. 이때 접두어는 통상적으로 분자에 있는 단위에 붙여야 되는데 다만 한가지 예외의 경우는 kg이 분모에 올 경우

보기) - V/m 이며 mV/mm 가 아님

- MJ/kg 이며 kJ/g 가 아님

❖ 두개나 그 이상의 접두어를 나란히 붙여쓰는 복합 접두어는 사용 못함

보기) - 1 nm 이며 1 mμm 가 아님

- 1 pF 이며 1 μμF 가 아님

[주의] 만일 현재 사용하는 접두어의 범위를 벗어나는 값이 있으면, 이때는 10의 멱수와 기본단위로 표시

❖ 접두어를 가진 단위에 붙는 지수는 그 단위의 배수나 분수 전체에 적용

보기) $1 \text{ cm}^3 = (10^{-2}\text{m})3 = 10^{-6} \text{ m}^3$

$1 \text{ ns}^{-1} = (10^{-9}\text{ s})^{-1} = 10^9 \text{ s}^{-1}$

❖ 접두어는 반드시 단위의 기호와 결합하여 사용하며(이때는 하나의 새로운 기호가 형성되는 것임), 접두어만 따로 떼어서 독립적으로 사용할 수 없다.

보기) $10^6/\text{m}^3$이며, M/m^3은 아님

2.4 SI 단위 영어 명칭 사용법

영문으로 논문을 작성할 경우 등, 단위의 영어 명칭을 사용할 필요가 있을 때가 있는데 이때 몇 가지 유의하여야 할 점은 다음과 같다.

❖ 단위 명칭은 보통명사와 같이 취급하여 소문자로 쓴다. 다만 문장의 시작이나 제목 등 문법 상 필요한 경우는 대문자를 쓴다.

보기) 3 newtons이며 3 Newtons가 아님

❖ 일반적으로 영어 문법에 따라 복수 형태가 사용되며, lux, hertz siemens는 불규칙 복수형태로 단수와 복수가 같다.

보기) henry의 복수는 henries로 씀

❖ 접두어와 단위 명칭 사이는 한 칸 띄지도 않고 연자부호(hyphen)를 넣지도 않는다.

보기) kilometer이며 kilo-meter가 아님

❖ "megohm", "kilohm", "hectare"의 세 가지 경우는 접두어 끝에 있는 모음이 생략된다. 이 외의 모든 단위 명칭은 모음으로 시작되어도 두 모음을 모두 써야하며 발음도 모두 해야 한다.

3. 전기전자 용어

❖ **쿨롬(C: coulomb): 전하량의 단위**

　진공에서 1 m 떨어진 거리에 있는 같은 전하량의 두 전하 사이에서 9.0×10^{-9} N 의 힘이 미치고 있을 때 두 전하의 전하량을 1 C(쿨롱)이라 정하고 이를 전하량의 기본 단위로 사용한다. 이 전하량은 전하를 띤 물체 사이에 작용하는 힘과 자극 간에 작용하는 힘을 측정함으로써 쿨롱의 법칙을 발견한 쿨롱의 이름에서 유래

❖ **볼트(V: volt): 전압의 단위**

　1 A의 불변전류가 흐르는 도체의 두 점 사이에서 소비되는 전력이 1 W일 때 그 두 점 사이의 전압 및 이에 상당하는 기전력을 말한다. 1 V= 1 W/A이다. 1881년 국제전기표준회의에 의해서 국제볼트로 채택되었으나 국제도량형위원회 (CIPM)는 1990년부터 이제까지의 1 V에 7.8 μV(1 μV= 10^{-6} V)를 더한 새로운 수치를 쓰기로 결정했다. 단위명은 세계 최초의 전지를 발명한 물리학자 볼타의 이름에서 유래

❖ **옴(Ω: ohm): 저항의 단위**

　기전력이 존재하지 않는 도체의 2점 사이에 1 V의 전압을 주었을 때, 1 A의 전류가 흐르는 2점 사이의 저항을 말한다. 이 정의는 1948년 이후 채택된 절대옴이며 온도 0℃ 에서 질량 14.4521 g, 길이 106.300 cm인 고른 단면의 수은주가 지닌 길이 방향의 저항을 1 Ω으로 하는 국제옴이 있다. 1908년 국제전기표준회의에서 채택된 것이다. 옴이라는 단위명은 전압, 전류, 저항과의 관계(옴의 법칙)를 밝힌 독일의 물리학자 옴의 이름에서 유래

❖ **암페어(A: ampere): 전류의 단위**

　1881년 파리에서 열린 국제전기표준회의에서 채택되었고, 1948년 국제도량형 총회는 "진공 중에서 1 m 간격으로 평행하게 놓인 무한히 작은 원형 단면적을 갖는 무한히 긴 두 직선 도체에 각각 흘러서, 도체의 길이 1 m마다 2×10^{-7} N의 힘을 미치는 일정한 전류로 한다."라고 정의하여 1960년의 총회에서 이것을 국제단위계의 기본단위로 결정하였다. 이 명칭은 프랑스의 물리학자 A. M. 앙페르의 이름에서 유래

❖ **와트(W: watt): 일률, 전력의 단위**

　1 s(초)에 1 J(줄)의 일을 하는 일률을 1 W로 정한다. 1 W = 1 J/s = 10^7 erg/s 이다. 주로 전력의 단위로 쓰는데 V(볼트)의 전압으로 1 A(암페어)의 전류가 흐를 때의 전력의 크기에 해당한다. 공업 분야에서 쓰는 실용단위 1 hp는 746 W에 해당 하는 양이다. 증기기관의 발명자 J. 와트의 이름에서 유래

❖ **줄(J: joule): 에너지, 일의단위**

　1 J=1 N/M= 10^7erg이다. 1 J은 1 N의 힘으로 물체를 1 m 움직이는 동안에 하 는 일 및 그 일로 환산할 수 있는 양에 해당하며 1 W의 전력을 1 초간에 소비하는 일의 양과 같다. 영국의 물리학자 J. P. 줄의 이름에서 유래되었다.

❖ **헤르츠(Hz: hertz): 진동수(주파수)의 단위**

　음파나 전자기파 등의 주기적 현상에 있어서 같은 위상이 1초 동안에 몇 회 돌아 올 수 있는가를 보이는 수. 1초간 n회의 진동을 nHz의 진동이라 한다. 사이클/초 (c/s)와 같다. 주로 전기공학이나 통신공학, 음향공학 등에서 사용된다. 전자기파의 존재를 실험적으로 증명한 독일의 물리학자 H. R. 헤르츠에서 유래

❖ **웨버(Wb: weber): 자기력선속의 단위**

　자기력선속밀도(자기유도율)가 1만 G(가우스)인 균일한 자기장에 수직인 넓이 1 m^2의 평면을 통과하는 자기력선속이 1 Wb이다. 1 Wb=10^{-8} Mx이다. 1933년 국제 전기표준회의에서 채택, 1948년 국제도량형총회에서 채용되었다. 명칭은 독일의 물 리학자 W. E 베버의 이름에서 유래

❖ **헨리(H: henry): 인덕턴스의 단위**

　즉, 전자기유도의 단위이다. 매초 1 A의 비율로 일정하게 변화하는 전류를 흘렸 을 때, 1 V의 기전력을 일으키는 자체 인덕턴스 및 상호 인덕턴스의 값을 1H라고 한다. 1 H는 10^9 초이다. 자기감응현상을 발견한 J. 헨리의 이름에서 유래

❖ **패럿(F: farad): 전기용량의 단위**

　1 F은 1 C(쿨롱)의 전하를 주었을 때 전위가 1 V가 되는 전기용량이다. 1881년 국제전기표준회의에서 국제볼트로 처음 정의되었다. 패럿은 실용상 너무 클 경우가

많으므로 1 F의 10^{-6} 배를 1 μF (마이크로패럿), 10^{-12} 배를 1 pF(피코패럿)이라 하여 흔히 사용된다. 명칭은 전자기학에 공헌한 영국의 물리학자 M. 패러데이의 이름에서 유래

❖ **테슬라(T: tesla): 자기장의 단위**

1 m^2당 1 Wb의 자기력선속밀도를 가리킨다. 즉 1 T=1 Wb/m^2= 10^4 G이다. 1961년 국제순수 및 응용물리학 연맹(IUPAP)의 표준단위 및 그 정의에 관한 위원회에서 지정되었으며 테슬라 코일이 고안자인 미국의 전기공학자 N.테슬라의 이름에서 유래

❖ **파형과 사인파 교류(AC)**

　– 파형 : 전압, 전류 등이 시간의 흐름에 따라 변화하는 모양

　– 비사인파 교류(AC) : 사인파 교류 이외의 교류

❖ **사인파 교류(AC)**

　– 코일에 발생하는 전압 : V= Vm sinθ

　– 호도법 : 각도를 라디안[rad]으로 나타냄. θ = l/r rad

　– 각도 : 180°= π rad

　– 회전각 : θ= ωt rad

　– 각속도 : 회전체가 1초 동안에 회전한 각도, 기호는 ω, 단위는 rad/s

❖ **주기와 주파수**

　– 주기 : 1사이클의 변화에 요하는 시간

　　　　기호는 T, 단위는 sec, T= $2\pi/\omega$ = 1/f sec

　– 주파수 : 1초 동안에 반복되는 사이클의 수

　　　　기호는 f, 단위는 헤르츠(Hz), f= 1/T, ω = $2\pi/T$ = 2πf

❖ **위상과 위상차**

　– 위상 : 주파수가 동일한 2개 이상의 교류가 존재할 때 상호간의 시간적인 차이.

　　　　각속도로 표현, θ= ωt rad

　– 위상차 : 2개 이상의 교류 사이에서 발생하는 위상의 차

- 동상 : 동일한 주파수에서 위상차가 없는 경우
- 지상 : 전압을 기준으로 전류의 위상이 전압보다 뒤에 오게 되는 경우 V= Vm
      sin(ωt − θ) V
- 진상 : 전압을 기준으로 전류의 위상이 전압보다 앞에 오게 되는 경우
      V= Vm sin(ωt + θ) V

❖ **순시값과 최대값**
- 순시값 : 순간적인 시간에 변하는 교류의 값
      V= Vm sinωt V

  (V : 전압의 순시값 V, Vm : 전압의 최대값, ω : 각속도 rad/s, t : 주기 s)
- 최대값 : 교류에서 가장 큰 값
- 피크-피크값 : 파형의 양의 최대값과 음의 최대값 사이의 값, Vp-p

❖ **실효값**
  교류의 크기를 교류와 동일한 일을 하는 직류의 크기로 바꿔 나타낸 값

❖ **평균값**
  교류(AC)의 1주기(T) 동안의 평균을 나타낸 값

❖ **실효값과 평균값의 관계**

$$\frac{V}{V_a} = \frac{\dfrac{V_m}{\sqrt{2}}}{\dfrac{2V_m}{\pi}} = \frac{\pi}{2\sqrt{2}} \simeq 1.11$$

❖ **스칼라와 벡터**
- 스칼라 : 길이나 온도 등과 같이 **크기**라는 하나의 양만으로 표시되는 물리량
- 벡터 : 힘과, 속도와 같은 **크기**와 **방향**으로 2개 이상의 양으로 표시되는 물리량

4. NCS 전기전자 직무-프로파일, 전자부품

교과목 프로파일

교과목 정보

교과목명	전기전자공학 or 전자공학	이수구분	*	시수	2 ~ 3
학년-학기	*-*	학 점	2 ~ 3	이론/실습	2~ 3 /

직무명 및 NCS 능력단위

직무명	능력단위	능력단위코드	학습모듈
전기설비설계	전자부품 생산관리	19020202023_14v2	□유 / ■무

교과목 개요 및 특징	**[교과 개요]** • 오늘날 우리들은 급속한 기술 변화의 시대에 살고 있으며, 이제 독자적인 기술개발 없이는 혹독한 세계 경쟁에서 살아 남을 수 없게 되었습니다. 학생들에게 전자 공학의 분야를 이해하고 다양한 분야의 응용과 접목을 통하여 시스템적인 연구에 꼭 필요한 학문이다. **[교과 특징]** • 본 교과목은 전기 설비설계 직무에 필요한 기술의 필수 교과목으로 전자부품 생산관리 결과에 따라 운전방식을 결정하여 시스템 구성을 습득함으로써 직무에 숙달할 수 있음 • 본 교과목은 이론(*시수)강의이며 토론 및 창의성 개발에 중점을 둠
교육 목표	• 본 교과목은 전기 설비설계 직무에 필요한 전자 측정기기의 원활한 활용 능력 및 전기전자회로의 기본 원리 이해와 기기를 구성하는 소자 특성을 이해할 수 있다.전력전자공학의 기초와 전반적인 응용분야를 이해하고 회로 동작과 파형을 이해할 수 있다.

교육 내용	• 본 교과목은 전기설비설계의 전자제품 생산관리에 필요한 전력전자의 전반적인 기본 지식을 습득하기 위함이다. 또한 전자공학에 대한 이해와 응용 기술을 통한 현장 적응 능력 및 기술을 익힐 수 있도록 구성하고 조합 특성을 파악하여 적용분야를 결정할 수 있도록 교과 내용을 구성한다.

장비 및 도구	NCS 능력단위	자체 능력단위
		• 컴퓨터(최신 관련 웹사이트 검색) • 빔 프로젝터 • 파워포인터 프로그램

교수 · 학습 방법	a	b	c	d	e	f	g	h
	○			○				○
	a. 이론강의, b. 실습, c. 발표, d. 토론, e. 팀프로젝트, f. 캡스톤디자인, g. 포트폴리오(학습자/교수자), h. 기타							

평가 방법	a	b	c	d	e	f	g	h	i	j	k	l	m
			○				○						○
	a. 포트폴리오 b. 문제해결시나리오 c. 서술형시험 d. 논술형시험 e. 사례연구 f. 평가자 질문 g. 평가자 체크리스트 h. 피평가자 체크리스트 i. 일지/저널 j. 역할연기 k. 구두발표 l. 작업장평가 m. 기타												

교육 정보	관련 참고자료: 전기전자공학 개론(변인수 저, 동일출판사)

관련 NCS 정보					
대분류	중분류	소분류	세분류	능력단위	능력단위코드
전기전자	전기	전기설비 설계감리	전기설비설계	전자부품 생산관리	1902020202_14v2

능력단위요소(코드)			수행준거	지식 · 기술 · 태도
1	생산정보 관리하기 (1902020202 _14v2.1)	1.1	전자부품의 생산, 재고, 자재 현황 관리를 효율적으로 하기 위해 회사규모에 맞는 생산관리 프로그램을 검토하고 도입할 수 있다.	【지 식】 ○ 생산재고, 자재현황 ○ 생산관리 프로그램 ○ 판매계획 및 수요예측에 대한 지식 ○ 생산부품에 대한 지식 【기 술】 ○ 생산관리 프로그램 운영 능력 ○ 완제품, 가용자재, 불용자재 파악 능력 ○ 생산계획 관리 능력 【태 도】 ○ 정보를 유관부서와 공유하려는 자세 ○ 생산계획을 철저하게 관리하려는 자세 ○ 고객의 요청사항에 적극적으로 수용하려는 자세
		1.2	생산관리 프로그램을 통해 전자부품의 완제품, 가용자재, 불용자재 등에 대한 정보를 유관부서와 공유할 수 있다.	
		1.3	수립된 생산계획을 실시간으로 업데이트하여 유관부서 간에 능동적으로 대처할 수 있도록 관리할 수 있다.	

4.1 정의

전자부품의 성능과 기능을 만족하고 신뢰성이 확보되는 전자 시스템 제작을 위하여 부품 개발 검토, 특허확보, 부품 규격 결정, 시뮬레이션 분석, 부품 설계, 시제품 제작, 품질 검증, 실장 검증, 부품인증 획득, 양산을 수행하는 국가 직무 능력 표준 교육

4.2 단위별 내용

4.2.1 전자부품 개발(기술 동향)

부품개발 검토란 전자부품을 개발하기 위하여 기술동향, 고객요청을 검토하고 부품개발 계획서를 작성하여 개발 타당성을 검토하는 능력

★ 온오프라인을 통하여 기술 자료를 조사
★ 조사된 기술 자료를 부품개발과 관련된 기술별로 분류
★ 분류된 부품 개발 기술 자료를 통하여 부품 기술동향을 검토
★ 부품 기술동향 검토를 통하여 부품기술 동향 보고서를 작성

4.2.2 전자부품 특허(특허맵)

부품 특허 확보란 전자부품을 개발하기 위하여 수집된 정보를 검토하여 부품 특허맵을 작성하고 특허 침해 확인과 부품 특허를 출원하는 능력

★ 수집된 부품개발관련 정보를 통하여 부품 개발 가능 여부를 검토
★ 특허맵 구성을 위해 특허 분류표에 준하여 기준범위를 설정
★ 설정된 기준 범위 내에서 특허를 검색
★ 검색된 특허의 기술 테마별로 특허 방향 설정을 기획
★ 기획된 특허의 방향 설정을 기반으로 특허맵을 작성

4.2.3 전자부품 특허(특허 침해)

부품 특허 확보란 전자부품을 개발하기 위하여 수집된 정보를 검토하여 부품 특허맵을

작성하고 **특허 침해 확인**과 부품 특허를 출원하는 능력

★ 작성된 특허맵을 통해 등록된 특허의 권리범위를 파악
★ 파악된 특허를 통하여 부품개발의 특허 침해여부를 검토
★ 특허 침해에 대한 회피기술을 제시

4.2.4 전자부품 특허(특허 출원)

부품 특허 확보란 전자부품을 개발하기 위하여 수집된 정보를 검토하여 부품 특허맵을 작성하고 특허 침해 확인과 부품 **특허를 출원**하는 능력

★ 특허 출원 요건에 맞춰 특허 청구항을 기술
★ 특허 회피설계를 위하여 청구범위를 조정
★ 특허 출원 명세서를 작성
★ 작성된 명세서를 출원

4.2.5 전자부품 규격(기존 부품 분석)

전자부품 규격 결정이란 전자부품을 개발하기 위하여 **기존 전자 부품분석**, 부품 성능 결정을 통하여 부품 규격서를 작성하는 능력

★ 온·오프라인을 통하여 기존 부품에 대한 정보를 수집
★ 기존의 부품을 벤치마킹
★ 수집된 정보를 통하여 기존 부품에 대한 동향을 파악
★ 파악된 자료를 종합 분석하여 기존 부품 분석 보고서를 작성

4.2.6 전자부품 규격(부품 성능 결정)

전자부품 규격 결정이란 전자부품을 개발하기 위하여 기존 전자 부품분석, **부품 성능 결정**을 통하여 부품 규격서를 작성하는 능력
★ 고객의 요구사항을 통하여 부품에 적용되는 기술을 검토
★ 검토된 기술을 토대로 개발 가능한 기술수준을 파악

★ 파악된 기술수준을 바탕으로 부품 목표 성능을 결정

4.2.7 전자부품 규격(부품 규격 작성)

전자부품을 개발하기 위하여 기존 전자 부품분석, 부품 성능 결정을 통하여 **부품 규격서를 작성**하는 능력

★ 부품의 목표 성능을 구현하기 위한 기술을 결정
★ 결정된 기술의 공정 적합성을 검토
★ 검토된 공정 적합성을 바탕으로 구현 가능한 부품규격을 확정
★ 확정된 내용을 기반으로 부품 규격서를 작성

4.2.8 전자부품 시뮬레이션(선정)

부품규격을 검증하기 위해 하드웨어 구성없이 **시뮬레이터를 선정**하고 컴퓨터를 활용하여 모델링, 환경설정을 통해 도출된 시뮬레이션 결과를 분석하는 능력

★ 부품개발에 요구되는 시뮬레이션 가능 여부를 판단
★ 부품개발에 요구되는 시뮬레이터의 적합성을 검토
★ 부품개발의 요구 사항을 검토하여 시뮬레이터를 선정

4.2.9 전자부품 시뮬레이션(모델링)

부품규격을 검증하기 위해 하드웨어 구성없이 시뮬레이터를 선정하고 컴퓨터를 활용하여 **모델링**, 환경설정을 통해 도출된 시뮬레이션 결과를 분석하는 능력

★ 부품 기능 검증을 위해 다양한 조건에 맞는 개념설계
★ 개념설계 결과를 바탕으로 시뮬레이션을 위한 부품 모델링
★ 부품 모델링의 타당성을 검토

4.2.10 전자부품 시뮬레이션(결과 분석)

부품규격을 검증하기 위해 하드웨어 구성없이 시뮬레이터를 선정하고 컴퓨터를 활용하여 모델링, 환경설정을 통해 도출된 시뮬레이션 **결과를 분석**하는 능력

★ 부품 시뮬레이션 설정을 이용하여 부품 시뮬레이션을 수행

★ 수행된 시뮬레이션 결과에서 데이터를 추출

★ 추출된 데이터를 이용하여 결과를 도식화

★ 도식화된 시뮬레이션 결과를 분석

4.2.11 전자부품 설계(소재 선정)

결정된 규격과 시뮬레이션 분석 결과를 반영, 요소 기술을 활용하여 **부품소재를 선정**하고 부품소자를 구성하여 부품설계 도면을 작성하는 능력

★ 부품 설계에 필요한 소재의 요소기술을 파악

★ 부품 설계에 필요한 소재의 데이터시트를 분석하여 소재의 재료특성을 파악

★ 부품의 가격 경쟁력을 위한 소재의 필요 원가를 검토

★ 부품성능 최적화에 필요한 부품소재를 선정

4.2.12 전자부품 설계(소자 구성)

결정된 규격과 시뮬레이션 분석 결과를 반영, 요소 기술을 활용하여 부품소재를 선정하고 **부품소자를 구성**하여 부품설계 도면을 작성하는 능력

★ 부품소자 구성에 필요한 요소기술을 파악

★ 부품소자 구성에 필요한 소재의 데이터시트 분석을 통하여 소자의 성능특성을 파악

★ 요소 기술분석을 통해 부품 성능을 최적화 시킬 수 있는 소자 특성을 파악

★ 부품 가격 경쟁력을 위한 소자의 필요 원가를 검토

★ 부품성능 최적화에 필요한 부품소자를 구성

4.2.12 전자부품 설계(도면 작성)

결정된 규격과 시뮬레이션 분석 결과를 반영, 요소 기술을 활용하여 부품소재를 선정하고 부품소자를 구성하여 부품설계 **도면을 작성**하는 능력

★ 부품 설계에 필요한 핵심 기술을 파악
★ 파악된 핵심기술을 통하여 부품 구조를 결정
★ 부품 설계도면 작성에 필요한 도구를 선택
★ 부품 소자의 기능을 파악
★ 파악된 기능을 통하여 소자간의 역할을 구분
★ 성능최적화에 부합하는 부품 설계도면을 작성

4.2.13 전자부품 시제품 제작(프로토타입 제작)

부품개발을 위해 설계도면에 의거하여 부품 **프로토타입 제작** 및 특성 평가 후 시제품을 제작하는 능력

★ 작성된 부품 설계도면에 의거하여 개발에 필요한 소재, 소자를 준비
★ 부품설계도면에 적합한 프로토타입 제작공정을 확정
★ 확정된 제작공정에 따라 프로토타입 제작 공정도를 작성
★ 작성된 프로토타입 제작 공정도에 따라 부품 프로토타입을 제작

4.2.14 전자부품 시제품 제작(특성 평가)

부품개발을 위해 설계도면에 의거하여 부품 프로토타입 제작 및 **특성 평가** 후 시제품을 제작하는 능력

★ 부품 프로토타입 특성 평가항목을 검토
★ 프로토타입 특성 평가항목을 토대로 평가기준을 확정
★ 평가기준에 의거하여 제작된 부품 프로토타입 특성을 측정
★ 측정결과에 근거하여 부품 프로토타입의 특성을 평가
★ 부품 프로토타입의 특성 평가결과를 반영하여 부품 설계도면을 개선

4.2.15 전자부품 시제품 제작(시제품 제작)

부품개발을 위해 설계도면에 의거하여 부품 프로토타입 제작 및 특성 평가 후 **시제품을 제작**하는 능력

★ 개선된 부품 설계도면에 의거하여 개발에 필요한 소재, 소자를 준비
★ 개선된 부품 설계도면에 따른 적합한 시제품 제작공정을 확정
★ 확정된 제작공정에 따라 시제품 제작 공정도를 작성
★ 작성된 시제품 제작 공정도에 따라 시제품을 제작

4.2.16 전자부품 품질평가(기능 검증)

부품의 품질을 확보하기 위하여 다양한 환경에서 부품의 **기능**, 성능을 검증하고 신뢰성을 평가하는 능력

★ 부품 기능을 시험하기 위해 환경 조건을 설정
★ 설정된 환경 조건을 고려한 부품의 기능평가 항목을 작성
★ 작성된 평가항목에 필요한 검사 장비를 준비
★ 준비된 검사 장비를 통해 다양한 환경 조건하에서 부품의 기능을 검증

4.2.17 전자부품 품질평가(성능 검증)

부품의 품질을 확보하기 위하여 다양한 환경에서 부품의 기능, **성능**을 검증하고 신뢰성을 평가하는 능력

★ 부품 성능을 시험하기 위해 환경 조건을 설정
★ 설정된 환경 조건을 고려한 부품의 성능평가 항목을 작성
★ 작성된 평가항목에 필요한 계측장비를 준비
★ 준비된 계측장비를 통해 다양한 환경 조건하에서 부품의 성능을 검증

4.2.18 전자부품 품질평가(신뢰성 평가)

부품의 품질을 확보하기 위하여 다양한 환경에서 부품의 기능, 성능을 검증하고 **신뢰성을 평가**하는 능력

★ 개발 부품의 신뢰성 평가를 위한 환경 표준규격을 파악
★ 환경 표준 규격에 따른 부품의 신뢰성 시험 절차서를 작성
★ 신뢰성 시험 절차서에 따른 개발부품 신뢰성을 평가

4.2.19 전자부품 실장 검증(실장 계획)

개발 부품을 실제 상황에 적용하여 동작 및 성능을 확인하기 위하여 부품**실장을 계획**, 지그(JIG)를 제작하여 실장 테스트를 통해 목표성능을 검증하는 능력

★ 부품시제품 실장검증을 위하여 실장 테스트환경을 검토
★ 검토된 실장 테스트환경에 적합한 지그(JIG)규격을 검토
★ 검토된 지그(JIG)규격에 적합한 실장 공징 절차를 김도
★ 부품시제품의 성능검증에 적합한 실장테스트 방법을 검토
★ 검토된 실장 테스트방법에 필요한 검사장비를 선정

4.2.20 전자부품 실장 검증(지그 제작)

개발 부품을 실제 상황에 적용하여 동작 및 성능을 확인하기 위하여 부품실장을 계획, **지그(JIG)를 제작**하여 실장 테스트를 통해 목표성능을 검증하는 능력

★ 검토된 지그(JIG)규격에 따라 부품 지그(JIG)를 설계
★ 설계된 부품 지그(JIG)에 따라 지그(JIG)에 사용되는 부품을 준비
★ 실장공정절차에 따라 부품 지그(JIG)를 제작

4.2.21 전자부품 실장 검증(실장 검증)

개발 부품을 실제 상황에 적용하여 동작 및 성능을 확인하기 위하여 부품실장을 계획, 지그(JIG)를 제작하여 **실장 테스트**를 통해 목표성능을 검증하는 능력

★ 제작된 부품지그(JIG)에 부품 시제품을 실장
★ 실장진행시 발생되는 부품시제품의 실장 문제점을 검토
★ 실장된 부품시제품을 실장 환경에서 테스트
★ 실장 환경에서 결과를 분석

4.2.22 전자부품 인증(인증 계획)

  개발된 부품의 판매에 필요한 부품별 공인기관의 **인증**과 수요처의 승인을 획득하고 관리를 수행할 수 있는 능력

★ 판매목적에 따른 부품 인증 종류를 검토
★ 인증기관에서 요구하는 인증절차를 파악
★ 시험검사 항목을 파악
★ 인증에 소요되는 비용을 파악
★ 인증에 필요한 인증시료를 준비

4.2.23 전자부품 인증(승인 획득)

  개발된 부품의 판매에 필요한 부품별 공인기관의 인증과 수요처의 **승인을 획득**하고 관리를 수행할 수 있는 능력

★ 부품 공인인증기관에서 요구하는 인증절차에 따른 인증 계획을 수립
★ 부품 공인인증기관에서 요구하는 인증서류를 작성
★ 부품 공인인증기관에 인증시료를 제출
★ 부품 공인인증에 필요한 제반 사항을 지원
★ 부품 공인인증기관의 수정 보완요구가 있을 경우 대응
★   부품 판매를 위한 공인인증을 획득

4.2.24 전자부품 인증(수요처 승인)

  개발된 부품의 판매에 필요한 부품별 공인기관의 인증과 **수요처의 승인**을 획득하고 관리를 수행할 수 있는 능력

★ 부품을 납품할 수요처 요구사항을 파악
★ 수요처 요구사항을 충족시키기 위한 승인 계획을 수립
★ 부품 수요처 승인에 필요한 서류를 작성
★ 수요처에 제출할 시료를 준비
★ 부품 수요처 승인에 필요한 제반 사항을 지원

★ 수요처의 수정보완 요구가 있을 경우 적절히 대응
★ 부품 판매를 위한 수요처 승인을 획득

4.2.25 전자부품 인증(인증 관리)

개발된 부품의 판매에 필요한 부품별 공인기관의 인증과 수요처의 승인을 획득하고 **관리**를 수행할 수 있는 능력

★ 부품 인증 서류를 관련부서에 배포하고 관리
★ 인증 유지를 위한 시험기준을 작성
★ 시험기준에 따라 지속적으로 부품의 품질을 관리
★ 주기적으로 부품의 시험검사 결과를 유지 관리
★ 정기적으로 갱신된 인증기준을 적용

4.2.26 전자부품 양산(개발 자료 배포)

개발 완료된 부품의 양산을 위하여 **개발자료 배포**, 초도 양산 지원, 개발완료 보고서를 작성하여 생산관련 부서에 이관하는 능력

★ 양산시 필요한 자료를 검토
★ 초도 양산을 위한 개발 부품설계 자료를 배포
★ 초도 양산 제품 테스트 시 필요한 인증 규격서를 배포
★ 개발 품질 보증을 위한 승인원를 배포

5.2.26 전자부품 양산(초도 양산 지원)

개발 완료된 부품의 양산을 위하여 개발자료 배포, **초도 양산 지원**, 개발완료 보고서를 작성하여 생산관련 부서에 이관하는 능력

★ 초도 양산에 앞서 시제품 제작 시 나타나지 않은 발생 가능한 문제점을 파악
★ 초도 양산시 발생된 불량 리스트, 불량 분석, 양불 판정기준 자료를 지원
★ 초도 양산 시 부품의 공급망 리스트를 점검하여 원활한 공급이 이루어지도록 수급상황을 지원

★ 초도 양산시 발생된 불량현상을 제거하기 위하여 제작 공정을 변경 수정

4.2.26 전자부품 양산(개발 완료 보고서 작성)

개발 완료된 부품의 양산을 위하여 개발자료 배포, 초도 양산 지원, **개발완료 보고서를 작성**하여 생산관련 부서에 이관하는 능력

★ 초도 양산 지원 시 발생한 문제점을 분석
★ 분석된 문제점에 대한 개선방안을 제안
★ 제안된 개선방안을 적용하여 문제점을 해결
★ 사내 규정에 따라 개발 완료 보고서를 작성

※ 전자재품-개발 자료는 2013년 국가직무능력표준 표준 및 활용 패키지, 전자부품 개발(19250201_13v1 ~ 19250210_13v1)에서 작성한 자료를 발췌하여 작성하였습니다.

5. 연습문제 해답

Chapter 1

1	$e = -100 \times \dfrac{0.2}{0.1} = -200[\text{V}]$
2	$\mu_r = 1$, $S = \pi \times (4 \times 10^{-2})^2$ $L = \dfrac{4\pi \times 50^2 \times \pi \times (4 \times 10^{-2})^2}{80 \times 10^{-2}} \times 10^{-7} \fallingdotseq 1.97 \times 10^{-5}[\text{H}]$
3	2
4	1
5	4
6	1
7	2
8	전압과 역방향으로 기전력을 발생하여 전류를 잘 흐르지 못하도록 하는 것
9	2
10	1
11	2
12	2
13	전류의 크기는 저항의 크기와 상관없이 직렬회로에는 항상 동일하고 병렬회로에는 동일하지 않다.
14	I1 + I2 + I3, I3 = I4 + I5
15	1) 전체 합성저항 R_T = R1 + R2 × R3/(R2 + R3) $\qquad\qquad\qquad\quad$ = 100 + 200 × 300/(200 + 300) = 220[Ω] 2) 전체전류 I_T = V/R = 10/220 = 0.05[A] 3) R2에 흐르는 I2 = {R3/(R2 + R3)} × I = {300/(200 + 300)} × 0.05 = 0.03[A] 4) R3에 흐르는 I3 = {R2/(R2 + R3)} × I = {200/(200 + 300)} × 0.05 = 0.02[A]
16	3
17	4
18	4
19	전하를 가진 두 물체 사이에 작용하는 힘의 크기는 두 전하의 곱에 비례하고 거리의 제곱에 반비례
20	코일내을 통과하는 자속이 변하면 코일에 기전력이 생기는 현상

Chapter 2

1	교환법칙, 결합법칙, 분배법칙

<table>
<tr><td>2</td><td>
$A(A + B) = AB$　　=　　$AA + AB$　　분배법칙 적용
　　　　　　　=　　$0 + AB$　　　　$AA=0$
　　　　　　　=　　　AB
　　　　　　　=
</td></tr>
</table>

3	제 1정리 : $\overline{A + B} = \overline{A} \cdot \overline{B}$ 제 2정리 : $\overline{A \cdot B} = \overline{A} + \overline{B}$

4	

5	A	B	Y
	0	0	0
	0	1	0
	1	0	0
	1	1	1

6	A	B	Y
	0	0	0
	0	1	1
	1	0	1
	1	1	1

7	A	B	Y
	0	0	0
	0	1	1
	1	0	1
	1	1	0

8	반가산기는 한 자리 2진수 2개를 입력하여 합(Sum, 덧셈)과 캐리(Carry, 자리올림)를 계산하는 덧셈회로이지만 이 캐리를 고려하여 만든 덧셈 회로가 전가산기이다.

9	$S = A\,B + A\,B = A \oplus B$ $Ci = A\,B$
10	출력 $S = m3 \bullet m7 + m5 \bullet m7 + m7 \bullet m6$
11	
12	조합, 병렬
13	멀티플렉서

14		

	데이터 선택 단자		데이터 입력	출력(Y)
	S_0	S_1		
	0	0	D	$\overline{S_0}\,\overline{S_1}\,Y_0$
	0	1	D	$\overline{S_0}\,S_1\,Y_1$
	1	0	D	$S_0\,\overline{S_1}\,Y_2$
	1	1	D	$S_0\,S_1\,Y_3$

$Y = S0S1Y0 + S0S1Y1 + S0S1Y2 + S0S1Y3$

15	2N

Chapter 3

1	4 교류를 직류로 변환시키는 것은 정류라고 한다.
2	3 자유전자가 주역인 N타입 반도체는 negative의 의미로 음(−)전하를 갖는 전자가 도전율(불순물량)을 지배 한다는 데에서 N타입이란 말을 사용하게 되었다.
3	2, 4 PN접합 다이오드의 기능: 1.스위칭 2.정류
4	2 PIV는 Peak Inverse Voltage의 약자로 최대역 전압을 뜻하며 정류관이나 방전관이 견딜 수 있는 순간 역전압의 최대값이다.
5	2
6	4 브릿지 회로는 중간 탭을 사용하지 않아도 된다는 장점이 있다.
7	1 배전압 정류회로의 종류에는 전파, 반파, 양파, 삼상 배전압 회로 등이 있다.
8	3

Chapter 4

1	A급, AB급, B급, C급
2	
3	표 (아래)
4	게이트 아래에 놓인 절연층에 의해 축전기 구조가 형성되므로 공핍층에 의한 교류 축전기만을 가지는 BJT에 비해 동작 속도가 느리고 전송 컨덕턴스(gm)가 낮다는 문제가 있지만 게이트 전류가 거의 "0"인 장점이 있어 구조의 긴요해서 BJT보다 고밀도 집적에 적절해서 현대의 집적 회로에 주류가 되고 있으며 논리 회로 소자의 집적 회로 외에 아날로그 스위치/전자 볼륨에도 응용
5	
6	이득을 둔감, 노이즈의 효과를 감소, 부궤환에 연결하므로써 증폭도는 작아지지만 주파수 특성을 개선 및 파형의 일그러짐과 잡음을 감소시키고 안정한 동작
7	DC 및 AC의 두 입력신호의 차를 증폭시킬 수 있는 차동 입력단 회로에 있다. 입력증폭단인 차동 입력단회로의 성능은 입력저항과 CMRR이 커야 하고 DC Offset 전압이 작아야 한다. 이러한 특성을 갖기 위해서는 소스로 결합된 차동입력 회로를 사용
8	① 증폭도가 대단히 큰 직류 증폭 회로(보통 1만배 이상의 증폭도) ② 입력 임피던스가 매우 큼 ③ 출력 임피던스가 매우 작음 ④ 차동 증폭 회로로 되어 있음
9	큰 AOL값을 그대로 이용하는 회로로 신호의 부호를 판독해준다. 증폭률이 너무 커서 입력 신호가 어느 정도 이상의 크기면 무조건 전원 전압과 똑같이 출력
10	$V_{out} = -V_{in} \times (\dfrac{R_f}{R_{in}})$

표 3

장점	단점
PNP, NPN 두 종류 저전압, 저전력으로 동작 가능 고집적도, 소형화, 고수명	온도에 민감 고온에서 동작상태 불안 초고주파 등에서 전력이 약함

Chapter 5

1	1
2	4
3	3
4	EEPROM은 전기적으로 간단히 삭제하고 새로운 내용을 쓸 수 있다. 용량은 일반 ROM 보다도 훨씬 적으므로 펌웨어를 저장하기에는 적합하지 않다.
5	4
6	반가산기
7	2
8	AH
9	프로그램 상태 워드 레지스터(PSWR)
10	SPI, USB, SCSI

6. 전기전자 소자 Data sheet

August 1986
Revised March 2000

DM74LS00
Quad 2-Input NAND Gate

General Description
This device contains four independent gates each of which performs the logic NAND function.

Ordering Code:

Order Number	Package Number	Package Description
DM74LS00M	M14A	14-Lead Small Outline Integrated Circuit (SOIC), JEDEC MS-120, 0.150 Narrow
DM74LS00SJ	M14D	14-Lead Small Outline Package (SOP), EIAJ TYPE II, 5.3mm Wide
DM74LS00N	N14A	14-Lead Plastic Dual-In-Line Package (PDIP), JEDEC MS-001, 0.300 Wide

Devices also available in Tape and Reel. Specify by appending the suffix letter "X" to the ordering code.

Connection Diagram

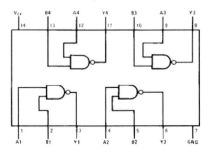

Function Table

$$Y = \overline{AB}$$

Inputs		Output
A	B	Y
L	L	H
L	H	H
H	L	H
H	H	L

H = HIGH Logic Level
L = LOW Logic Level

Absolute Maximum Ratings (Note 1)

Supply Voltage	7V
Input Voltage	7V
Operating Free Air Temperature Range	0°C to +70°C
Storage Temperature Range	−65°C to +150°C

Note 1: The "Absolute Maximum Ratings" are those values beyond which the safety of the device cannot be guaranteed. The device should not be operated at these limits. The parametric values defined in the Electrical Characteristics tables are not guaranteed at the absolute maximum ratings. The "Recommended Operating Conditions" table will define the conditions for actual device operation.

Recommended Operating Conditions

Symbol	Parameter	Min	Nom	Max	Units
V_{CC}	Supply Voltage	4.75	5	5.25	V
V_{IH}	HIGH Level Input Voltage	2			V
V_{IL}	LOW Level Input Voltage			0.8	V
I_{OH}	HIGH Level Output Current			−0.4	mA
I_{OL}	LOW Level Output Current			8	mA
T_A	Free Air Operating Temperature	0		70	°C

Physical Dimensions inches (millimeters) unless otherwise noted

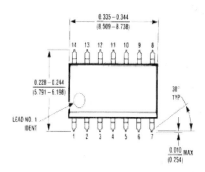

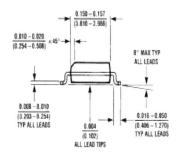

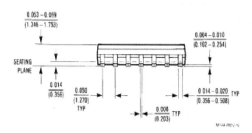

14-Lead Small Outline Integrated Circuit (SOIC), JEDEC MS-120, 0.150 Narrow
Package Number M14A

May 1986
Revised March 2000

DM74LS02
Quad 2-Input NOR Gate

General Description

This device contains four independent gates each of which performs the logic NOR function.

Ordering Code:

Order Number	Package Number	Package Description
DM74LS02M	M14A	14-Lead Small Outline Integrated Circuit (SOIC), JEDEC MS-120, 0.150 Narrow
DM74LS02SJ	M14D	14-Lead Small Outline Package (SOP), EIAJ TYPE II, 5.3mm Wide
DM74LS02N	N14A	14-Lead Plastic Dual-In-Line Package (PDIP), JEDEC MS-001, 0.300 Wide

Devices also available in Tape and Reel. Specify by appending the suffix letter "X" to the ordering code.

Connection Diagram

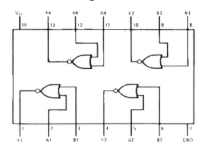

Function Table

$$Y = \overline{A + B}$$

Inputs		Output
A	B	Y
L	L	H
L	H	L
H	L	L
H	H	L

H = HIGH Logic Level
L = LOW Logic Level

Absolute Maximum Ratings(Note 1)

Supply Voltage	7V
Input Voltage	7V
Operating Free Air Temperature Range	0°C to +70°C
Storage Temperature Range	−65°C to +150°C

Note 1: The "Absolute Maximum Ratings" are those values beyond which the safety of the device cannot be guaranteed. The device should not be operated at these limits. The parametric values defined in the Electrical Characteristics tables are not guaranteed at the absolute maximum ratings. The "Recommended Operating Conditions" table will define the conditions for actual device operation.

Recommended Operating Conditions

Symbol	Parameter	Min	Nom	Max	Units
V_{CC}	Supply Voltage	4.75	5	5.25	V
V_{IH}	HIGH Level Input Voltage	2			V
V_{IL}	LOW Level Input Voltage			0.8	V
I_{OH}	HIGH Level Output Current			−0.4	mA
I_{OL}	LOW Level Output Current			8	mA
T_A	Free Air Operating Temperature	0		70	°C

Physical Dimensions inches (millimeters) unless otherwise noted

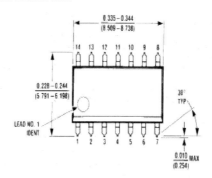

14-Lead Small Outline Integrated Circuit (SOIC), JEDEC MS-120, 0.150 Narrow
Package Number M14A

SN74LS04

Hex Inverter

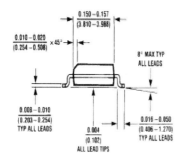

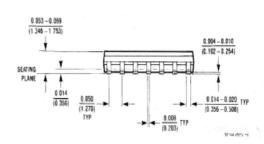

ON Semiconductor
Formerly a Division of Motorola
http://onsemi.com

LOW
POWER
SCHOTTKY

PLASTIC
N SUFFIX
CASE 646

SOIC
D SUFFIX
CASE 751A

GUARANTEED OPERATING RANGES

Symbol	Parameter	Min	Typ	Max	Unit
V_{CC}	Supply Voltage	4.75	5.0	5.25	V
T_A	Operating Ambient Temperature Range	0	25	70	°C
I_{OH}	Output Current — High			−0.4	mA
I_{OL}	Output Current — Low			8.0	mA

ORDERING INFORMATION

Device	Package	Shipping
SN74LS04N	14 Pin DIP	2000 Units/Box
SN74LS04D	14 Pin	2500/Tape & Reel

SN74LS04

DC CHARACTERISTICS OVER OPERATING TEMPERATURE RANGE (unless otherwise specified)

Symbol	Parameter	Limits			Unit	Test Conditions
		Min	Typ	Max		
V_{IH}	Input HIGH Voltage	2.0			V	Guaranteed Input HIGH Voltage for All Inputs
V_{IL}	Input LOW Voltage			0.8	V	Guaranteed Input LOW Voltage for All Inputs
V_{IK}	Input Clamp Diode Voltage		−0.65	−1.5	V	V_{CC} = MIN, I_{IN} = −18 mA
V_{OH}	Output HIGH Voltage	2.7	3.5		V	V_{CC} = MIN, I_{OH} = MAX, V_{IN} = V_{IH} or V_{IL} per Truth Table
V_{OL}	Output LOW Voltage		0.25	0.4	V	I_{OL} = 4.0 mA V_{CC} = V_{CC} MIN, V_{IN} = V_{IL} or V_{IH} per Truth Table
			0.35	0.5	V	I_{OL} = 8.0 mA
I_{IH}	Input HIGH Current			20	µA	V_{CC} = MAX, V_{IN} = 2.7 V
				0.1	mA	V_{CC} = MAX, V_{IN} = 7.0 V
I_{IL}	Input LOW Current			−0.4	mA	V_{CC} = MAX, V_{IN} = 0.4 V
I_{OS}	Short Circuit Current (Note 1)	−20		−100	mA	V_{CC} = MAX
I_{CC}	Power Supply Current Total, Output HIGH			2.4	mA	V_{CC} = MAX
	Total, Output LOW			6.6		

Note 1: Not more than one output should be shorted at a time, nor for more than 1 second.

AC CHARACTERISTICS (T_A = 25°C)

Symbol	Parameter	Limits			Unit	Test Conditions
		Min	Typ	Max		
t_{PLH}	Turn–Off Delay, Input to Output		9.0	15	ns	V_{CC} = 5.0 V C_L = 15 pF
t_{PHL}	Turn–On Delay, Input to Output		10	15	ns	

FAIRCHILD
SEMICONDUCTOR™

August 1986
Revised March 2000

DM74LS08
Quad 2-Input AND Gates

General Description

This device contains four independent gates each of which performs the logic AND function.

Ordering Code:

Order Number	Package Number	Package Description
DM74LS08M	M14A	14-Lead Small Outline Integrated Circuit (SOIC), JEDEC MS-120, 0.150 Narrow
DM74LS08SJ	M14D	14-Lead Small Outline Package (SOP), EIAJ TYPE II, 5.3mm Wide
DM74LS08N	N14A	14-Lead Plastic Dual-In-Line Package (PDIP), JEDEC MS-001, 0.300 Wide

Devices also available in Tape and Reel. Specify by appending the suffix letter "X" to the ordering code.

Connection Diagram

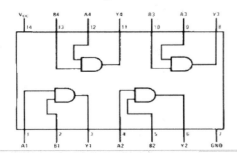

Function Table

Y = AB

Inputs		Output
A	B	Y
L	L	L
L	H	L
H	L	L
H	H	H

H = HIGH Logic Level
L = LOW Logic Level

Absolute Maximum Ratings(Note 1)

Supply Voltage	7V
Input Voltage	7V
Operating Free Air Temperature Range	0°C to +70°C
Storage Temperature Range	−65°C to +150°C

Note 1: The "Absolute Maximum Ratings" are those values beyond which the safety of the device cannot be guaranteed. The device should not be operated at these limits. The parametric values defined in the Electrical Characteristics tables are not guaranteed at the absolute maximum ratings. The "Recommended Operating Conditions" table will define the conditions for actual device operation.

Recommended Operating Conditions

Symbol	Parameter	Min	Nom	Max	Units
V_{CC}	Supply Voltage	4.75	5	5.25	V
V_{IH}	HIGH Level Input Voltage	2			V
V_{IL}	LOW Level Input Voltage			0.8	V
I_{OH}	HIGH Level Output Current			−0.4	mA
I_{OL}	LOW Level Output Current			8	mA
T_A	Free Air Operating Temperature	0		70	°C

Physical Dimensions inches (millimeters) unless otherwise noted

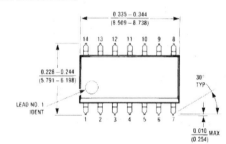

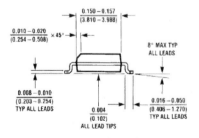
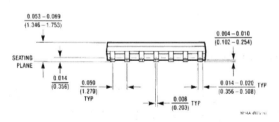

14-Lead Small Outline Integrated Circuit (SOIC), JEDEC MS-120, 0.150 Narrow
Package Number M14A

June 1986
Revised March 2000

DM74LS32
Quad 2-Input OR Gate

General Description

This device contains four independent gates each of which
performs the logic OR function.

Ordering Code:

Order Number	Package Number	Package Description
DM74LS32M	M14A	14-Lead Small Outline Integrated Circuit (SOIC), JEDEC MS-120, 0.150 Narrow
DM74LS32SJ	M14D	14-Lead Small Outline Package (SOP), EIAJ TYPE II, 5.3mm Wide
DM74LS32N	N14A	14-Lead Plastic Dual-In-Line Package (PDIP), JEDEC MS-001, 0.300 Wide

Devices also available in Tape and Reel. Specify by appending the suffix letter "X" to the ordering code.

Connection Diagram

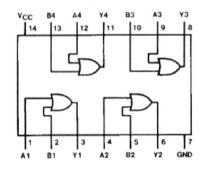

Function Table

$Y = A + B$

Inputs		Output
A	B	Y
L	L	L
L	H	H
H	L	H
H	H	H

H = HIGH Logic Level
L = LOW Logic Level

Absolute Maximum Ratings(Note 1)

Supply Voltage	7V
Input Voltage	7V
Operating Free Air Temperature Range	0°C to +70°C
Storage Temperature Range	–65°C to +150°C

Note 1: The "Absolute Maximum Ratings" are those values beyond which
the safety of the device cannot be guaranteed. The device should not be
operated at these limits. The parametric values defined in the Electrical
Characteristics tables are not guaranteed at the absolute maximum ratings.
The "Recommended Operating Conditions" table will define the conditions
for actual device operation.

Recommended Operating Conditions

Symbol	Parameter	Min	Nom	Max	Units
V_{CC}	Supply Voltage	4.75	5	5.25	V
V_{IH}	HIGH Level Input Voltage	2			V
V_{IL}	LOW Level Input Voltage			0.8	V
I_{OH}	HIGH Level Output Current			–0.4	mA
I_{OL}	LOW Level Output Current			8	mA
T_A	Free Air Operating Temperature	0		70	°C

Physical Dimensions inches (millimeters) unless otherwise noted

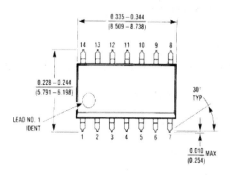

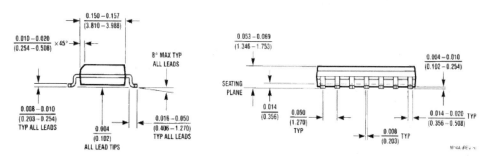

14-Lead Small Outline Integrated Circuit (SOIC), JEDEC MS-120, 0.150 Narrow
Package Number M14A

August 1986
Revised March 2000

DM74LS86
Quad 2-Input Exclusive-OR Gate

General Description

This device contains four independent gates each of which performs the logic exclusive-OR function.

Ordering Code:

Order Number	Package Number	Package Description
DM74LS86M	M14A	14-Lead Small Outline Integrated Circuit (SOIC), JEDEC MS-120, 0.150 Narrow
DM74LS86SJ	M14D	14-Lead Small Outline Package (SOP), EIAJ TYPE II, 5.3mm Wide
DM74LS86N	N14A	14-Lead Plastic Dual-In-Line Package (PDIP), JEDEC MS-001, 0.300 Wide

Devices also available in Tape and Reel. Specify by appending the suffix letter "X" to the ordering code.

Connection Diagram

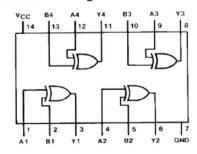

Function Table

$$Y = A \oplus B = \overline{A} B + A\overline{B}$$

Inputs		Output
A	B	Y
L	L	L
L	H	H
H	L	H
H	H	L

H = HIGH Logic Level
L = LOW Logic Level

Absolute Maximum Ratings (Note 1)

Supply Voltage	7V
Input Voltage	7V
Operating Free Air Temperature Range	0°C to +70°C
Storage Temperature Range	−65°C to +150°C

Note 1: The "Absolute Maximum Ratings" are those values beyond which the safety of the device cannot be guaranteed. The device should not be operated at these limits. The parametric values defined in the Electrical Characteristics tables are not guaranteed at the absolute maximum ratings. The "Recommended Operating Conditions" table will define the conditions for actual device operation.

Recommended Operating Conditions

Symbol	Parameter	Min	Nom	Max	Units
V_{CC}	Supply Voltage	4.75	5	5.25	V
V_{IH}	HIGH Level Input Voltage	2			V
V_{IL}	LOW Level Input Voltage			0.8	V
I_{OH}	HIGH Level Output Current			−0.4	mA
I_{OL}	LOW Level Output Current			8	mA
T_A	Free Air Operating Temperature	0		70	°C

Physical Dimensions inches (millimeters) unless otherwise noted

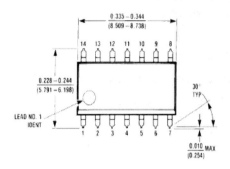

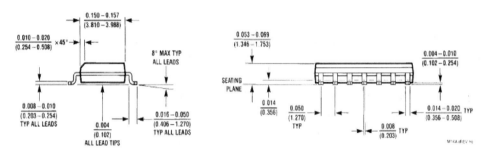

14-Lead Small Outline Integrated Circuit (SOIC), JEDEC MS-120, 0.150 Narrow
Package Number M14A

October 1988
Revised March 2000

DM74LS136
Quad 2-Input Exclusive-OR Gate with Open-Collector Outputs

General Description

This device contains four independent gates, each of which performs the logic exclusive-OR function.

Ordering Code:

Order Number	Package Number	Package Description
DM74LS136M	M14A	14-Lead Small Outline Integrated Circuit (SOIC), JEDEC MS-120, 0.150 Narrow
DM74LS136N	N14A	14-Lead Plastic Dual-In-Line Package (PDIP), JEDEC MS-001, 0.300 Wide

Devices also available in Tape and Reel. Specify by appending the suffix letter "X" to the ordering code.

Connection Diagram

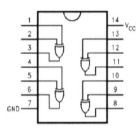

Truth Table

Inputs		Output
A	B	Z
L	L	L
L	H	H
H	L	H
H	H	L

H = HIGH Voltage Level
L = LOW Voltage Level

Absolute Maximum Ratings(Note 1)

Supply Voltage	7V
Input Voltage	7V
Operating Free Air Temperature Range	0°C to +70°C
Storage Temperature Range	−65°C to +150°C

Note 1: The "Absolute Maximum Ratings" are those values beyond which the safety of the device cannot be guaranteed. The device should not be operated at these limits. The parametric values defined in the Electrical Characteristics tables are not guaranteed at the absolute maximum ratings. The "Recommended Operating Conditions" table will define the conditions for actual device operation.

Recommended Operating Conditions

Symbol	Parameter	Min	Nom	Max	Units
V_{CC}	Supply Voltage	4.75	5	5.25	V
V_{IH}	HIGH Level Input Voltage	2			V
V_{IL}	LOW Level Input Voltage			0.8	V
I_{OL}	LOW Level Output Current			8	mA
T_A	Free Air Operating Temperature	0		70	°C

Physical Dimensions inches (millimeters) unless otherwise noted

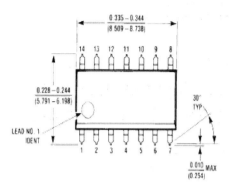

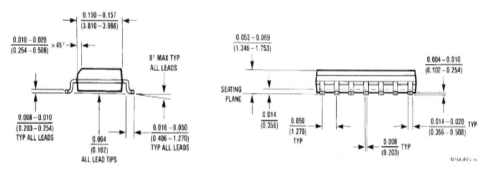

14-Lead Small Outline Integrated Circuit (SOIC), JEDEC MS-120, 0.150 Narrow
Package Number M14A

March 1989
Revised March 2000

DM74LS266
Quad 2-Input Exclusive-NOR Gate
with Open-Collector Outputs

General Description

This device contains four independent gates each of which performs the logic exclusive-NOR function. Outputs are open collector.

Ordering Code:

Order Number	Package Number	Package Description
DM74LS266M	M14A	14-Lead Small Outline Integrated Circuit (SOIC), JEDEC MS-120, 0.150 Narrow
DM74LS266N	N14A	14-Lead Plastic Dual-In-Line Package (PDIP), JEDEC MS-001, 0.300 Wide

Devices also available in Tape and Reel. Specify by appending the suffix letter "X" to the ordering code.

Connection Diagram

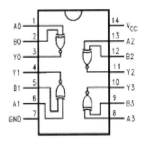

Truth Table

Inputs		Outputs
A	B	Y
L	L	H
L	H	L
H	L	L
H	H	H

H = HIGH Voltage Level
L = LOW Voltage Level

Absolute Maximum Ratings (Note 1)

Supply Voltage	7V
Input Voltage	7V
Operating Free Air Temperature Range	0°C to +70°C
Storage Temperature Range	−65°C to +150°C

Note 1: The "Absolute Maximum Ratings" are those values beyond which the safety of the device cannot be guaranteed. The device should not be operated at these limits. The parametric values defined in the "Electrical Characteristics" table are not guaranteed at the absolute maximum ratings. The "Recommended Operating Conditions" table will define the conditions for actual device operation.

Recommended Operating Conditions

Symbol	Parameter	Min	Nom	Max	Units
V_{CC}	Supply Voltage	4.75	5	5.25	V
V_{IH}	HIGH Level Input Voltage	2			V
V_{IL}	LOW Level Input Voltage			0.8	V
V_{OH}	HIGH Level Output Voltage			5.5	V
I_{OL}	LOW Level Output Current			8	mA
T_A	Free Air Operating Temperature	0		70	°C

Physical Dimensions inches (millimeters) unless otherwise noted

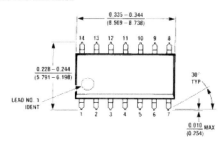

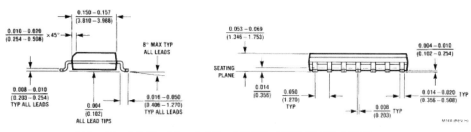

14-Lead Small Outline Integrated Circuit (SOIC), JEDEC MS-120, 0.150 Narrow
Package Number M14A

54/7480

GATED FULL ADDER

CONNECTION DIAGRAMS
PINOUT A

DESCRIPTION — The '80 is a single-bit, high speed, binary full adder with gated complementary inputs, complementary sum (Σ and $\overline{\Sigma}$) outputs and inverted carry output. It is designed for medium and high speed, multiple-bit, parallel-add/serial carry applications. The circuit utilizes DTL for the gated inputs and high speed, high fan-out TTL for the sum and carry outputs. The circuit is entirely compatible with both DTL and TTL logic families. The implementation of a single-inversion, high speed, Darlington-connected serial-carry circuit minimizes the necessity for extensive "lookahead" and carry-cascading circuits.

PINOUT B

ORDERING CODE: See Section 9

LOGIC SYMBOL

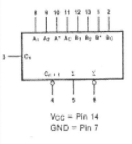

Vcc = Pin 14
GND = Pin 7

PKGS	PIN OUT	COMMERCIAL GRADE Vcc = +5.0 V ±5%, TA = 0°C to +70°C	MILITARY GRADE Vcc = +5.0 V ±10%, TA = -55°C to +125°C	PKG TYPE
Plastic DIP (P)	A	7480PC		9A
Ceramic DIP (D)	A	7480DC	5480DM	6A
Flatpak (F)	B	7480FC	5480FM	3I

INPUT LOADING/FAN-OUT: See Section 3 for U.L. definitions

PIN NAMES	DESCRIPTION	54/74 (U.L.) HIGH/LOW
A_1, A_2, B_1, B_2	Operand Inputs	0.4/1.0
A*, B*	Inverted Operand Inputs	-/1.63
Ac, Bc	Control Inputs	0.4/1.0
C_n	Carry Input	5.0/5.0
$\overline{C}_{n+1}$	Inverted Carry Output	5.0/5.0
$\Sigma, \overline{\Sigma}$	Sum Outputs	10/10
A*, B*	When Used As Outputs	3.0/3.0

TRUTH TABLE

INPUTS			OUTPUTS		
C_n	B	A	$\overline{C_{n+1}}$	$\overline{\Sigma}$	Σ
L	L	L	H	H	L
L	L	H	H	L	H
L	H	L	H	L	H
L	H	H	L		H	L
H	L	L	H	L	H
H	L	H	L	H	L
H	H	L	L	H	L
H	H	H	L	L	H

LOGIC DIAGRAM

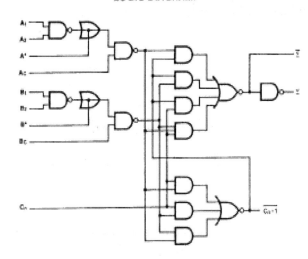

NOTES:

(1) $A = \overline{A^* \cdot A_C}$, $B = \overline{B^* + B_C}$ where $\overline{A_1 \cdot A_2}$. $B^* = \overline{B_1 \cdot B_2}$

(2) When A^* or B^* are used as inputs, A_1 and A_2 or B_1 and B_2 respectively must be connected to Gnd.

(3) When A_1 and A_2 or B_1 and B_2 are used as inputs, A^* or B^* respectively must be open or used to perform Dot-OR logic.

DC CHARACTERISTICS OVER OPERATING TEMPERATURE RANGE (unless otherwise specified)

SYMBOL	PARAMETER		54/74		UNITS	CONDITIONS
			Min	Max		
I_{OS}	Output Short Circuit Current at $\overline{C_{n+1}}$	XM	-20	-70	mA	V_{CC} = Max
		XC	-18	-70		
I_{OS}	Output Short Circuit Current at A^*, B^*	XM	-0.9	-2.9	mA	V_{CC} = Max
		XC	-0.9	-2.9		
I_{CC}	Power Supply Current	XM		31	mA	V_{CC} = Max
		XC		35		

AC CHARACTERISTICS: V_{CC} = +5.0 V, T_A = +25° C (See Section 3 for waveforms and load configurations)

SYMBOL	PARAMETER	54/74		UNITS	CONDITIONS
		C_L = 15 pF			
		Min	Max		
t_{PLH} t_{PHL}	Propagation Delay C_n to $\overline{C_{n+1}}$		17 12	ns	Figs. 3-1, 3-4 R_L = 780 Ω
t_{PLH} t_{PHL}	Propagation Delay B_C to $\overline{C_{n+1}}$		25 55	ns	Figs. 3-1, 3-5 R_L = 780 Ω
t_{PLH} t_{PHL}	Propagation Delay A_C to Σ		70 80	ns	Figs. 3-1, 3-4 R_L = 400 Ω
t_{PLH} t_{PHL}	Propagation Delay B_C to Σ		55 75	ns	Figs. 3-1, 3-5 R_L = 400 Ω
t_{PLH} t_{PHL}	Propagation Delay A_1 to A^* or B_1 to B^*		65 25	ns	Figs. 3-1, 3-4 R_L not used

Physical Dimensions inches (millimeters) unless otherwise noted

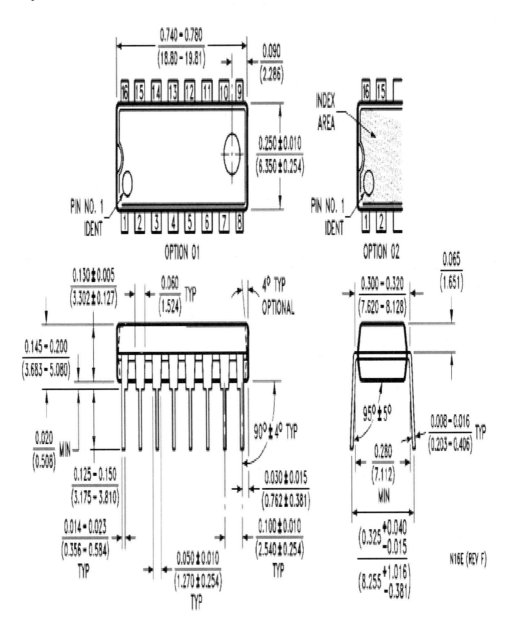

16-Lead Plastic Dual-In-Line Package (PDIP), JEDEC MS-001, 0.300 Wide
Package Number N16E

GaAs INFRARED EMITTING DIODE

LED55B   LED55C   LED56

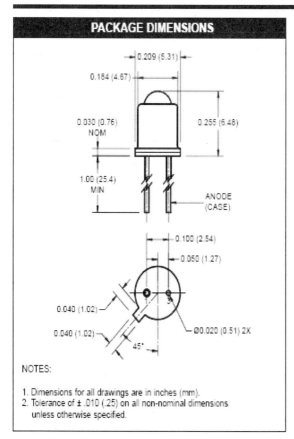

PACKAGE DIMENSIONS

0.209 (5.31)
0.184 (4.67)
0.030 (0.76) NOM
0.255 (6.48)
1.00 (25.4) MIN
ANODE (CASE)
0.100 (2.54)
0.050 (1.27)
0.040 (1.02)
0.040 (1.02)
Ø0.020 (0.51) 2X
45°

NOTES:

1. Dimensions for all drawings are in inches (mm).
2. Tolerance of ± .010 (.25) on all non-nominal dimensions unless otherwise specified.

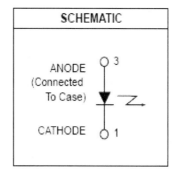

SCHEMATIC

ANODE (Connected To Case)   3

CATHODE   1

DESCRIPTION

The LED55B/LED55C/LED56 are 940 nm LEDs in a narrow angle, TO-46 package.

FEATURES

- Good optical to mechanical alignment
- Mechanically and wavelength matched to the TO-18 series phototransistor
- Hermetically sealed package
- High irradiance level

ABSOLUTE MAXIMUM RATINGS (T_A = 25°C unless otherwise specified)

Parameter	Symbol	Rating	Unit
Operating Temperature	T_{OPR}	-65 to +125	°C
Storage Temperature	T_{STG}	-65 to +150	°C
Soldering Temperature (Iron)[3,4,5 and 6]	T_{SOL-I}	240 for 5 sec	°C
Soldering Temperature (Flow)[3,4 and 6]	T_{SOL-F}	260 for 10 sec	°C
Continuous Forward Current	I_F	100	mA
Forward Current (pw, 1μs; 200Hz)	I_F	10	A
Reverse Voltage	V_R	3	V
Power Dissipation (T_A = 25°C)[1]	P_D	170	mW
Power Dissipation (T_C = 25°C)[2]	P_D	1.3	W

NOTE:
1. Derate power dissipation linearly 1.70 mW/°C above 25°C ambient.
2. Derate power dissipation linearly 13.0 mW/°C above 25°C case.
3. RMA flux is recommended.
4. Methanol or isopropyl alcohols are recommended as cleaning agents.
5. Soldering iron tip 1/16" (1.6mm) minimum from housing.
6. As long as leads are not under any stress or spring tension
7. Total power output, P_O, is the total power radiated by the device into a solid angle of 2π steradians.

ELECTRICAL / OPTICAL CHARACTERISTICS (T_A =25°C) (All measurements made under pulse conditions)

PARAMETER	TEST CONDITIONS	SYMBOL	MIN	TYP	MAX	UNITS
Peak Emission Wavelength	I_F = 100 mA	λ_P	—	940	—	nm
Emission Angle at 1/2 Power	I_F = 100 mA	θ	—	±8	—	Deg.
Forward Voltage	I_F = 100 mA	V_F	—	—	1.7	V
Reverse Leakage Current	V_R = 3 V	I_R	—	—	10	μA
Total Power LED55B[7]	I_F = 100 mA	P_O	3.5	—	—	mW
Total Power LED55C[7]	I_F = 100 mA	P_O	5.4	—	—	mW
Total Power LED56[7]	I_F = 100 mA	P_O	1.5	—	—	mW
Rise Time 0-90% of output		t_r	—	1.0	—	μs
Fall Time 100-10% of output		t_f	—	1.0	—	μs

1N4001 THRU 1N4007

SILICON RECTIFIER

Reverse Voltage - 50 to 1000 Volts　　　*Forward Current - 1.0 Ampere*

DO-204AL

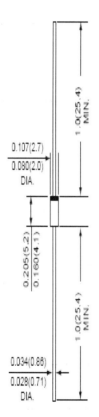

0.107(2.7)
0.080(2.0)
DIA.

1.0(25.4) MIN.

0.205(5.2)
0.160(4.1)

1.0(25.4) MIN.

0.034(0.88)
0.028(0.71)
DIA.

*Dimensions in inches and (millimeters)

FEATURES

* The plastic package carries Underwriters Laboratory Flammability Classification 94V-0
* Construction utillizes void-free molded plastic technique
* Low reverse leakage
* High forward surge current capability
* High temperature soldering guaranteed :
  260°C / 10 seconds, 0.375" (9.5mm) lead length,
  5 lbs. (2.3kg) tension

MECHANICAL DATA

Case : JEDEC DO-204AL Molded plastic body

Terminals : Plated axial leads, solderable per MIL-STD-750, Method 2026

Polarity : Color band denotes cathode end

Mounting Position : Any

Weight : 0.012 ounce, 0.3 gram

MAXIMUM RATINGS AND ELECTRICAL CHARACTERISTICS

Ratings at 25 °C ambient temperature unless otherwise specified.	SYMBOLS	1N4001	1N4002	1N4003	1N4004	1N4005	1N4006	1N4007	UNITS
Maximum repetitive peak reverse voltage	VRRM	50	100	200	400	600	800	1000	Volts
Maximum RMS voltage	VRMS	35	70	140	280	420	560	700	Volts
Maximum DC blocking voltage	VDC	50	100	200	400	600	800	1000	Volts
Maximum average forward rectified current 0.375″ (9.5mm) lead length at $T_L=75$°C	I(AV)	1.0							Amps
Peak forward surge current 8.3ms single half sine-wave superimposed on rated load (JEDEC Method)	IFSM	30							Amps
Maximum instantaneous forward voltage at 1.0 A	VF	1.1							Volts
Maximum full load reverse current, full cycle average 0.375″ (9.5mm) lead length at $T_L=75$°C	IR(AV)	30							uA
Maximum DC reverse current $T_A=25$°C at rated DC blocking voltage $T_A=100$°C	IR	5.0 50							uA
Typical junction capacitance 4.0V, 1MHz	CJ	15							pF
Typical thermal resistance	R θJA R θJL	50 25							°C / W
Operating junction and storage temperature range	TJ,TSTG	-65 to +175							°C

Philips Semiconductors

Product specification

NPN switching transistors

2N2222; 2N2222A

FEATURES

- High current (max. 800 mA)
- Low voltage (max. 40 V).

APPLICATIONS

- Linear amplification and switching.

DESCRIPTION

NPN switching transistor in a TO-18 metal package.
PNP complement: 2N2907A.

PINNING

PIN	DESCRIPTION
1	emitter
2	base
3	collector, connected to case

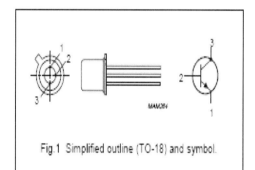

Fig.1 Simplified outline (TO-18) and symbol.

QUICK REFERENCE DATA

SYMBOL	PARAMETER	CONDITIONS	MIN.	MAX.	UNIT
V_{CBO}	collector-base voltage	open emitter			
	2N2222		–	60	V
	2N2222A		–	75	V
V_{CEO}	collector-emitter voltage	open base			
	2N2222		–	30	V
	2N2222A		–	40	V
I_C	collector current (DC)		–	800	mA
P_{tot}	total power dissipation	$T_{amb} \leq 25\ ^\circ C$	–	500	mW
h_{FE}	DC current gain	$I_C = 10$ mA; $V_{CE} = 10$ V	75	–	
f_T	transition frequency	$I_C = 20$ mA; $V_{CE} = 20$ V; f = 100 MHz			
	2N2222		250	–	MHz
	2N2222A		300	–	MHz
t_{off}	turn-off time	$I_{Con} = 150$ mA; $I_{Bon} = 15$ mA; $I_{Boff} = -15$ mA	–	250	ns

PRELIMINARY

Notice:this is not a final specification.
Some parametric limits are subject to
change.

RT1C3904-T12

Transistor
For General purpose Application
Silicon NPN Epitaxial Type

RT1C3904 is a one chip transistor.

OUTLINE DRAWING

UNIT:mm

FEATURE

· Mini package for easy mounting.

APPLICATION

General purpose transistor

MAXIMUM RATINGS (Ta=25·)

SYMBOL	PARAMETER	RATINGS	UNIT
V_{CEO}	Collector to Emitter voltage	40	V
V_{CBO}	Collector to Base voltage	60	V
V_{EBO}	Emitter to Base voltage	6.0	V
I_C	Collector current	200	mA

Terminal Connector

① : Base
② : Emitter   EIAJ : SC-59
③ : Collector   JEDEC : TO-236 resemblance

THERMAL CHARACTERISTICS

SYMBOL	Characteristics	RATINGS	UNIT
P_D	Total Device Dissipation Glass-Epoxi Board[1] Ta=25・・	225	mW
	Derate Adove 25・・	1.8	mW/・
$R_{・\theta A・・}$	Thermal Resistance Junction to Ambient	556	・/mW
P_D	Total Device Dissipation Alumina Substrate[2] Ta=25・・	300	mW
	Derate Adove 25・・	2.4	mW/・・
$R_{・\theta A・・}$	Thermal Resistance Junction to Ambient	417	・/mW
T_j	Junction temperature	+150	・・
T_{stg}	Storage temperature	-55 to +150	・・

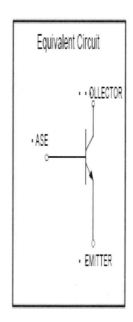

Equivalent Circuit

ELECTRICAL CHARACTERISTICS (Ta=25・ unless otherwise noted)

SYMBOL	PARAMETER	TESTCONDITIONS	LIMITS			UNIT
			MIN	TYP	MAX	
$V_{(BR)CEO}$	C to E break down voltage[3]	$I_C=1.0mA$, $I_B=0$	40			V
$V_{(BR)CBO}$	C to B break down voltage	$I_C=10・A$, $I_E=0$	60			V
$V_{(BR)EBO}$	E to B break down voltage	$I_C=10・A$, $I_C=0$	6			V
I_{BL}	Base cut off current	$V_{CE}=30V$, $V_{EB}=3.0V$			50	nA
I_{CEX}	Collector cut off current	$V_{CE}=30V$, $V_{EB}=3.0V$			50	nA

1.Glass-Epoxi=1.0・ 0.75・ 0.2in
2.Alumina=0.4・ 0.3・ 0.2 in
3.Pulse test

May 1998

LM741
Operational Amplifier

General Description

The LM741 series are general purpose operational amplifiers which feature improved performance over industry standards like the LM709. They are direct, plug-in replacements for the 709C, LM201, MC1439 and 748 in most applications.

The amplifiers offer many features which make their application nearly foolproof: overload protection on the input and output, no latch-up when the common mode range is exceeded, as well as freedom from oscillations.

The LM741C/LM741E are identical to the LM741/LM741A except that the LM741C/LM741E have their performance guaranteed over a 0°C to +70°C temperature range, instead of −55°C to +125°C.

Schematic Diagram

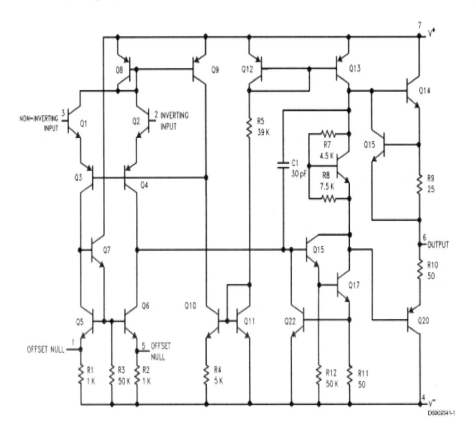

D50009341-1

Offset Nulling Circuit

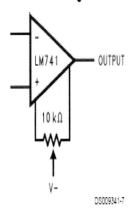

DS009341-7

Absolute Maximum Ratings (Note 1)

If Military/Aerospace specified devices are required, please contact the National Semiconductor Sales Office/Distributors for availability and specifications.

(Note 6)

	LM741A	LM741E	LM741	LM741C
Supply Voltage	±22V	±22V	±22V	±18V
Power Dissipation (Note 2)	500 mW	500 mW	500 mW	500 mW
Differential Input Voltage	±30V	±30V	±30V	±30V
Input Voltage (Note 3)	±15V	±15V	±15V	±15V
Output Short Circuit Duration	Continuous	Continuous	Continuous	Continuous
Operating Temperature Range	−55°C to +125°C	0°C to +70°C	−55°C to +125°C	0°C to +70°C
Storage Temperature Range	−65°C to +150°C	−65°C to +150°C	−65°C to +150°C	−65°C to +150°C
Junction Temperature	150°C	100°C	150°C	100°C
Soldering Information				
N-Package (10 seconds)	260°C	260°C	260°C	260°C
J- or H-Package (10 seconds)	300°C	300°C	300°C	300°C
M-Package				
Vapor Phase (60 seconds)	215°C	215°C	215°C	215°C
Infrared (15 seconds)	215°C	215°C	215°C	215°C

See AN-450 "Surface Mounting Methods and Their Effect on Product Reliability" for other methods of soldering surface mount devices.

ESD Tolerance (Note 7)	400V	400V	400V	400V

Electrical Characteristics (Note 4)

Parameter	Conditions	LM741A/LM741E			LM741			LM741C			Units
		Min	Typ	Max	Min	Typ	Max	Min	Typ	Max	
Input Offset Voltage	$T_A = 25°C$										
	$R_S \leq 10 \ k\Omega$					1.0	5.0		2.0	6.0	mV
	$R_S \leq 50\Omega$		0.8	3.0							mV
	$T_{AMIN} \leq T_A \leq T_{AMAX}$										
	$R_S \leq 50\Omega$			4.0							mV
	$R_S \leq 10 \ k\Omega$						6.0			7.5	mV
Average Input Offset Voltage Drift				15							μV/°C
Input Offset Voltage Adjustment Range	$T_A = 25°C, V_S = \pm20V$	±10				±15			±15		mV
Input Offset Current	$T_A = 25°C$		3.0	30		20	200		20	200	nA
	$T_{AMIN} \leq T_A \leq T_{AMAX}$			70		85	500			300	nA
Average Input Offset Current Drift				0.5							nA/°C
Input Bias Current	$T_A = 25°C$		30	80		80	500		80	500	nA
	$T_{AMIN} \leq T_A \leq T_{AMAX}$			0.210			1.5			0.8	μA
Input Resistance	$T_A = 25°C, V_S = \pm20V$	1.0	6.0		0.3	2.0		0.3	2.0		MΩ
	$T_{AMIN} \leq T_A \leq T_{AMAX}, V_S = \pm20V$	0.5									MΩ
Input Voltage Range	$T_A = 25°C$							±12	±13		V
	$T_{AMIN} \leq T_A \leq T_{AMAX}$				±12	±13					V

Connection Diagram

Metal Can Package

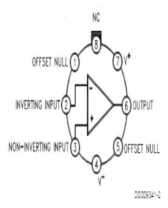

DS009341-2

Note 8: LM741H is available per JM38510/10101

Order Number LM741H, LM741H/883 (Note 8),
LM741AH/883 or LM741CH
See NS Package Number H08C

Ceramic Dual-In-Line Package

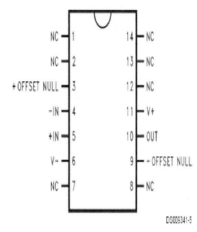

DS009341-5

Note 9: also available per JM38510/10101

Note 10: also available per JM38510/10102

Order Number LM741J-14/883 (Note 9),
LM741AJ-14/883 (Note 10)
See NS Package Number J14A

Dual-In-Line or S.O. Package

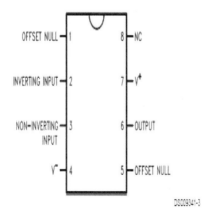

DS009341-3

Order Number LM741J, LM741J/883,
LM741CM, LM741CN or LM741EN
See NS Package Number J08A, M08A or N08E

Ceramic Flatpak

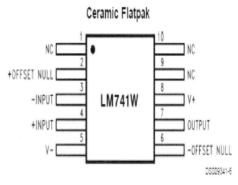

DS009341-6

Order Number LM741W/883
See NS Package Number W10A

Features

- Compatible with MCS-51® Products
- 4K Bytes of In-System Programmable (ISP) Flash Memory
    - Endurance: 1000 Write/Erase Cycles
- 4.0V to 5.5V Operating Range
- Fully Static Operation: 0 Hz to 33 MHz
- Three-level Program Memory Lock
- 128 x 8-bit Internal RAM
- 32 Programmable I/O Lines
- Two 16-bit Timer/Counters
- Six Interrupt Sources
- Full Duplex UART Serial Channel
- Low-power Idle and Power-down Modes
- Interrupt Recovery from Power-down Mode
- Watchdog Timer
- Dual Data Pointer
- Power-off Flag
- Fast Programming Time
- Flexible ISP Programming (Byte and Page Mode)

8-bit Microcontroller with 4K Bytes In-System Programmable Flash

AT89S51

Description

The AT89S51 is a low-power, high-performance CMOS 8-bit microcontroller with 4K bytes of in-system programmable Flash memory. The device is manufactured using Atmel's high-density nonvolatile memory technology and is compatible with the industry-standard 80C51 instruction set and pinout. The on-chip Flash allows the program memory to be reprogrammed in-system or by a conventional nonvolatile memory programmer. By combining a versatile 8-bit CPU with in-system programmable Flash on a monolithic chip, the Atmel AT89S51 is a powerful microcontroller which provides a highly-flexible and cost-effective solution to many embedded control applications.

The AT89S51 provides the following standard features: 4K bytes of Flash, 128 bytes of RAM, 32 I/O lines, Watchdog timer, two data pointers, two 16-bit timer/counters, a five-vector two-level interrupt architecture, a full duplex serial port, on-chip oscillator, and clock circuitry. In addition, the AT89S51 is designed with static logic for operation down to zero frequency and supports two software selectable power saving modes. The Idle Mode stops the CPU while allowing the RAM, timer/counters, serial port, and interrupt system to continue functioning. The Power-down mode saves the RAM contents but freezes the oscillator, disabling all other chip functions until the next external interrupt or hardware reset.

Pin Configurations

PDIP

PLCC

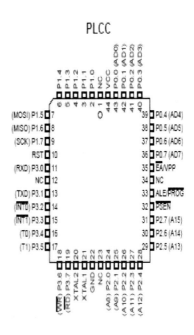

TQFP

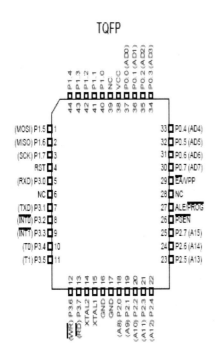

Pin Description

VCC Supply voltage.

GND Ground.

Port 0 Port 0 is an 8-bit open drain bidirectional I/O port. As an output port, each pin can sink eight TTL inputs. When 1s are written to port 0 pins, the pins can be used as high-impedance inputs.

Port 0 can also be configured to be the multiplexed low-order address/data bus during accesses to external program and data memory. In this mode, P0 has internal pull-ups.

Port 0 also receives the code bytes during Flash programming and outputs the code bytes during program verification. **External pull-ups are required during program verification.**

Port 1 Port 1 is an 8-bit bidirectional I/O port with internal pull-ups. The Port 1 output buffers can sink/source four TTL inputs. When 1s are written to Port 1 pins, they are pulled high by the internal pull-ups and can be used as inputs. As inputs, Port 1 pins that are externally being pulled low will source current (I_{IL}) because of the internal pull-ups.

Port 1 also receives the low-order address bytes during Flash programming and verification.

Port Pin	Alternate Functions
P1.5	MOSI (used for In-System Programming)
P1.6	MISO (used for In-System Programming)
P1.7	SCK (used for In-System Programming)

Port 2 Port 2 is an 8-bit bidirectional I/O port with internal pull-ups. The Port 2 output buffers can sink/source four TTL inputs. When 1s are written to Port 2 pins, they are pulled high by the internal pull-ups and can be used as inputs. As inputs, Port 2 pins that are externally being pulled low will source current (I_{IL}) because of the internal pull-ups.

Port 2 emits the high-order address byte during fetches from external program memory and during accesses to external data memory that use 16-bit addresses (MOVX @ DPTR). In this application, Port 2 uses strong internal pull-ups when emitting 1s. During accesses to external data memory that use 8-bit addresses (MOVX @ RI), Port 2 emits the contents of the P2 Special Function Register.

Port 2 also receives the high-order address bits and some control signals during Flash programming and verification.

Port 3 Port 3 is an 8-bit bidirectional I/O port with internal pull-ups. The Port 3 output buffers can sink/source four TTL inputs. When 1s are written to Port 3 pins, they are pulled high by the internal pull-ups and can be used as inputs. As inputs, Port 3 pins that are externally being pulled low will source current (I_{IL}) because of the pull-ups.

Port 3 receives some control signals for Flash programming and verification.

Port 3 also serves the functions of various special features of the AT89S51, as shown in the following table.

Port Pin	Alternate Functions
P3.0	RXD (serial input port)
P3.1	TXD (serial output port)
P3.2	$\overline{INT0}$ (external interrupt 0)
P3.3	$\overline{INT1}$ (external interrupt 1)
P3.4	T0 (timer 0 external input)
P3.5	T1 (timer 1 external input)
P3.6	$\overline{WR}$ (external data memory write strobe)
P3.7	$\overline{RD}$ (external data memory read strobe)

RST

Reset input. A high on this pin for two machine cycles while the oscillator is running resets the device. This pin drives High for 98 oscillator periods after the Watchdog times out. The DIS-RTO bit in SFR AUXR (address 8EH) can be used to disable this feature. In the default state of bit DISRTO, the RESET HIGH out feature is enabled.

ALE/$\overline{PROG}$

Address Latch Enable (ALE) is an output pulse for latching the low byte of the address during accesses to external memory. This pin is also the program pulse input ($\overline{PROG}$) during Flash programming.

In normal operation, ALE is emitted at a constant rate of 1/6 the oscillator frequency and may be used for external timing or clocking purposes. Note, however, that one ALE pulse is skipped during each access to external data memory.

If desired, ALE operation can be disabled by setting bit 0 of SFR location 8EH. With the bit set, ALE is active only during a MOVX or MOVC instruction. Otherwise, the pin is weakly pulled high. Setting the ALE-disable bit has no effect if the microcontroller is in external execution mode.

$\overline{PSEN}$

Program Store Enable ($\overline{PSEN}$) is the read strobe to external program memory.

When the AT89S51 is executing code from external program memory, $\overline{PSEN}$ is activated twice each machine cycle, except that two $\overline{PSEN}$ activations are skipped during each access to external data memory.

$\overline{EA}$/VPP

External Access Enable. $\overline{EA}$ must be strapped to GND in order to enable the device to fetch code from external program memory locations starting at 0000H up to FFFFH. Note, however, that if lock bit 1 is programmed, $\overline{EA}$ will be internally latched on reset.

$\overline{EA}$ should be strapped to V_{CC} for internal program executions.

This pin also receives the 12-volt programming enable voltage (V_{PP}) during Flash programming.

XTAL1

Input to the inverting oscillator amplifier and input to the internal clock operating circuit.

XTAL2

Output from the inverting oscillator amplifier

7. Reference

[1] 박건작, 전자기학, 북스힐, 2005.

[2] 박영하, 최병상, 양진영, ELVIS, 인피니티북스, 2010.

[3] Cunningham, 회로해석, 교보문고, 1998.

[4] 전광일, Pspice를 이용한 기초, 복두, 2012.

[5] 지전공, 알기쉬운 전기입문, 기전연구사, 1995.

[6] 지일구, 전기전자 기초 및 제어, 기전연구사, 2001.

[7] 최윤식, 기초 회로 이론, 한빛미디어, 2011.

[8] 이창식, 직류(DC) 회로 이론, 노벨비니어, 2003.

[9] 사공건, 교류(AC) 회로 이론, 대영사, 2006.

[10] 이상석, 교류(AC) 회로 이론, 보성각, 2002.

[11] Giorgio Rizzoni, 송재복 옮김, 전기전자공학개론 1, 반도, 1996.

[12] David Halliday, Resnick, 김종오 옮김, 물리학총론, 교학사, 1998.

[13] Jai P. Agrawal, 김철진 옮김, Power Electronic System (Theory and Design), 사이텍미디어, 2002.

[14] 허찬욱, 최웅세, 박정철, 연산증폭회로 및 전원회로, 복두, 2005.

[15] 백동철, PSpice를 이용한 회로설계 기초와 응용, 북두, 2006.

[16] J.DAVID IRWIN, 정찬수 옮김, 회로이론(BASIC ENGINEERIN CIRCUIT ANALYSIS), 교보문고, 2006.

[17] 김학성, 김동희, 전기·전자회로, 광문각, 2007.

[18] THOMAS L.FLOYD, 손상희, 강문상, 김민회 옮김, 전자회로, Pearson Education Korea 2008.

[19] 최종길, (YENKA를 활용한) 디지털 디지털, 엔플북스, 2010.

[20] 최승덕, 대학 기초실험(제3판), 복두, 2010.

[21] 송민호, ABLE 전자기학, 텍스트북스, 2010.

[22] 찰스 플랫지, 김현규 옮김, (뜯고 태우고 맛보고 몸으로 배우는) 짜릿짜릿

[23] 전자회로 DIY(Making Insight 시리즈), 인사이트, 2012.

[24] 김민희, Power Electronics, 보성각, 2010.

[25] 한양대학교 에너지변환연구소, 전자기기, 홍릉과학, 2011.

[26] Thomas L. Floyd, Prentice Hall(9판), 전자회로, 2011.

[27] 플로이드, 기초 전기전자공학(6판), 2009.

[28] Thomas L. Floyd, 전자회로(9판), PEARSON, 2011.

[29] Behazad Razavi, RAZAVI 전자회로, 한티미디어, 2009.

[30] 임태수, 김영환, 아날로그 전자 회로의 설계 실습, ㈜서두로직, 1996.

[31] 김성일 공저, 디지털디지털실습, 복두, 1995.

[32] 김노환 공저, 디지털공학, 학문사, 1994.

[33] 김자룡 공저, 디지탈디지털, 이한, 1993.

[34] 이태원 공저, 최신디지털회로설계, 기전연구사, 1997.

[35] 김경복, 기초 디지털공학, 생능, 2005.

[36] 진경시, 최신 디지털공학, 기전연구사, 2007.

[37] 강민섭, 디지털디지털설계, 상조사, 1998.

[38] 김재홍 오정환 김순철, 디지털디지털, 포인트, 2002.

[39] 서열규 공저, 실험과 함께하는 디지털 디지털, 형설, 1997.

[40] 김동룡, 안종복 공저, 디지털공학실무, 태영문화사, 2009.

[41] 이광우, 디지털공학, 태영문화사, 2011.

[42] 윤덕용, 마이크로프로세서에서 버스란 무엇인가?, 공주대학교, 2000.

[43] 김승기, 김문현 공저, 마이크로프로 프로세서시스템의 기초, 생능, 1993.

[44] 한국일보, 컴퓨터의 세계 속도와 성능, 타임 라이프 북스, 1990.

[45] 김노한, 전병찬 공저, 컴퓨터 구조학, 명진, 2009.

[46] EBS교육방송 편집부 저, EBS 컴퓨터 일반(좋은 사람들), EBS한국교육방송공사, 2003.

[47] 임석구, 홍경호 공저, 디지털 디지털, 한빛미디어, 2009.

[48] Tokheim, 조성환 옮김, 디지털 시스템(Tokheim), 사이텍미디어, 2000.

[49] 신종홍 공저, 컴퓨터 구조와 원리, 한빛미디어, 2011.

[50] 교육인적자원부, 고등학교 정보기술기초, 광운대학교국정도서편찬위원회, 2002.

[51] 교육인적자원부, 고등학교 디지털 디지털, 한국직업능력개발원, 2002.

[52] 존 캣솔리스, 박재호, 이해영 옮김, 임베디드 하드웨어 이해와 설계, 한빛미디어, 1999.

[53] PC정비사 분과위원회, 국가공인 PC정비사, 아신21닷컴, 2002.

[54] 하판봉 공저, 디지털 전자공학 : 현대적 방법, 시그마프레스, 1994.

[55] http://ghebook.blogspot.jp

[56] http://gregfeynman.tistory.com

[57] http://blog.naver.com/PostList.nhn?blogId=jjongwerny

[58] http://terms.nate.com/dicsearch

[59] http://gtska.com

[60] http://blog.naver.com/zukmuk

[61] http://blog.naver.com/seo0511

[62] http://blog.daum.net/ysh20456

[63] http://blog.naver.com/PostView.nhn

[64] http://blog.naver.com/OpenMagazineViewer.nhn

[65] http://256rainbow.tistory.com

[66] http://blog.naver.com/abio2000

[67] http://navercast.naver.com/contents.nhn

[68] http://ko.wikipedia.org/wiki

[69] http://blog.naver.com/earthshake

[70] http://blog.daum.net/jungnmagi

[71] http://blog.naver.com/yks1005

[72] http://blog.naver.com/e9ra9ra

[73] http://blog.naver.com/PostView.nhn

[74] http://user.chol.com/~kimjh94

[75] http://terms.naver.com/entry.nhn

[76] http://hanbitbook.co.kr

[77] http://www.datasheetdownload.com

[78] http://100.naver.com/100.nhn

[79] http://blog.naver.com/onxw1

[80] http://cafe.naver.com/33linux

[81] http://cafe.naver.com/deepcore

[82] http://blog.naver.com/PostView.nhn

[83] http://blog.naver.com/PostView.nhn

[84] http://blog.daum.net/trts1004

[85] http://www.google.co.kr/url

[86] http://blog.naver.com/seungp916

[87] http://www.computersam.net/jarogujo

[88] http://blog.naver.com/hmin011

[89] http://no1rogue.blog.me

[90] http://blog.naver.com/jutlsgood

[91] http://blog.naver.com/keaton108

[92] http://blog.naver.com/skyu0021

[93] http://cafe.naver.com/paramsx

[94] http://cafe.naver.com/repair0119

[95] http://blog.naver.com/kingcarz

[96] http://blog.naver.com/blue5ky

[97] http://cafe.naver.com/joonggonara

[98] http://www.datasheetdownload.com

[99] http://www.alldatasheet.co.kr

[100] http://cafe.naver.com/medical365.cafe

[101] http://www.q-net.or.kr, 자료실.

[102] http://new-planet.net/wp/is-cancer-caused-by-virus

[103] http://medtechinsider.com

[104] http://blogs.discovermagazine.com

[105] http://ayushdarpan.blogspot.com

[106] http://embeddedworld.co.kr

[107] http://cyborgblog.headlesschicken.ca

[108] http://windows.microsoft.com/ko-KR/windows-8/meet

[109] 기술표준원, 한국표준과학연구원, 제단위계 제7판

[110] 2013 국가직무능력표준 표준 및 활용 패키지, 전자부품 개발(19250201_13v1.1 ~
      19250210_13v1.4)

[110] 네이버, 구글, 위키, 다음, 두산동아 백과사전, 산업안전대사전,
      도해 기계용어사전, 컴퓨터 상식 대백과.

8. Index

(A)

AF ···································· 227
AND 게이트 ···················· 85
AX ··································· 224

(B)

buffer(버퍼) 게이트 ··············· 82

(C)

CF ···································· 227
CMOS ······························· 218
CX ··································· 224

(D)

DX ··································· 224
D램(DRAM: dynamic RAM) ··········· 242

(E)

ECL ···························· 218, 219
EEPROM ···························· 240
EPROM ···························· 240

(I)

IEEE 1394 ························ 235

(K)

KCL ···································· 54
KVL ··································· 56

(M)

MAR ································ 227

MBR ···························· 227

(N)

NAND 게이트 ······················ 90
NMOS ······························· 218
NOR 게이트 ······················· 92
NOT 게이트 ······················· 83
NPN 트랜지스터 ·················· 191
NXOR 게이트 ················· 95, 96
n배 전압 정류회로 ················ 178

(O)

OF ···································· 227
OR 게이트 ························· 88

(P)

PF ···································· 227
PMOS ······························· 218

(R)

RAM ································ 242
RS-232 ···························· 233

(S)

Schottky TTL ··············· 218, 219
SF ···································· 227
SPI ································ 232
S램(SRAM: static RAM) ············ 242

(T)

TTL ································ 218

(U)

UART ···································· 233
USB ···································· 234

(W)

window 1 ····························· 244
window 95 ···························· 245
window vista ·························· 248
window XP ···························· 246
Windows 3 ···························· 244
Windows 7 ···························· 248
Windows 8 ···························· 249
Windows 8.1 ·························· 251
Windows Vista Aero ·················· 248

(X)

XOR 게이트 ······················ 94, 95

(Z)

ZF ··································· 227

(ㄱ)

가변 저항기 ························· 49
가산기 ····························· 117
감산기 ····························· 126
감전재해방지대책 ···················· 36
게이트 부하규정 ···················· 98
게이트 전력소모 ···················· 98
게이트 특징 ························ 97
결합법칙 ··························· 104
고전압 ····························· 36
고정 저항기 ························ 45
공통모드 제거 비율 ················· 209
교류 ······························ 33
교환법칙 ··························· 103
궤환 증폭기 ······················· 205
그레츠 회로 ······················· 168

금속 산화물 반도체 전계효과 ········· 195

금속피막 ··························· 47
기계적 정류기 ······················ 156
기전력 ·························· 67, 68

(ㄴ)

네거티브 ··························· 148
눈금 지시전압계 ····················· 36

(ㄷ)

다수캐리어 ························· 148
다이오드 ··························· 151
대전 현상 ··························· 22
대전마찰 ··························· 22
대전박리 ··························· 23
대전분출 ··························· 23
대전유동 ··························· 23
대전접촉 ··························· 22
대전파괴 ··························· 23
데이터 버스 ······················· 230
드모르강 ··························· 111
디멀티플렉서 ······················ 139
디지털전압계 ······················· 36
디코더 ····························· 134

(ㄹ)

램(RAM) ··························· 242
레지스터 ··························· 223
롬(ROM) ··························· 239

(ㅁ)

마스크 롬(mask ROM) ·············· 239
마우스리스 ························· 254
마이크로 ··························· 216
마이크로컴퓨터 ····················· 220
마이크로프로세서 ··················· 216
마찰전기 ··························· 12
맥류 ······························ 179

멀티 플렉서 ······················· 137
메모리 ······················· 238
명령 해독기 ······················· 231
명령어 레지스터 ······················· 231

(ㅂ)

반가산기 ······················· 118
반감산기 ······················· 126
반전 증폭기 ······················· 206
반파정류기 ······················· 146, 160
배전압 정류기 ······················· 173
버스 ······················· 228
버퍼 레지스터 ······················· 232
베이스 ······················· 189
부궤환 ······················· 204
부울 대수 ······················· 101
분배법칙 ······················· 105
불꽃 방전 ······················· 19
브러쉬 방전 ······················· 19
브리지 정류기 ······················· 168
브리지정류기 ······················· 146
비교 증폭기 ······················· 208
비교기 ······················· 135
비반전 증폭기 ······················· 207
비유전율 ······················· 59
비저항률 ······················· 41

(ㅅ)

사이리스터 ······················· 156
삭제 프로그램어블 롬(EPROM) ············ 240
산술 연산 ······················· 225
산화금속피막 ······················· 48
소수 캐리어 ······················· 148
솔리드 ······················· 46
순방향 바이어스 ······················· 153
시스템 버스 ······················· 230
시프트 레지스터 ······················· 226
실리콘 정류기 ······················· 156
쌍극자 현상 ······················· 59

(ㅇ)

양극 접합 트랜지스터 ······················· 189
에미터 ······················· 189
역방향 바이어스 ······················· 154
연산장치 ······················· 225
연산증폭기 ······················· 204
오른나사의 법칙 ······················· 24
옴의 법칙 ······················· 31
원자(Atom) ······················· 13
윈도우 스토어 ······················· 252
유전체 ······················· 58
이온화 ······················· 160
인넉터 ······················· 28
인덕턴스 ······················· 69
인터페이스 ······················· 243
인터페이스 장치 ······················· 222
입출력 ······················· 252
잉크투이티브 ······················· 253

(ㅈ)

자계 에너지 ······················· 28
자계(Magnetic field) ······················· 20
자기선속 ······················· 20
자기장 ······················· 20, 23, 25
자기장의 세기 ······················· 26
자력 ······················· 27
자석 ······················· 25
자속 ······················· 20
자속밀도 ······················· 20, 27
자속밀도(B) ······················· 20
자속선 ······················· 20
자유전자 ······················· 148
저전력 ······················· 218
저항 ······················· 41
저항 연결 ······················· 50
저항의 컬러코드 ······················· 42
전가산기 ······················· 121
전감산기 ······················· 129
전계 효과 트랜지스터 ······················· 194

전기 삭제 프로그램어블 롬(EEPROM) · 240
전기(electric) ················· 12, 216, 258
전도도 ······································ 42
전류 ······································ 31
전류 증폭률 ······························ 188
전압 ······································ 35
전압 변동률 ······························ 37
전압 증폭률 ······························ 188
전압강하 ·································· 38
전압계 ···································· 36
전위 장벽 ································ 146
전자관 정류기 ···························· 156
전자유도 ·································· 64
전파 정류기 ······························ 163
전파정류기 ······························ 146
정격전압 ·································· 37
정공 ···································· 148
정궤환 ·································· 204
정류 ···································· 146
정류기 ·································· 146
정자계 ···································· 29
정전계 ···························· 17, 29, 159
정전기(Static electricity) ·············· 18
제너 다이오드 ···························· 159
제너 항복 ································ 160
제어 버스 ································ 230
제어장치 ································ 228
주변장치 ································ 232
주소 레지스터 ···························· 231
주소 버스 ································ 230
증폭회로 ································ 188
직류 ···································· 33
집적 회로 ································ 216

(ㅊ)

차단영역 ································ 194
차동 증폭기 ······························ 209
최대 역방향 전압 ·························· 181

(ㅋ)

커패시터 ···························· 30, 61
컨덕턴스 ·································· 52
컬렉터 ·································· 189
코로나 방전 ······························ 19
쿨롱의 법칙 ······························ 18
키르히호프의 법칙 ························ 54

(ㅌ)

탄소피막 ·································· 45

(ㅍ)

패러데이 법칙 ························ 18, 66
팬 아웃 ·································· 97
평활회로 ································ 179
포지티브 ································ 147
포화영역 ································ 194
프로그램 상태 워드 레지스터 ·············· 226
프로그램 카운터 ·························· 231
플레밍의 오른손 법칙 ······················ 36
플레밍의 왼손법칙 ························ 36

(ㅎ)

항복전압 ································ 156
활성영역 ································ 194
휘스톤브리지 ······························ 52

National Competency Standard Course

전기전자공학개론

| 인 쇄 / 2016년 8월 19일 | 판 권 |
| 발 행 / 2016년 8월 25일 | 소 유 |

•

저   자 / 변 인 수
펴 낸 이 / 정 창 희
펴 낸 곳 / 동일출판사
주   소 / 서울시 강서구 곰달래로31길7 (2층)
전   화 / 02) 2608-8250
팩   스 / 02) 2608-8265
등록번호 / 제109-90-92166호

•

ISBN 978-89-381-0983-5-93560
값 / 18,000원